Материалы международной научно-практической конференции

Наука в современном информационном обществе

3-4 апреля 2013 г.

Москва

УДК 4+37+51+53+54+55+57+91+61+159.9+316+62+101+330

ББК 72

ISBN: 978-1484178331

В сборнике представлены материалы докладов международной научно-практической конференции "Наука в современном информационном обществе"

Все статьи представлены в авторской редакции.

Содержание

Биологические науки

Искусствоведение

Культурология

Медицинские науки

Содержание

Содержание

Технические науки

Экономические науки

Юридические науки

Тестов Б.В.
профессор, доктор биологических наук,
Тобольская комплексная научная станция УрО РАН
Баранова Л.Н.
младший научный сотрудник,
Тобольская комплексная научная станция УрО РАН
e-mail: testov@psu.ru

НОВЫЕ ПРЕДСТАВЛЕНИЯ О ДЕЙСТВИИ РАДИАЦИИ

Несмотря на то, что прошло более 100 лет после открытия радиации ученые до сих пор не разобрались в механизме действия на организм. Если говорить о неживых объектах: вещество, вода, воздух, полезные ископаемые, то все ученые считают, что радиоактивные излучения взаимодействуют только с атомами вещества. При воздействии радиационных излучений на атомы происходит ионизация и возбуждение электронов, или распад ядер атомов. При интенсивных потоках радиации можно расплавить любой металл и разрушить любое вещество. Небольшие потоки радиоактивных излучений могут немного повысить температуру вещества, не создавая видимых изменений в его структуре.

Действие радиации на живые организмы существенно отличается тем, что к угнетению жизнедеятельности (и даже к смерти) приводят сравнительно малые количества энергии (дозы). Если исходить из того, что причиной гибели организма при облучении является ионизация атомов, то при смертельной дозе в организме будет ионизирован 1 из 10^7 имеющихся атомов. То есть у человека весом 70 кг будет ионизировано 7 мг вещества, равномерно распределенных по организму. Такие повреждения не могут привести к неминуемой смерти человека. В то же время для деструкции мертвого организма требуются такие же огромные дозы облучения, как и для неорганического вещества. Следовательно, гибель живого организма может быть связана с разрушением его жизненной силы, в основе которой лежат метаболические реакции.

Энергетику реакций метаболизма обеспечивают молекулы АТФ, которые синтезируются клетками в процессе окисления глюкозы. При распаде (гидролизе) АТФ выделяется энергия, за счет которой протекают все жизненные процессы. Совокупность молекул АТФ представляет большой запас энергии, который постепенно используется клетками организма. Одновременный распад (гидролиз) молекул АТФ в клетках организма может убить организм за счет огромного повышения температуры.

Похожий эффект повышения температуры наблюдается при загорании белого (незагорелого) человека под лучами весеннего солнца. При продолжительном загорании весной кожа человека может получить ожог, хотя одежда и окружающие человека предметы не нагреваются. Значит, повышение температуры происходит под действием короткого ультрафиолета солнечных лучей. Источником повышения температуры является распад (гидролиз) молекул АТФ. Следовательно, распад молекул АТФ возможен под действием фотонов короткого ультрафиолета. На коже загорелого человека имеется темный пигмент меланин, который поглощает короткий ультрафиолет и спасает человека от лучей жаркого летнего солнца. Таким образом, загар (темный пигмент на коже) спасает человека от ультрафиолетового солнечного излучения.

Однако ионизирующее излучение с более короткой длиной волны (рентгеновское и гамма) легко проходят через загорелую кожу. При воздействии ионизирующего излучения на молекулы организма рентгеновское излучение теряет энергию и превращается в фотоны короткого ультрафиолета (УФС). Фотоны ультрафиолета приводят к распаду молекул АТФ и повышению температуры организма. Экспериментальные исследования ученых показали, что при облучении всех млекопитающих от мыши до человека наблюдается повышение температуры [1, 90]. Ученые Томского университета при затравке собак радоном наблюдали повышение температуры на 3-5^{0}С [2, 55]. Наши исследования показали, что мышевидные грызуны, обитаюшие на радиоактивной территории, стали более устойчивыми к теплу и более чувствительными к низкой температуре. Такие физиологические изменения мы связываем с более интенсивным распадом АТФ в организме этих животных под действием ионизирующего излучения.

Физиологическая реакция организма на действие ионизирующего излучения позволяет животным приспосабливаться к постоянному действию набольших доз радиации. В основе лежит адаптация к теплу. Известно, что в летнее время человек переходит на питание менее калорийной пищей по сравнению с зимним периодом. При этом наш организм потребляет меньше кислорода и вырабатывает меньше молекул АТФ. Наши эксперименты с животными показали, что хроническое облучение животных сравнительно небольшими дозами радиации приводит к уменьшению потребления кислорода, то есть к снижению интенсивности метаболизма в организме.

Возможность физиологической адаптации к хроническому радиационному облучению открывает новые возможности поведения человека при радиационных авариях. Если в результате аварии возникают большие мощности доз облучения, людям необходимо срочно покинуть место аварии дожидаться снижения уровня облучения до определенного предела. На диких животных при этом будет действовать тепловой фактор, который заставит их искать более прохладное место. Наши наблюдения показали, что дикие животные, оказавшиеся в зоне радиацинного загрязнения, перебираются в более сырые места и выбирают для перемещений более холодное (предрассветное) время суток. Размножение диких животных начинается также в более холодное время.

Возможность физиологической адаптации к радиационному загрязнению окружающей среды основана на том, что короткий ультрафиолет (УФС) приводит к распаду молекул АТФ, в результате чего наблюдается повышение температуры. У живых организмов давно выработана приспособленность к постоянным колебаниям температуры на нашей планете. Поэтому разумное использование человеком источников ионизирующего излучения для получения энергии в различных областях народного хозяйства не может вызвать каких-то непредсказуемых катастрофических последствий. Это позволяет прогнозировать широкое использование ядерной энергетики во всех областях народного хозяйства.

Литература

1. Kandasamy S.B., Hunt W.A. Involvement of prostaglandins and histamine in radiation-induced temperature response in rats/ Radiat. Res. 1990. V. 121. P. 84-95.

2. Пегель В.А., Докшина Г.А. Влияние радона на температуру внутренних органов животных // Медицинская радиология. 1961. Т. 6, №11. С.54-58.

Комар Е.Б.
Белорусский государственный университет физической культуры

ВЗАИМОСВЯЗЬ ПОКАЗАТЕЛЕЙ МОРФОМЕТРИИ СЕРДЦА ЛЕГКОАТЛЕТОВ СО СПОРТИВНОЙ СПЕЦИАЛИЗАЦИЕЙ

Легкая атлетика относится к такому виду спорта, который объединяет спортсменов, существенно отличающихся друг от друга по характеру и направленности тренировочного процесса, что оправдывается историческими традициями развития легкой атлетики. В связи с этим, рассматривать легкую атлетику как единый вид спорта нецелесообразно, так как морфометрические изменения, происходящие в сердце легкоатлетов, занимающихся различными видами легкой атлетики, будут существенно отличаться.

Тренировочный процесс легкоатлетов различен в зависимости от их спортивной специализации и направлен на развитие абсолютно разных физических качеств – сила, скорость, выносливость. Направленность тренировок легкоатлетов в зависимости от специализации (спринтеры, стайеры, метатели и т.д.) оказывают существенное влияние на размеры сердца спортсменов, частоту и тип развития гипертрофии миокарда левого желудочка, массу миокарда левого желудочка.

Необходимость проведения исследования по данной теме была продиктована отсутствием до настоящего времени среди данных литературы [1–4] сведений о сравнительном анализе морфометрических показателей сердца спортсменов, занимающихся различными видами легкой атлетики.

В предыдущих работах был проведен сравнительный анализ морфометрических показателей левого желудочка (ЛЖ) сердца легкоатлетов разных спортивных квалификаций. Результаты исследования показали о повышении всех морфометрических показателей ЛЖ в группе легкоатлетов высокой квалификации по сравнению с легкоатлетами средней спортивной квалификации. Следовательно, длительность занятий легкой атлетикой оказывает влияние на увеличение параметров морфометрии ЛЖ легкоатлетов. Подобные морфометрические изменения являются адаптационной реакцией сердца спортсменов на воздействие интенсивных физических нагрузок.

Результаты настоящего исследования показывают взаимосвязь морфометрических показателей сердца легкоатлетов с их спортивной специализацией.

Методом эхокардиографии было обследовано 100 легкоатлетов (52 мужчины и 48 женщин) высокой спортивной квалификации (кандидаты в мастера спорта, мастера спорта, мастера спорта международного класса), специализирующихся в различных видах легкой атлетики.

Среди этих спортсменов было сформировано 3 группы на основании преобладающего проявления какого-либо физического качества в процессе тренировок (то есть в зависимости от спортивной специализации легкоатлетов):

1 группа (n=39) – со скоростной направленностью тренировочного процесса: бег на 100 м, 200 м, 400 м, бег с барьерами (100 м, 110 м, 400 м);

2 группа (n=41) – скоростно-силовая направленность: прыжки (в длину, высоту, тройной, с шестом), метание (копья, диска, молота), толкание ядра;

3 группа (n=20) – развитие преимущественно выносливости: бег на 800 м, 1500 м, 3000 м с препятствиями, 5000 м, 10 000 м, спортивная ходьба (20 км, 50 км).

В сравнительный анализ были включены следующие показатели морфометрии сердца спортсменов: диаметр полости левого желудочка (ЛЖ) – конечно-диастолический (КДР) и конечно-систолический размеры (КСР), мм; абсолютная толщина задней стенки левого желудочка в диастолу (ТЗСЛЖd) и систолу (ТЗСЛЖs), мм; толщина межжелудочковой перегородки в диастолу (ТМЖПd) и систолу (ТМЖПs). Полученные данные приведены в таблице.

Таблица – Сравнительная характеристика эхокардиографических показателей левого желудочка сердца высококвалифицированных легкоатлетов (M±σ)

Показатель	1 группа		2 группа		3 группа	
	мужчины (n=18)	женщины (n=21)	мужчины (n=24)	женщины (n=17)	мужчины (n=10)	женщины (n=10)
ТМЖПd, мм	8,09±0,58	7,59±1,00	8,45±1,07	7,84±0,81	8,63±0,44**	7,85±0,63
ТМЖПs, мм	11,03±1,51	9,94±1,15	11,40±1,31	10,32±1,73	11,18±1,31	11,17±1,15*
КДР ЛЖ, мм	50,06±2,94	45,24±4,16	50,58±5,12	45,29±4,18	49,20±5,29	47,10±3,41*
КСР ЛЖ, мм	33,39±3,48	30,33±3,58	33,71±4,94	30,24±3,19	32,50±3,57*	30,90±2,64
ТЗСЛЖd, мм	8,52±0,59	7,96±1,01	8,90±1,21	8,60±1,02	8,80±0,42**	8,46±0,78*
ТЗСЛЖs, мм	14,81±1,41	14,11±1,88*	15,39±1,42	14,09±1,31	15,55±0,84	15,00±1,56

Примечания:

* различия показателей достоверны по сравнению с таковыми контрольной группы соответствующего пола $p<0,05$;

** различия показателей достоверны по сравнению с таковыми контрольной группы соответствующего пола $p<0,01$.

Величины КДР ЛЖ и КСР ЛЖ у всех спортсменов высокой квалификации находились практически в одинаковых диапазонах значений.

Значения всех показателей морфометрии были наименьшими в 1 группе (со скоростной направленностью тренировок) высококвалифицированных спортсменов.

2 группа спортсменов высокой квалификации отличалась наибольшими значениями ТЗСЛЖ в диастолу как среди мужчин, так и среди женщин. Кроме того, мужчины этой подгруппы имели самую большую величину ТМПЖ в систолу (наибольшее значение этого показателя среди женщин – в 3 группе). Можно предположить, что применение в тренировочном процессе легкоатлетов упражнений, направленных на развитие силы, приводит к увеличению толщины миокарда ЛЖ, а также утолщению межжелудочковой перегородки в фазу систолы.

В 3 группе спортсменов у мужчин и женщин наблюдались максимальные значения ТМЖП в диастолу, а также ТЗСЛЖ в систолу, что указывает на повышение систолического напряжения миокарда левого желудочка, необходимого для изгнания крови.

Изменения морфометрических показателей миокарда левого желудочка сердца легкоатлетов в зависимости от различных спортивных специализаций являются целесообразными и обусловлены системой тренировки этих спортсменов. Так как среди легкоатлетов можно выделить группы спортсменов, тренировки которых существенно различаются по характеру и направленности тренировочного процесса, то и изменения, происходящие в сердце таких спортсменов, являются различными. Каждая из этих групп характеризует наличие у спортсмена определенных физиологических и морфологических особенностей, отличающих его от представителей других групп.

Литература

1. Масхулия, Л. Влияние интенсивной физической нагрузки на морфометрические и функциональные показатели левого желудочка спортсменов высокой квалификации: автореф. дис. … канд. мед наук: 14.00.12 / Л. Масхулия; Тбилисский гос. мед. ун-т. – Тбилиси, 2006. – 22 с.

2. Сагитова, В.В. Морфо-функциональные особенности сердечно-сосудистой системы у ветеранов спорта: дис. … канд. мед. наук: 14.00.51 / В.В. Сагитова. – Москва, 2007. – 142 с.

3. Fagard, R. Athlete's heart / R. Fagard // General cardiology. – 2003. – Vol. 89. – P. 1455–1461.

4. Maron, B.J. The heart of trained athletes: cardiac remodeling and the risks of sports, including sudden death / B.J. Maron, A. Pelliccia // Circulation. – 2006. – Vol. 114, № 15. – P. 1633–1644.

Алиев Э.В.
аспирант Отдела эстетики и информационной культуры Института Архитектуры и Искусства Национальной Академии наук Азербайджана

ИСКУССТВО В СОВРЕМЕННОМ ИНФОРМАЦИОННОМ ОБЩЕСТВЕ

На протяжении всей «письменной» истории, начиная с наскальных рисунков и символов [1] и первых глиняных табличек Месопотамии [2, 3], подтверждающие факт сосуществования человека и созидаемого им художественного пространства, и до наших дней, искусство как естественная основа художественной культуры осмыслялось в пределах модели и стилей описания реальности. Безусловно, с созданием и развитием информационных технологий на смену пришли новые, виртуальные модели и стили [4], которые завладели сознанием масс, и косвенным образом послужили причиной многим социально-культурным катаклизмам в конце второго и в начале третьего тысячелетия. В чем же выражается своеобразие современного искусства в контексте информационного общества? Можно ли провести сравнительный анализ новых и уже существующих художественных моделей и стилей отображения реальности?

Искусство стало единственной областью современной культуры плавно вошедшее в новый век информационных технологий. Органическая растворимость и совместимость, с которой новое искусство стало соразмерной составляющей частью современной информационной культуры благодаря информационной сущности самого искусства и культуры в целом. Любой образ всегда реализуется в контексте информационного пространства, за пределами которого он теряет свой смысл.

Можно выделить несколько качественных особенностей современного искусства вписанного в контекст нового информационного пространства:

✓ возможность наложения новых текстур на уже существующее изображение в виртуальных носителях художественного пространства; Современные информационные технологии становятся объектом творческого преображения со стороны человека, и уже самим этим фактом приложения созидательных сил человека, они оправданы перед лицом классической эстетики, философии искусства. Подтверждением этому стало появление *virtual-art*, *media-art* и т.п. как новых видов искусств. Это служит подтверждением того факта, что изменениям подвержен не мир вокруг человека, а инструменты, при помощи которых мы этот мир воссоздаем уже как художественная реальность.

- ✓ массовость и коммуникационная доступность художественного пространства; Прежний, четко ограниченный ареал распространения любого из видов искусства, сегодня расплывается, и теряет точность очерченных границ. Здесь уже нет барьеров для свободного доступа к художественному событию. В условиях массовости и доступности высшие ценности приобретают статус всеобщих и общезначимых.
- ✓ содержательная незавершенность; Находясь под влиянием постмодернизма, в современном художественном пространстве культурные модели и стили ушедших исторических эпох начинают применяться наравне с уже существующими представлениями о мире. В искусстве это классика и неоклассика, газеты и мультимедиа, мугамы и симфония, в науке это физика и метафизика, химия и алхимия, астрономия и астрология и т.п. Это не веление нынешнего времени, а попытка самоутверждения нового сквозь призму старого и игра с культурными формами во имя нового содержания, но все еще жизнеспособного мировоззрения.

Таким образом, суммируя вышесказанное, будем исходить из того, что новое искусство растворилось в современной информационной культуре благодаря информационной сущности самого искусства. Это, во-первых. Во- вторых, массовость и коммуникационная доступность искусства связана общедоступностью интернета. И, в-третьих, можно выделять, содержательную незавершенность современного искусства, изначально ориентированного не на создание конечного художественного продукта, а на моделирование образов открытых к любым художественным изменениям.

Литература

1. Абдуллаева Р.Г., Алиев Э.В. Наскальные рисунки – древнейшие информационные носители культуры: Гобустан (Азербайджан), Альта (Норвегия) и Танум (Швеция). // Материалы XVI Ежегодной международной научно-практической конференции АДИТ–2012. http://kizhi.karelia.ru/library/adit-2012-t/857.html
2. Кьера Э. Они писали на глине: Рассказывают вавилонские таблички. М.: Наука, 1984, 135с. Глава 15. Искусство и человек. с.101-106.
3. Алиев Э.В. Динамика становления информационного общества. – Новый университет, 2012, № 5, с.20-23.
4. Абдуллаева Р.Г. Проблема художественного стиля в информационной культуре. Баку: Издательство «Элм», 2003, 256с.

Боттичелли В.А.
асс. кафедры зарубежной литературы и художественной культуры филологического факультета БашГУ

ИНТЕГРАЛЬНЫЙ ВЗГЛЯД НА ВОСТОК СТОЛЕТИЕ НАЗАД (РЕРИХИ И Г.ГЕССЕ)

Запад на рубеже 19-20 веков представлял из себя экстравертную цивилизацию, приглядывающуюся к интровертному Востоку с ощущением духовного ученичества. Дегуманизация жизни цивилизации привела к желанию многих культурных деятелей Европы понять тайну притяжения Востока. Неудивительно, что в европейской культуре явственно зазвучал ориентализм в самых разных видах искусства – в литературе, живописи, музыке, философии. Герман Гессе, Анаис Нин, Джек Керуак, Алан Уотс, Поль Гоген, Карл Орф, Оливье Мессиан, Джон Кейдж, Карл Штокхаузен, Е.Блаватская, Петер Хаммель, Н. Рерих…Они открыли для себя целый культурный пласт тайного интегрального сознания. Каждый – по-своему определил меру проникновения в восточное мировоззрение, но у многих случались независимые, но очень знаменательные творческие переклички. Немецкий композитор 1-й половины 20 века К. Орф предпослал своей музыкальной драме «Бернауэрин» слова из «Весны и осени господина Люя» Люй Бу Вея. Пятью годами раньше этот же отрывок Г.Гессе включил в текст романа «Игры в бисер». В «Мистерии конца времени» Орф обращается к идее «ночной вахты духа», а Н. Рерих использует в своих статьях сходное поэтическое выражение «священный дозор». На Востоке ищет ответы на вопросы духовного бытия и Г.Гессе («Паломничество на Восток»). П. Хаммель тоже приехал на Восток лично учиться у садху и гуру, проделывая в мировосприятии путь по спирали в прошлое. Многие ориенталисты постигают многообразие далекой неизвестной культуры, учась глазами Востока смотреть на себя, отрешаясь от гордости европоцентризма. Это было нелегко, если учесть, что в 19 веке европейские страны проводили активную геополитическую экспансию в своих восточных колониях.

Семья Рерихов и Герман Гессе шли к знакомству с Востоком во многом сходным путем, меняя даже представление о времени: прошлое, настоящее и будущее сливались воедино (прошлое становилось окном в будущее для Н.Рериха, а у Г. Гессе концепцию времени в «Игре в бисер» представили «Три жизнеописания»). Проблему охвата пространства решали с помощью медитаций. Наряду с практиками потребовалось вникнуть в ее теорию и философию вместе с наставником, пройти путь ученичества. Так возникал образ Школы, нивелирующей географические границы – Н. Рерих и Е.И. Рерих открыли международный институт «Урусвати», а Гессе ввел образ интеллектуальной академии Касталии. Хаммель познакомил

Европу с восточной музыкой, организуя гастроли Пандита Пранатха, Рави Шанкара, Али Акбар Хана…

Но дух постигающего древнее восточное мировоззрение должен был пройти особой дорогой, на которой встречались «духовные магниты». В сборнике поэм «Цветы Мории» Н. Рериха есть поэма «Наставления ловцу, входящему в лес» (1921) – программа знакомства с Востоком. Пытливый дух неофита должен преодолеть несколько ступеней – пробуждение, интуитивное угадывание священных знаков» «водительства» в тумане сомнений и суеты, начало восхождения и ожидание с интенсивной деятельностью при обретении уверенного пути, борьба, подвиг и победа с радостью творчества при осознании «трижды позванного»…Этапы жизненного пути Рерихов и Гессе удивительным образом независимо совпали на этих ступенях. Поначалу мудрость Востока смутно угадывалась в интуитивном постижении отрывочных впечатлений от чтения легенд и впечатлений путешественников. Затем начиналось практическое знакомство в поездках, когда образ Востока мог претерпеть некоторую трансформацию. Подвижническая деятельность включала борьбу с трудностями на этом пути, преодолением преград языковых, социальных, политических, бытовых. Венцом пути была радость созидания и блестящие итоги, выразившиеся в художественном наследии, ставшем доступным всему миру.

Пробуждение. Дед Германа Гессе был востоковедом, а родители – миссионерами. Елена Шапошникова-Рерих происходила из легендарного рода Воронцовых, ее предок – кн. Михаил Иванович Воронцов, генерал-фельдмаршал и масон, немало путешествовал по Востоку, привезя домой сувениры (резной кинжал и проч.), но главной семейной легендой была встреча в 1825 году с гималайскими махатмами, поручившими М.Воронцову во имя благих целей остановить масонов. Бывая часто на русском Севере, Н.Рерих ощущал магическое притяжение неба и гор, фантазировал над формой облаков. Рассматривая в детстве фотографии фресок Аджанты, в Карелии художник задумался над воплощением индусских легенд, ещё не догадываясь о приближающейся встрече с махатмами Востока. Но в 1894 году, при написании картин славянского цикла, он неожиданно заказывает кузнецу железный меч. Через 20 лет на картинах восточного цикла появится образ рыцаря с этим мечом и мотив священного поединка.

Угадывание. Елена Шапошникова-Рерих с детства мечтала о путешествиях на Восток, в горы, где, как ей казалось, она когда-то уже жила. Ей грезились неведомые древние страны, залитые сиянием. С детства она жила с врожденным чувством ясновидения, помогавшего ей в продвижении к цели жизни и встрече с Н. Рерихом. Он же пока постигал учение Вивекананды, выступавшего с лекциями в Америке и странах Европы. Н. Рерих выделил в нем идею начала обновления духовной культуры мира с России, а потому чувствовал высокую миссию художника. В его скандинавском цикле появляется образ духовного поединка, зримо представленный в восточной культуре и его собственных полотнах 1906-1917 гг. («Девассари Абунту», «Звездные руны», «Стрелы неба-копья земли», «У рубежа», «Мистерия», «Хартия мудреца», «Светаюра»). Картины начала 1920-х гг. («Послание Востока» и «Послание неба») легли в основу гималайской серии 1924 г. И на этом пути ему довелось в 1909 году во Франции оформлять оперу А.Бородина «Князь Игорь» (эскизы костюмов и декорации «Половецких плясок») для «Русских сезонов» С.Дягилева. Восток Рериха тогда не стал по-мавритански пряным, по-персидски изысканным или по-японски утонченным, как привыкла парижская публика – рериховский Восток отличался самобытностью диких нравов, неистовой энергией покорения территорий Запада.

Г.Гессе в годы первой мировой войны читал «Книгу перемен», «Упанишаду», «Бхагавадгиту». Его менталитет сформировался в окружении знатоков религии и искусства Востока, филологов и лингвистов. В 1911 году он познакомился с Индией и Китаем непосредственно, познав медитацию и законы йоги, прикоснувшись к кладезю восточной мудрости. Настоящий Восток входил в его душу по магическому мосту…

Восхождение и ожидание. Ради обретения мудрости, Гессе пришлось покинуть семью и бежать от Востока, сопротивляясь власти ориентализма над собой. Он выделил себя из универсума фашистской Германии, став отшельником в швейцарской деревне, отказавшись от помощи гуру, он самостоятельно изучал конфуцианство, даосизм и дзэн, сделав вывод о том, что восточное больше не представляет собой загадки для него. Но проблема Восток-Запад всегда оставалась для него серьезной, о чем говорят его литературные произведения («Игра в бисер»). Начало восхождения к Востоку у молодой семьи Рерихов было трудным, хотя в 1907-1909 гг. у них появился гуру – махатма Мория. Инсайт сделал многое ясным из интуитивно прозреваемого. Было дано знание о перерождениях (Н.Рерих воспользовался им при написании ряда картин в будущем), Е.Рерих получила способность к автоматическому письму. Этапы духовного самопробуждения и направление восхождения были отражены в «Цветах Мории». Н. Рерих стал изучать свои «десять ликов» (стих «Заклятье» - китаец Йенно Гуйо Дья в 3 веке до н.э., Фидий, Л. да Винчи, тибетский Далай Лама в 18 веке – это позже подтвердили тибетские монахи, встречавшие Рерихов в Гималаях). Члены семьи Йенно (Фу, Ло, Хо) владели осколком камня Чинтамани, называемом на Востоке «Сокровищем мира». Он стимулировал рост духовного потенциала в той стране, где он находится в ту или иную эпоху (это предание Н.Рерих изложил в «Космических легендах Востока»). Чинтамани путешествовал по миру от царя Соломона к императору Акбару, от хана Чингиза к хану Тамерлану, оказываясь то в ризнице Софии Новгородской, то в ларце маркграфини Уты из Наумбурга. Так появляется картина Святослава Рериха, на которой отец представлен в китайском костюме на фоне трех фигур семьи Йенно, несущих шкатулку, а сам Н. Рерих написал Уту Наумбургскую (в прошлом рождении он был ее супругом Эккехардом Наумбургским, из эпохи Средневековья до нас дошел великолепный скульптурный ансамбль царственной пары из городского собора). Маркграфиня хранила осколок Чинтамани, полученный ею в благодарность за спасение от испанцев от Моисея да Леона (картина «Да здравствует король!»). В 1935 году камень вернулся к Е.И.Рерих вновь, о чем свидетельствует портрет матери кисти Св. Рериха (1937) и картина Н.Рериха «Держательница мира, Камень несущая». В некоторых стихотворениях Н. Рерих приоткрыл свои контакты с махатмой, намекая на внезапность встреч («Нищий», «Уводящий», 1916). Беседы Эль Мории с Еленой Рерих художник воплощал на картинах «Ангел последний», «Град обреченный», «Пречистый город – врагу озлобленье».

Уверенность и деяние. После 1918 года Рерихи принимают решение переехать в Индию, посетив прежде с выставками Америку, Англию и Швецию. В Англии их ждет встреча с махатмой, открывшем семье жизненную цель: налаживание сотрудничества Индии с Советской Россией и США. Были даны мудрые советы дипломатического характера, а также обрисован замысел учения Живой Этики, которую предстояло Е.Рерих записать в Индии от махатм («Агни-Йога»). Был обещан трудный путь, полный препятствий, тревог и отчаяния, но взамен был обещан Свет. И в декабре 1923 г. Рерихи направляются в Индию. Тибетские ламы склоняются перед ним, признавая перерождение знаменитого реформатора. Встреча там с махатмой Мория ставит новые цели – закладку духовных магнитов во время экспедиции по Центральной Азии (1925). А в этот период Германа Гессе объявляют своим гуру музыканты-минималисты, полагавшие, что он предсказал мироощущение целого поколения. Минималистскую музыку существенно обогатило знакомство с культурой Восточной Азии. Музыка присутствует в самом строе произведений Гессе как элемент предчувствия – о ней почти не говорится. Она не описывается словами – она вся в словах.

Борьба-подвиг-победа и радость созидания. Г.Гессе пишет «Игру в бисер», отражая столкновение двух миров и принципов существования, порождающие споры их представителей. В аллегорической форме идет речь о границе, разделяющей культуру Востока и цивилизацию Запада. Многие ситуации в романе напоминают вязь восточного орнамента или приемы игры в шахматы (вариации и рокировки). Оба антагониста сближаются и меняют жизненные позиции: Плиньо начинает интересоваться медитацией, а ревнитель кастальских устоев Кнехт решает уйти в мир. Повторяются дважды неординарные ситуации (когда Кнехт приходит к Старшему Брату с просьбой о послушничестве и история Плиньо-Кнехт). После обучения Кнехт становится членом единого идейного общества наряду с Дасой и Старшим Братом. Он воплощает тип восточного созерцания жизни. Личность растворяется в универсуме. С противоположной стороны оказываются Плиньо, Тито и молодой ученик Тегуляриус, которому предстоит проделать тот же путь, что и Плиньо с Кнехтом. Этот «лагерь» символизирует собой действенную Европу с ее правами личности, возможностями выбора, выделения из общества. Гессе в имени Кнехта воплощает идею служения в жизни, осознанно меняющего мировоззрение, покидающего сначала свой «лагерь», а затем и Касталию, сознавая, что отныне его долг – служить всему миру. Он возвращается к активной жизни, а на его место готов придти Тегуляриус. Финал известен – Кнехт гибнет в озере, спасая ученика, словно «перетекая» всем своим духом в него. Такая смерть закаляет «будущего Кнехта» - сохранено Дао, идея единства духа. Уход Магистра Игры ради познания мира и воспитания единственного ученика равно понятен Востоку и Западу – это ответ Г. Гессе на загадку сходства и несходства двух сторон света. Роман стал аллегорией поиска беспредельности Истины. И Гессе удалось выразить это вербально, подобно тому, как Н. Рерих передал эту идею символикой цвета и жеста на своих полотнах.

Совершив в 1925-1928 гг. экспедицию в Азию, Рерихи стали настоящими подвижниками, описав свои приключения в Дневниках. Чудом исследования флоры, фольклора, географии мест были завершены и результаты позволили основать «Урусвати» для изучения собранных коллекций. В июне 1926 года удалось побеседовать в Москве с Г. Чичериным, Ан. Луначарским и Н. Крупской, передав послание махатм Востока о будущем, о судьбах страны, о контактах с Индией, об учении Живой Этики (текст публикуется лишь в 1965 г.). Иллюстрирует послание Н. Рерих подарком - серией своих картин «Майтрейя-победитель» о пришествии в грядущем Великого Учителя мира. Но Ф. Дзержинский иначе смотрит на миссию Рерихов, приказывая уничтожить их на пути к Алтаю. Внезапная смерть главы разведки спасает жизнь Рерихов и они оказываются в безопасности. Возможно, что их ждала участь «кнехтов» (впереди был полугодовой английский арест). Работа рериховского института «Урусвати» в Индии объединила ученых разных стран (А.Энштейн, Р. Малликен, Радхакришнан) – в условиях Гималаев изучались космические лучи, магнитные явления, проблема охраны биосферы Земли, селекция и методы тибетской медицины, нацеленные на лечение онкологии, восточные обряды и мифология. Елена Ивановна дополняла работу гималайской «Касталии» над «Живой Этикой» переводом на русский язык «Тайной Доктрины» Е. Блаватской (корреспондентки махатм во второй половине 19 века). Николай Константинович Рерих дописывал последние картины, стремясь к 1936 году вернуться в Россию. Но смерть застала его на Востоке, а в 1955 году за ним последовала и его «Аспазия». Лишь сыновьям была дана возможность оказаться на Родине, принеся неоценимый вклад наследием родителей и собственным научно-художественным потенциалом. Так свершилась созидательная миссия Рерихов и Гессе, полная препятствий и блистательных побед, которую ещё предстоит изучать во всем ее многообразии. Они прошли через все предписанные этапы на пути постижения Западом Востока, продвигаясь от плодов цивилизации к культурному сокровищу – каждый по-своему и вместе воедино сближая Восток и Запад, уничтожая искусственно воздвигнутые границы недоверия. Девизом их было Единство, заповеданное в творчестве.

Захаренков В.В.
д.м.н., профессор, директор НИИ комплексных проблем гигиены и профессиональных заболеваний СО РАМН (Новокузнецк), vasiliy.zaharenkov@mail.ru;
Виблая И.В.
д.м.н., руководитель лаборатории информатизации здравоохранения НИИ комплексных проблем гигиены и профессиональных заболеваний СО РАМН (Новокузнецк);
Сизов Е.Е.
начальник отдела информатизации Департамента здравоохранения Томской области, siz82@inbox.ru.

ВНЕДРЕНИЕ СОВРЕМЕННЫХ ИНФОРМАЦИОННЫХ ТЕХНОЛОГИЙ В ЗДРАВООХРАНЕНИЕ

Негативные тенденции в состоянии общественного здоровья Российской Федерации [11, 6], особенно выраженные в Сибирском федеральном округе [5, 39; 7, 52; 10, 6], увеличивают потребность в медицинской помощи, приводят к необходимости совершенствования её организации [2, 8; 9, 11], в том числе путём внедрения информационных технологий [2, 6; 3, 80; 6, 95; 8, 53].

В Концепции развития системы здравоохранения Российской Федерации (РФ) до 2020 года [12, 16] отражено, что в субъектах РФ разработаны и функционируют различные автоматизированные информационные системы. Однако большинство из них представляют собой комплекс разрозненных автоматизированных рабочих мест, ориентированных на обеспечение частных функций. Проблемы их эксплуатации в основном обусловлены отсутствием унификации используемых программно-аппаратных платформ и единого подхода к развитию. При этом подчеркивается, что значительную роль в повышении доступности медицинской помощи, при сохранении ее качества и повышении эффективности, должно играть внедрение современных информационных технологий.

Современная информационная технология подразумевает использование как компьютеров, так и технических средств, обеспечивающих телекоммуникацию, и опирается на реализацию базовых информационных процессов, основанных на использовании стандартных моделей. Кроме того, базовые информационные технологии включают ряд специфических моделей и инструментальных средств, таких как мультимедиа-технологии, геоинформационные технологии, телекоммуникационные технологии, технологии защиты информации, технологии искусственного интеллекта, CASE-технологии.

Информационные потоки медицинских учреждений содержат большое количество различного рода показателей, позволяющих проводить комплексный многомерный анализ, делать оптимальный выбор ситуаций для обеспечения принятия решений [1, 1].

Тенденцией современного отечественного здравоохранения является создание единого информационного пространства с главным действующим лицом – пациентом. Единое информационное пространство обеспечит однократный ввод и многократное использование медицинской информации с применением единой системы классификации и кодирования, а также ее адекватное предоставление различным участникам системы здравоохранения. Основными поставщиками информации в едином информационном пространстве должны стать информационные системы различных медицинских организаций. При этом должны быть обеспечены сбор и передача: персональных данных о пациентах, их состоянии здоровья и полученной ими медицинской помощи; данных о ресурсах системы здравоохранения, включая данные о медицинских работниках, медицинской технике и оборудовании, изделиях медицинского назначения, информационных системах, лекарственных средствах и т.д.

Наличие большого числа разнообразных инженерно-технических решений в области здравоохранения приводит к необходимости разработки и внедрения единых стандартов [12, 21], без соблюдения которых создаваемые информационные системы не могут быть интегрированы в единое информационное пространство. Стандартизация в системе здравоохранения повышает качество разработок в области информационно-коммуникационных технологий, облегчает процесс обмена информацией между различными информационными системами, обеспечивает принятие единой терминологии и формализацию медицинской информации. Информационные технологии предлагают удобные инструменты для создания отчетов, обобщений научной работы и поиска новых знаний. Информатизация здравоохранения призвана помочь врачу в лечении больного, менеджеру медицинского учреждения в его деятельности по организации труда врачей, организатору здравоохранения в организации системы оказания медицинской помощи населению и формировании здорового образа жизни. Однако интеграция информационных технологий в систему здравоохранения связана с множеством организационных, информационных, технологических, юридических и образовательных задач, решение которых должно быть последовательным и взаимосвязанным.

Заключение. Стремительное развитие информационных технологий, их проникновение во все сферы человеческой деятельности приводит к пониманию всеми представителями системы здравоохранения того, что повышение доступности медицинской помощи, при сохранении ее качества и повышении эффективности, невозможно без внедрения современных информационных технологий – приоритетного направления Концепции развития системы здравоохранения Российской Федерации до 2020 года.

Литература

1. Введение в прикладную дисциплину «поддержка принятия решений». – 2009. – Режим доступа: http://www.devbusiness.ru/development/dms/dms_intro.htm.

2. Виблая И.В. Определение потребности в стационарной медицинской помощи на муниципальном и региональном уровнях и пути максимального ее удовлетворения: дис. … докт. мед. наук. – Кемерово, 2004. – 327 с.

3. Виблая В.И., Захаренков В.В., Пестерева Д.В. Оптимизация потребности в лечебно-восстановительной помощи больным с профессиональными заболеваниями как путь к сохранению трудового потенциала // Бюл. ВСНЦ СО РАМН. – Иркутск, 2012. – № 5 (87), Ч. – С. 78-81.

4. Виноградов К.А. Совершенствование управления здравоохранением на региональном уровне с использованием информационных технологий : дис. … д-ра мед. наук. – М., 2005. – 253 с.

5. Захаренков В.В., Виблая И.В., Олещенко А.М. Проблемы общественного здоровья в Сибирском федеральном округе и пути их решения // Вестник Российской академии естественных наук. – Вып. 13. – 2011. – С. 39-40.

6. Захаренков В.В., Виблая И.В., Олещенко А.М., Бурдейн А.В., Мельникова И.П. Целевая установка программных мероприятий по сохранению здоровья и трудового потенциала населения Сибирского федерального округа // Инновационные технологии в медицине труда: материалы Всероссийской научно-практической конференции. – Новосибирск, 29-30 сентября 2011 г. – Новосибирск, 2011. – С. 93-95.

7. Захаренков В.В., Виблая И.В. Демографическое развитие Сибирского федерального округа // Бюллетень Национального научно-исследовательского института общественного здоровья. – Вып. 2. – М., 2012. – С. 52-53.

8. Захаренков В.В., Виблая И.В., Сизов Е.Е. К информационному обеспечению управления разработкой и реализацией комплексной целевой программы «Улучшение демографической ситуации в Сибирском федеральном округе» на период до 2025 года // Вестник Кузбасского научного центра. – Кемерово, 2012. – Вып. 15. – С. 53-54.

9. Захаренков В.В., Виблая И.В. Направления программных решений демографических проблем (на примере СФО, Кемеровской

области и г. Новокузнецка) // Материалы II Городской научно-практической конференции «Демографическая ситуация в Новокузнецке, России: причины, динамика, прогноз». – Новокузнецк, 2012. – С. 8-11.

10. Захаренков В.В., Виблая И.В., Олещенко А.М. Здоровье трудоспособного населения и сохранение трудового потенциала Сибирского федерального округа // Медицина труда и промышленная экология. – Вып. 1. – 2013. – С. 6-10.

11. Здоровье населения региона и приоритеты здравоохранения / под ред. акад. РАМН, проф. О.П. Щепина, чл.-корр. РАМН, проф. В.А. Медика. – М.: ГЭОТАР-Медиа, 2010. – 384 с.

12. Концепция развития системы здравоохранения в РФ до 2020 г. – 61с. – Режим доступа: http://federalbook.ru/files/FSZ/soderghanie/Tom%2012/1-9.pdf

Захаренков В.В.
д.м.н., профессор, директор ФГБУ «НИИ комплексных проблем гигиены и профессиональных заболеваний» СО РАМН, Новокузнецк, e-mail: vasiliy.zaharenkov@mail.ru;
Олещенко А.М.
д.м.н., заместитель директора ФГБУ «НИИ комплексных проблем гигиены и профессиональных заболеваний» СО РАМН, Новокузнецк, e-mail: ecologia_nie.mail.ru;
Данилов И.П.
к.м.н., руководитель лаборатории общей и профессиональной патологии ФГБУ «НИИ комплексных проблем гигиены и профессиональных заболеваний» СО РАМН, Новокузнецк,
e-mail: ecologia_nie.mail.ru;
Суржиков Д.В.
д.б.н., руководитель лаборатории прикладных гигиенических исследований ФГБУ «НИИ комплексных проблем гигиены и профессиональных заболеваний» СО РАМН, Новокузнецк,
e-mail: ecologia_nie.mail.ru;
Кислицына В.В.
к.м.н., ведущий научный сотрудник лаборатории экологии и гигиены окружающей среды ФГБУ «НИИ комплексных проблем гигиены и профессиональных заболеваний» СО РАМН, Новокузнецк, e-mail: ecologia_nie.mail.ru;
Корсакова Т.Г.
к.б.н., ведущий научный сотрудник лаборатории прикладных гигиенических исследований ФГБУ «НИИ комплексных проблем гигиены и профессиональных заболеваний» СО РАМН, Новокузнецк, e-mail: ecologia_nie.mail.ru.

О НОВОЙ МЕДИЦИНСКОЙ ТЕХНОЛОГИИ ОЦЕНКИ ПРОФЕССИОНАЛЬНОГО РИСКА ДЛЯ ЗДОРОВЬЯ РАБОТНИКОВ ПРОМЫШЛЕННЫХ ПРЕДПРИЯТИЙ

В настоящее время в гигиене труда существует необходимость в разработке системы мониторинга оценки профессионального риска для здоровья работников, занятых во вредных условиях труда при решении задач профилактики профессиональной заболеваемости и охраны труда [1, 17; 2, 49; 3].

Для этого сотрудниками НИИ комплексных проблем гигиены и профессиональных заболеваний СО РАМН разработана новая медицинская технология (МТ) «Автоматизированная информационная система оценки профессионального риска для здоровья работников промышленных предприятий», на применение которой получено разрешение Федеральной службы по надзору в сфере здравоохранения и социального развития (серия АА № 0001833 от 19 мая 2009 г.). Нормативной базой являлись «Руководство по оценке профессионального риска для здоровья работников. Организационно-методические основы, принципы и критерии оценки» Р 2.2.1766-03 [4] и «Руководство по гигиенической оценке факторов рабочей среды и трудового процесса. Критерии и классификация условий труда» Р 2.2.2006-05 [5].

Цель МТ – мониторинг профессионального риска для здоровья работников промышленных предприятий, занятых во вредных и опасных условиях трудах, основанный на автоматизированной информационной системе, для разработки медико-профилактических и реабилитационных мероприятий, направленных на снижение профессиональной заболеваемости.

База данных для проведения расчетов включает показатели загрязнения токсичными веществами и аэрозолями преимущественно фиброгенного действия (АПФД) воздуха рабочей зоны, уровни физических факторов (микроклимата, шума, вибрации) на рабочих местах, персонифицированные данные о работниках (стаж в профессии, возраст, место проживания). В программе заложены расчет среднесменных концентраций согласно руководству Р.2.2.2006-05; коэффициент снижения поступления в организм газообразных веществ и АПФД при использовании средств индивидуальной защиты; концентрации токсичных веществ за предыдущие годы.

Компьютерная программа МТ включает расчет рисков профессиональной заболеваемости, хронических интоксикаций и безопасного стажа работы в данной профессии, основанный на следующем алгоритме: идентификация опасности, оценка «доза-ответ», оценка воздействия, характеристика риска; а так же управление риском и информация о рисках.

Программа предназначена для расчета индивидуального профессионального риска на основе суммарной экспозиционной нагрузки по фтористым соединениям, смолистым веществам и АПФД, определения безопасного стажа работы для работников промышленных предприятий. Программа может быть адаптирована для любого производства с вредными и опасными условиями труда. Программа позволяет корректировать и вводить новые данные, такие как концентрации вредных веществ на текущих период, обновлять базу данных на вновь принятых работников. Исполнитель оставляет за собой право изменять интерфейс программы и программный код.

Для оценки эффективности МТ на базе клиники НИИ комплексных проблем гигиены и профессиональных заболеваний СО РАМН проведено обследование 316 работников основных профессий (электролизники, анодчики, крановщики) алюминиевого завода в возрасте от 25 до 60 лет (средний возраст – 44,8 ± 0,4 лет), имеющих стаж работы во вредных условиях от 5 до 36 лет (средний стаж – 19,6 ± 0,46 лет).

У всех обследованных работников проведена оценка уровня болевого суставного синдрома, функционального состояния опорно-двигательного аппарата и минеральной плотности костной ткани. Результаты клинического исследования показали достоверность рисков, полученных расчетным путем.

Таким образом, новая МТ «Автоматизированная информационная система оценки профессионального риска для здоровья работников промышленных предприятий» является эффективным инструментом охраны здоровья работающих во вредных условиях труда. На основе МТ возможна разработка мероприятий по управлению риском для принятия решений и действий, направленных на обеспечение безопасности и сохранение здоровья работников.

ЛИТЕРАТУРА

1. Данилов И.П., Захаренков В.В., Олещенко А.М., Шавлова О.П. и др. Профессиональная заболеваемость работников алюминиевой промышленности – возможные пути решения проблемы // Бюллетень Восточно-Сибирского научного центра СО РАМН. – 2010. – № 4. – С. 17-20.
2. Данилов И.П., Захаренков В.В., Олещенко А.М. Мониторинг профессионального риска как инструмент охраны здоровья работающих во вредных условиях труда // Гигиена и санитария. – 2007. – № 3. – С. – 49-50.
3. Профессиональный риск для здоровья работников: Руководство / Под ред. Н.Ф. Измерова и Э.И. Денисова. – М.: Тровант, 2003. – 448 с.
4. Руководство по оценке профессионального риска для здоровья работников. Организационно-методические основы, принципы и критерии оценки: Руководство. – М.: Федеральный центр Госсанэпиднадзора Минздрава России, 2004. – 24 с.
5. Руководство по гигиенической оценке факторов рабочей среды и трудового процесса. Критерии и классификация условий труда. – М.: Федеральный центр гигиены и эпидемиологии Роспотребнадзора, 2005. – 142 с.

Григорьев С.Е., Зарицкая Л.В., Лепехова С.А., Апарцин К.А.
Аспирант ФБГУ «Научный центр реконструктивной и восстановительной хирургии» (НЦ РВХ) СО РАМН; научный сотрудник ФБГУ «НЦ РВХ» СО РАМН; заведующая отделом экспериментальной хирургии ФБГУ «НЦ РВХ» СО РАМН, главный научный сотрудник отдела медико-биологических исследований и технологий ФБГУН Иркутский научный центр СО РАН (ОМБИТ ИНЦ СО РАН), доктор мед. наук; заместитель директора ФБГУ «НЦ РВХ» СО РАМН, руководитель ОМБИТ ИНЦ СО РАН, профессор

МЕТАБОЛИЧЕСКАЯ КОРРЕКЦИЯ ТАФЦИНОВОЙ НЕДОСТАТОЧНОСТИ ПРИ ГИПОСПЛЕНИЗМЕ

Синдром постспленэктомического гипоспленизма (ПСГ) – это патологическое состояние, вызываемое полной аспленизацией организма [1,191]. На сегодняшний день наиболее частым приемом в хирургии селезенки остается спленэктомия, что при отсутствии резидуальной ткани селезенки, может приводить к развитию ПСГ. К его проявлениям относятся: снижение иммунитета, увеличение частоты гнойно-воспалительных осложнений в раннем послеоперационном периоде, повышение восприимчивости к инфекции вплоть до фульминантного пневмококкового сепсиса, астенический синдром. [5,157]. Известно, что селезенка является местом образования и высвобождения опсонинов, обеспечивающих неспецифическую резистентность организма. Наиболее изученным из них является тафцин. Тафцин – тетрапептид (Thr-Lys-Pro-Arg), фрагмент CH_2 домена IgG, занимающий в аминокислотной последовательности положение 289-292, открыт в 1970 году в Тафтском университете (Бостон, штат Массачусетс, США) [2,154; 4,645; 6,53]. Эффекты тафцина, описанные в литературе, можно разделить на иммуногенные, антиопухолевые и центральные [4,647]. Прослеживается прямая патогенетическая связь между проявлениями синдрома постспленэктомического гипоспленизма и выпадением эффектов этого пептида [2,157]. Известно, что содержание тафцина в крови больных, у которых была удалена селезенка в связи с ее патологией, приблизительно в три раза ниже, чем у здоровых людей [3,69]. Если предположить, что основную роль в развитии синдрома гипоспленизма после удаления селезенки играет тафциновая недостаточность, эффективной должна явиться ее коррекция препаратами, содержащими тафцин в чистом виде, либо его аминокислотную последовательность. Проверке этой гипотезы посвящена данная работа.

Материалы и методы.

Для коррекции тафциновой недостаточности выбраны два препарата: «Селанк» (капли назальные 0,15%, код EAN 4607155210078, № ЛСР-003338.09), представляющий собой синтетический гептапептид группы тафцина; синтезирован в Институте молекулярной генетики РАН под руководством член-корреспондента РАН Мясоедова Н.Ф. и «Спленопид», разработанный под руководством профессора Цыпина А.Б. в Институте трансплантологии и искусственных органов Минсоцздрава РФ, который является лиофилизированной пептидной фракцией селезенки свиньи или крупного рогатого скота.

На первом этапе проверка гипотезы о влиянии тафцина на неспецифическую резистентность проведена *in vitro*. В качестве объекта исследования использована венозная кровь 6 детей в возрасте 2-7 лет, обследованных по поводу различных проявлений аллергопатологии. Оценка показателей фагоцитоза (фагоцитарный индекс, фагоцитарное число) проведено по методу К.А. Лебедева и И.Д. Понякиной (1990). В качестве объекта фагоцитоза применены пекарские дрожжи Saccharomyces cerevisiae в концентрации 1-2х10^6/мл. Метаболическая активность нейтрофилов оценивалась методом НСТ-теста в спонтанном и стимулированном «Селанком» вариантах, который последовательно разводили до конечной концентрации 0,37 х 10^{-3} мг/мл.

Следующим этапом изучено влияние обоих препаратов на выживаемость аспленизированных крыс в эксперименте, а также на показатели неспецифической резистентности. Для этого 48 крысам – самцам линии «Вистар» в возрасте не менее 6 месяцев и весом 160-320 г под внутримышечным наркозом (кетамин, дроперидол, атропин), моделировали ПСГ путем спленэктомии с ревизией живота и удалением дополнительной ткани селезенки (если таковая была выявлена). Затем животные были случайным образом разделены на 4 равных группы. Группе №1 проводили ежедневные инъекции спленопида под кожу в дозе 9,2 мг в 0,2 мл физиологического раствора; группе №2 ежедневно выполняли интраназальное введение 0,15% раствора селанка в объеме 50 мкл. Группу №3 использовали в качестве плацебо-контроля, этим крысам каждый день выполняли внутримышечные инъекции 0,2мл физиологического раствора хлорида натрия. В группу №4 вошли крысы, которым с целью сравнения с известным эффективным методом коррекции проводили ксенотрансплантацию продуцента тафцина – криоконсервированной культуры клеток свиной селезенки (ККС), приготовленной по запатентованной технологии в дозе 2х10^6 в 0,5 мл среды для криоконсервации, суспензию вводили однократно в левую подвздошную область. Летальность и выживаемость контролировали в течение 21 суток. Манипуляции на оперированных животных и контроль летальности проводили в интервале 12–15 ч ежедневно. На 21 сутки внутривенно вводили E. coli 10^9 колониеобразующих единиц. Через сутки после введения инфекта производили забор крови. Летальность и выживаемость оценивали в течение 21 суток, по окончанию эксперимента изучали изменение форменных элементов крови, количество циркулирующих иммунных комплексов (ЦИК), кислородзависимый механизм бактерицидности фагоцитов с помощью спонтанного и индуцированного НСТ-теста.

Данные представлены в виде медианы с 25-й и 75-й процентилями. Статистическую значимость различий выживаемости доказывали с помощью F-критерия Кокса. Показатели летальности сравнивали с помощью точного метода Фишера. Независимые группы сравнивали с помощью критерия Манна-Уитни.

Результаты.

В опыте in vitro, при анализе влияния «Селанка» на величину фагоцитарного индекса обнаружена тенденция к стимуляции поглотительной функции нейтрофилов, достигающая максимума при концентрации препарата 5,86-11,72 х 10^{-3} мг/мл ($p<0,05$). Концентрации «Селанка» выше 23,44 х 10^{-3} мг/мл вызывали снижение фагоцитарного индекса.

При анализе результатов исследования метаболической активности нейтрофилов выявлено активирующее влияние «Селанка» на НСТ-тест, также наиболее выраженное при концентрации препарата в среде 5,86х10^{-3} мг/мл ($p=0,026$). Более высокие концентрации приводили к снижению НСТ-теста, особенно - 187.5 х 10^{-3} мг/мл ($p=0,007$).

Анализ летальности показал, что некорригированный гипоспленизм приводил к 100% гибели животных на 5-е сутки в группе с плацебо. В группе с введением селанка гибель всех животных наблюдалась к 17-м суткам эксперимента, пик летальности пришелся на 7-е сутки. При этом, в группе с коррекцией спленопидом летальность к 21-м суткам составила 58% и была достоверно ниже чем в группе с плацебо ($p=0,03$), и не отличалась от таковой в группе ксенотрансплатацией ($p=0,2$).

При анализе выживаемости во всех группах животных выявлены статистически высокозначимые различия – $p=0,00001$. Терапия спленопидом обеспечивала существенно более высокую выживаемость животных по сравнению с плацебо-контролем ($p=0,001$) и не отличалась от выживаемости крыс с ККС. Выживаемость в группе с введением селанка была выше, чем у крыс с некорригированным гипоспленизмом ($p=0,003$). Сроки гибели большинства животных, получавших селанк, сдвигались по сравнению с аспленизацией на трое суток. Летальность под воздействием селанка была существенно выше, чем при ККС ($p=0,007$). Терапия спленопидом способствовала существенно лучшей выживаемости животных по сравнению с селанком ($p= 0,03$).

Лабораторные данные на 21 сутки удалось оценить только в группах с введением спленопида и ксенотрансплантацией, т.к. все животные в других группах к концу эксперимента погибли. Количество форменных элементов крови не отличалось в обеих группах. Количество ЦИК в группе

ККС значительно превышало этот показатель в группе со Спленопидом, 31 (28-68) против 5,5 (1-8) – p=0,01, что может говорить о лучшей элиминации ЦИК фагоцитами и печенью под действием Спленопида. Кроме того наблюдалось лучшее сохранение кислородзависимого механизма бактерицидности фагоцитов по сравнению с ККС, о чем можно судить по показателю спонтанного теста с НСТ, который в группе Спленопида составил 2,5% (1%-5%) и значимо превышал таковой в группе с ККС (p=0,02).

Таким образом, в ходе исследования установлено, что синтетический тафцин оказывает стимулирующее влияние на поглотительную и метаболическую функцию нейтрофилов крови *in vitro* и оказывает стимулирующее влияние на кислородзависимый механизм бактерицидности, о чем говорит активирующее влияние селанка на НСТ-тест. Коррекция препаратами на основе тафцина обеспечивают более высокую выживаемость животных по сравнению с животными с предполагаемой тафциновой недостаточностью. При этом по эффективности введение лиофилизированных пептидов селезенки не уступает ксенотрансплантации культуры клеток селезенки свиньи и лучше обеспечивает элиминацию ЦИК фагоцитами и печенью, а также превосходит по степени активности кислородзависимого механизма бактерицидности. Из вышесказанного можно судить о том, что именно снижение активности тафцина в крови приводит к снижению неспецифической резистентности организма после спленэктомии.

Список литературы.

1. Апарцин К.А. Аутотрансплантация ткани селезенки при вынужденной спленэктомии в условиях хирургической инфекции живота / Е.Г. Григорьев, А.С. Коган. Хирургия тяжелых гнойных процессов. – Новосибирск: Наука, 2000.
2. Апарцин К.А. Роль тафциновой недостаточности в патогенезе гипоспленического синдрома / Е.Г. Григорьев, К.А. Апарцин. Органосохраняющая хирургия селезенки. – Новосибирск: Наука, 2001
3. Spirer Z., Zakuth V., Bogair N. Radioimmunoassay of phagocytosis-stimulaiting peptide tuftsin in normal and splenectomized subject // Eur. J. Immunol. – 1977. – Vol. 7.
4. Siemion I.Z., Kluczyk A. Tuftsin: on the 30-year anniversary of Victor Najjar's discovery // Peptides. – 1999. – Vol.20.
   Dailey M.O. The immune function of the spleen / A.J. Bowdler. The complete spleen. – Humana press, 2002.
5. Losowsky M.S., Foster P.N. Hyposplenism / A.J. Bowdler. The complete spleen. – Humana press, 2002.

Кнауэр Н.Ю.[1], Лифшиц Г.И.[1], Воронина Е.Н.[2]
[1]Лаборатория персонализированной медицины, Институт химической биологии и фундаментальной медицины СО РАН
[2]Группа фармакогеномики, Институт химической биологии и фундаментальной медицины СО РАН
Электронный адрес ответственного автора: knauern@mail.ru

ЛАБОРАТОРНАЯ ОЦЕНКА ЭФФЕКТИВНОСТИ ТЕРАПИИ КЛОПИДОГРЕЛЕМ У ПАЦИЕНТОВ С СЕРДЕЧНО-СОСУДИСТЫМИ ЗАБОЛЕВАНИЯМИ И ЕЕ АССОЦИАЦИЯ С МОЛЕКУЛЯРНО-ГЕНЕТИЧЕСКИМИ ПАРАМЕТРАМИ

Одним из основных препаратов для проведения антитромбоцитарной терапии в современной кардиологии является клопидогрель, применение которого позволяет снизить частоту тромботических осложнений у кардиологических пациентов [1, 61]. Однако имеются данные о наличии рецидивирующих тромбозов у пациентов на фоне продолжающегося приема клопидогреля. Высокая остаточная агрегация тромбоцитов, являющаяся проявлением резистентности к препарату и повышающая риск развития тромбозов, может быть связана с индивидуальными особенностями метаболизма клопидогреля, обусловленными наличием определенных полиморфных вариантов генов-участников метаболических путей. В настоящее время в качестве таких маркеров рассматриваются полиморфные варианты гена ABCB1, кодирующего транспортный белок Р-гликопротеин, и гена цитохрома CYP2C19, связанного с окислением неактивного пролекарства до активного тиольного производного, в частности, варианта CYP2C19*2 [2, 367; 3, 1314-1315; 4, 919-920]. Таким образом, определение полиморфизмов генов, связанных с транспортом и метаболизмом препарата, может иметь прогностическое значение в процессе подбора оптимальной дозы клопидогреля перед началом терапии.

Цель исследования – изучение особенностей лабораторного ответа на клопидогрель у пациентов с сердечно-сосудистыми заболеваниями и определение ассоциаций между выраженностью лабораторного ответа на препарат и носительством аллельных вариантов генов-участников метаболизма клопидогреля (CYP2C19*2, ABCB1 C3435T).

Материалы и методы

В настоящее исследование были включены пациенты Центра новых медицинских технологий в Академгородке, НИИ патологии кровообращения им. Е.Н. Мешалкина и Государственной Новосибирской областной клинической больницы, которым была запланирована терапия клопидогрелем для предотвращения атеротромботических осложнений. Все пациенты давали свое информированное согласие на участие в исследовании по форме, соответствующей этическим стандартам, протокол исследования был утвержден на заседании локального комитета по медицинской этике ИХБФМ СО РАН.

В исследуемую группу вошли 158 пациентов обоего пола, имеющие сердечно-сосудистые заболевания. Средний возраст пациентов 57,5±8,3 лет, доля мужчин составила 90% (139 человек), доля женщин – 10 % (19 человек). 55,7% пациентов имеют в анамнезе чрескожные коронарные вмешательства, 50% перенесли стентирование артерий, 8,9% - шунтирование. Все пациенты принимали оригинальный препарат «Плавикс», (Sanofi Aventis, Франция).

Для оценки лабораторной эффективности клопидогреля проводилось определение агрегации тромбоцитов до и после получения препарата в дозе 600 мг (нагрузочная доза) методом оптической трансмиссионной агрегометрии с использованием АДФ (20 мкмоль/л) в качестве агониста агрегации. Временной интервал между измерениями составил 12-24 ч.

Для проведения генетического тестирования выделяли ДНК из лейкоцитов периферической крови методом фенольно-хлороформной экстракции с последующим осаждением этанолом. Определение полиморфных вариантов исследуемых генов осуществляли с помощью метода ПЦР в реальном времени.

Для статистической обработки результатов применялся программный пакет Statistica 6.0. Минимальную вероятность справедливости нулевой гипотезы принимали при уровне значимости 5% ($p < 0,05$).

Результаты исследования и обсуждение

В качестве показателя лабораторной эффективности использовался показатель резистентности (ПР), рассчитываемый как отношение разности показателей агрегации тромбоцитов с АДФ до и после приема клопидогреля к исходному значению агрегации. В зависимости от значения ПР, пациенты были разделены на группы согласно литературным рекомендациям [5, 784]. Пациенты с ПР от 0 до 10% были отнесены к группе нечувствительных к клопидогрелю. Пациенты с ПР от 10 до 30% были отнесены к группе промежуточного ответа, а пациенты с ПР более 30% - к группе чувствительных к клопидогрелю. В то же время, у части пациентов наблюдался парадоксальный ответ – агрегация тромбоцитов с АДФ повышалась после приема клопидогреля. Доля таких пациентов составила 13%. Подобная реакция на клопидогрель описана и в некоторых других исследованиях, однако это явление рассматривается как вариант резистентности к клопидогрелю, а доля таких пациентов не превышала 2-3% [6, 2910; 7, 248]. В связи с тем, что в нашем исследовании доля таких пациентов значительно превышает описанную в литературе, нами было принято решение выделить данную категорию пациентов в отдельную группу, назвав описанный феномен «парадоксальной реакцией» [8]. Следует отметить, что при исследовании лабораторной эффективности антикоагулянтов подобного рода парадоксальной реакции выявлено не было [9, 33].

При проведении анализа ассоциаций между носительством исследуемых полиморфизмов и выраженностью лабораторной реакции на клопидогрель было показано наличие достоверно значимого снижения выраженности лабораторного ответа на клопидогрель у носителей хотя бы одного аллеля CYP2C19*2 ($p<0,05$). В то же время для варианта ABCB1 C3435T достоверного вклада в формирование лабораторного ответа на клопидогрель выявлено не было ($p=0,54$).

При проведении анализа возможных ассоциаций между наличием парадоксальной лабораторной реакции на клопидогрель и носительством каких-либо из исследуемых генетических полиморфных вариантов статистически значимых связей выявлено не было ($p>0,05$).

Заключение

В настоящем исследовании была проведена оценка особенностей лабораторного ответа на клопидогрель в исследуемой группе. Среди пациентов, участвовавших в исследовании, была выделена группа пациентов с парадоксальным ответом на препарат, заключавшимся в повышении агрегации тромбоцитов с АДФ на фоне приема клопидогреля (парадоксальная реакция).

Установлена ассоциация между носительством полиморфного варианта CYP2C19*2 и снижением выраженности лабораторного ответа на клопидогрель. В то же время, не было выявлено аналогичной ассоциации с носительством аллельного варианта ABCB1 C3435T. Не было показано статистически достоверных ассоциаций между носительством исследуемых аллелей и наличием парадоксальной реакции на клопидогрель. Таким образом, явление парадоксальной реакции может быть связано с другими молекулярно-генетическими или клиническими особенностями пациентов, что требует дополнительного исследования. Дальнейшее изучение феномена парадоксальной реакции может позволить более детально изучить факторы, связанные с ее развитием, что имеет важное прогностическое значение при проведении персонализированной терапии клопидогрелем.

Работа выполнена при поддержке Междисциплинарного интеграционного проекта № 91 Президиума СО РАН и программы РАН « Фундаментальные науки – медицине».

Литература:

1. Angiolillo, D.J., Ferreiro, J.L. Platelet adenosine diphosphate P2Y12 receptor antagonism: benefits and limitations of current treatment strategies and future directions // Rev. Esp. Cardiol. - 2010. - V. 63. - N 1. - P. 60-76.

2. Simon, T., Verstuyft, C., Mary-Krause, M., Quteineh, L., Drouet, E., Meneveau, N., Steg, P.G., Ferrieres, J., Danchin, N., Becquemont, L. Genetic determinants of response to clopidogrel and cardiovascular events // N. Engl. J. Med. - 2009. - V. 360. - N 4. - P. 363-375.
3. Mega, J.L., Close, S.L., Wiviott, S.D., Shen, L., Walker, J.R., Simon, T., Antman, E.M., Braunwald, E., Sabatine, M.S. Genetic variants in ABCB1 and CYP2C19 and cardiovascular outcomes after treatment with clopidogrel and prasugrel in the TRITON-TIMI 38 trial: a pharmacogenetic analysis // Lancet. - 2010. - V. 376. - N 9749. - P. 1312-1319.
4. Sibbing, D., Stegherr, J., Latz, W., Koch, W., Mehilli, J., Dorrler, K., Morath, T., Schomig, A., Kastrati, A., von Beckerath, N. Cytochrome P450 2C19 loss-of-function polymorphism and stent thrombosis following percutaneous coronary intervention // Eur. Heart J. - 2009. - V. 30. - N 8. - P. 916-922.
5. Müller, I., Besta, F., Schulz, C., Massberg, S., Schönig, A., Gawaz, M. Prevalence of clopidogrel non-responders among patients with stable angina pectoris scheduled for elective coronary stent placement // Thromb Haemost. – 2003. – V. 89. – N. 5. – P. 783-787.
6. Gurbel, P.A., Bliden, K.P., Hiatt, B.L., O`Connor, C.M. Clopidogrel for coronary stenting: response variability, drug resistance, and the effect of pretreatment platelet reactivity // Circulation. – 2003. – V. 107. – N. 23. – P. 2908-2913.
7. Serebruany, V.L., Steinhubl, S.R., Berger, P.B., Malinin, A.I., Bhatt, D.L., Topol, E.J. Variability in platelet responsiveness to clopidogrel among 544 individuals // J. Am. Coll. Cardiol. - 2005. - V. 45. - N 2. - P. 246-251.
8. Кнауэр, Н.Ю., Лифшиц, Г.И., Воронина, Е.Н., Коледа, Н.В., Гуськова, Е.В. // Информативность генетических маркеров для оптимизации персонализированной терапии клопидогрелем // Кардиология. – 2013 (в печати).
9. Выбиванцева, А.В., Апарцин, К.А. // Оценка эффективности и безопасности тромбопрофилактики после ортопедических операций // Бюллетень Восточно-Сибирского научного центра СО РАМН. – 2012. – N. 4-2. – С. 31-34.

Милова Е.В., Бароян М.А.
зав. кафедрой ортопедической стоматологии КГМУ; к.м.н.
a-milova@mail.ru

АКТУАЛЬНОСТЬ РАННЕГО ВЫЯВЛЕНИЯОНКОСТОМАТОЛОГИЧЕСКОЙ ПАТОЛОГИИ

В России, рак слизистой оболочки полости рта среди других злокачественных новообразований занимает 10-е место у мужчин (3,43%) и 18-е место у женщин (0,9%). Тревогу вызывает тот факт, что заболеваемость опухолями этой локализации имеют отчетливую тенденцию к росту. При этом 25% жертв рака полости рта и губ не курят, не употребляют алкоголь систематически и не имеют прочих факторов риска.

В рамках реализации национальной онкологической программы одним из важных вопросов является повышение настороженности и усиление роли и ответственности как врачей общей практики, так и стоматологов в частности, в выявлении опухолей на ранней стадии. Кроме того, немаловажная роль отводиться своевременной диагностике и лечению предраковых и фоновых заболеваний.

Исходя из изложенных обстоятельств роль стоматолога в профилактике онкостоматологических заболеваний слизистой оболочки полости рта и красной каймы губ является актуальной [1,68; 2,24; 3,139].

Эффективным средством выявления предраковых заболеваний и рака на ранних стадиях является онкоскрининг - программа выявления ранних бессимптомных форм онкологических заболеваний различной локализации [4,32].

В настоящее время арсенал предлагаемых на рынке методов ранней диагностики рака слизистой оболочки полости рта достаточно разнообразен. Так, например, за рубежом активно применяется ряд методик, таких как Orascoptic, оптическая когерентная томография и браш-биопсия. Перечисленные выше технологии заметно облегчают работу врача-стоматолога при раннем выявлении злокачественного процесса.

Федеральной службой по надзору в сфере здравоохранения и социального развития (Росздравнадзор) 05.08.2011 г. было выдано Регистрационное удостоверение установленного образца на изделие медицинского назначения. Набор для диагностики и контроля лечения онкологических и предраковых состояний и заболеваний полости рта и губ "ViziLite Plus". Тест ViziLite Plus успешно прошел клинические испытания и получил декларацию о соответствии требованиям, предъявляемым к изделиям медицинского назначения на территории РФ. Производство теста ViziLite Plus контролируется жесткими стандартами системы качества ISO 9001 и ISO 13485. Использование источника хемилюминесцентного света и окрашивания толуидиновым синим достоверно повышает выявляемость предраковых и злокачественных заболеваний полости рта, но не исключает проведения правильного визуального осмотра ротовой полости [1,75; 2,25]

Цель работы: оценить необходимость разработки и внедрения программы раннего выявления онкостоматологической патологии на амбулаторном стоматологическом приеме.

По данным «Состояния онкологической помощи в России в 2011 году» (по ред. В.И. Чиссова, В.В. Старинского, Г.В. Петровой, 2012) 78% всех случаев заболевания раком полости рта и губ в России диагностируется на III-IV клинических стадиях, среди таких пациентов коэффициент выживаемости не превышает 5 лет. Летальность больных в течение года с момента установления диагноза злокачественного новообразования губы составила 4,2%, а полости рта и глотки – 36,6% (рис.1.). Для сравнения этот же показатель по всем злокачественные новообразования -27,4%.

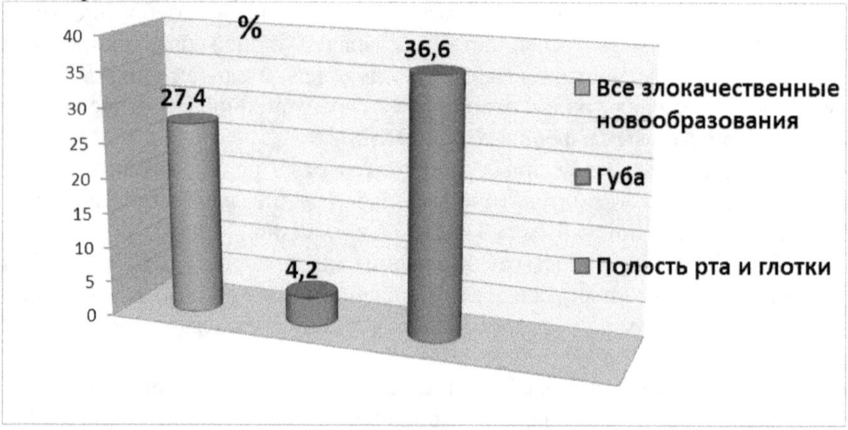

Рис. 1. Летальность больных в течение года с момента установления диагноза злокачественного новообразования в России в 2011 г., %

По Курской области за 2011 год зарегистрирован 41 случай злокачественных новообразований (ЗНО) губы (С00) и 85 случаев полости рта (С01-09; 46.2). При этом показатель активной выявляемости злокачественных новообразований губы составил 66,7%, а полости рта 39,8%. Из них I стадию злокачественных новообразований губ имели 63,4%, II стадию – 26,8%, III стадию – 7,3% и IV – 2,4%. Показатели ЗНО в полости рта: I стадия - 4,7%, II стадия – 16,5%, III стадия – 54,1% и IV – 24,7% (табл.1).

Таблица 1.

Показатели диагностики злокачественных новообразований стоматологической локализации в 2011 по Курской области.

Локализация опухоли	Зарегистрировано ЗНО (без учт. посмертно)	Взято на учет больных с впервые в жизни уст. диагнозом ЗНО	в т.ч. выявлены активно %	Из них					Летальность на первом году с момента уст. диагноза, %
				Имели стадию заболевания, %					
				I	II	III	IV	Не установлена	
Губа. (С00)	41	36	66,7	63,4	26,8	7,3	2,4	0,0	7,3
Полость рта. (С01-09; 46.2)	64	59	3,4	12,5	15,6	37,5	34,4	0,0	-

Данные показатели по Курской области и в целом показатели активного выявления злокачественных новообразований в России абсолютно неадекватны современным возможностям медицины и свидетельствуют о настоятельной необходимости проведения специальных скрининговых программ.

Учитывая тот факт, что у большинства больных рак слизистой оболочки полости рта и языка выявляется на поздних стадиях заболевания первоочередной задачей является улучшение своевременной диагностики. Очевидно, так же что успешное решение этих проблем не под силу онкологам без участия стоматологической службы. Именно многократное посещение стоматолога практически каждым индивидуумом на протяжении всей его жизни создает благоприятные условия для проведения профилактических осмотров, индивидуальной санитарно-просветительной и лечебно-профилактической работы.

Таким образом, основная ответственность за своевременное, раннее выявление предраковых заболеваний лежится именно на врачей первичного звена, в данном случае на стоматологов, работающих в частных кабинетах, коммерческих клиниках, бюджетных поликлиниках.

Это обстоятельство подтверждает необходимость повышения знаний врачей стоматологов по проведению осмотра полости рта на предмет раннего выявления злокачественного процесса и необходимость разработки и внедрения программ раннего выявления онкостоматологической патологии на амбулаторном стоматологическом приеме в Курской области.

Список литературы

1. Садовский В.В. Сравнение различных информационных подходов к онконастороженности стоматологических пациентов в мотивационном аспекте// Российский вестник дентальной имплантологии.- 2012. -№1(23).-С.68-75.

2. Анисимова И.В. Роль врача-стоматолога в профилактике онкологических заболеваний слизистой рта и краснрой каймы губ //Маэстро стоматологии. – 2012. №2 (46). – С. 24-25

3. Вагнер В.Д. Онкологическая настороженность в практике врача-стоматолога. / В.Д.Вагнер, П.И. Ивасенко, И.В. Анисимова. – М.: Мед. Книга; Н. Новгород: Изд-во НГМА, 2010.-139С.

4. Недосенко В.Б. Алгоритм обследования больного с заболеваниями слизистой оболочки полости рта и губ. / В. Б. Недосенко, И.В. Анисимова // Институт стоматологии. -2003. - №2 (19). С. 32

Жукова Л.А.
профессор, д.м.н., кафедра эндокринологии ГБОУ ВПО Курский государственный медицинский университет Минздрава России;
Саенко Н.В.
кафедра эндокринологии ГБОУ ВПО Курский государственный медицинский университет Минздрава России;
Гуламов А.А.
к.м.н., кафедра эндокринологии ГБОУ ВПО Курский государственный медицинский университет Минздрава России;
Андреева Н.С.
к.м.н., кафедра эндокринологии ГБОУ ВПО Курский государственный медицинский университет Минздрава России;
Кузнецов Е.В.
кафедра эндокринологии ГБОУ ВПО Курский государственный медицинский университет Минздрава России

ОБЪЕМ И ПОТРЕБНОСТЬ В МЕДИЦИНСКОЙ ПОМОЩИ У ГОСПИТАЛИЗИРОВАННЫх БОЛЬНЫХ С СИНДРОМОМ ДИАБЕТИЧЕСКОЙ СТОПЫ, С УЧЕТОМ ИХ КЛИНИКО-ДЕМОГРАФИЧЕСКОЙ ХАРАКТЕРИСТИКИ

В последние годы отмечен определенный прогресс в лечении больных с синдромом диабетической стопы (СДС). Это обусловлено, в первую очередь, усовершенствованием системы длительного наблюдения за больными сахарным диабетом (СД), открытием сети отделений и кабинетов «Диабетическая стопа», внедрением в широкую практику новых методов лечения. Вместе с тем проблема оказания помощи больным с поражениями стоп сохраняет свою актуальность [4,14]. Среди всех терминальных осложнений СД язвенные дефекты стоп остаются наиболее частыми. В целом, СДС развивается более чем у 15% больных на протяжении всего периода течения заболевания [3,4]. Более 50% высоких ампутаций, выполняемых ежегодно, производится у больных СД, при этом более 50% из них погибают в течение первых 3-х лет после операции. Такая высокая смертность может быть сопоставима лишь с самыми запущенными формами онкологических заболеваний. Анализ, проведенный экспертами в разных странах, показал, что изменение ситуации с высокой частотой ампутаций у больных СД возможно при должной организации процесса оказания специализированной медицинской помощи [3,4], что также существенным образом позволит сократить расходы здравоохранения и социального обеспечения на реабилитацию донного контингента пациентов.

Частота ампутаций, особенно высоких, находится в прямой зависимости, как от возраста пациента, так и от стажа заболевания [4,14].

Анализ ситуации по данным той или иной клиники, специализирующейся на ведении больных с поражением стоп, с учетом клинико-демографических характеристик пациентов, является важным сточки зрения поиска путей совершенствования лечебно-диагностической помощи [1,9].

Цель исследования: Дать медико-демографическую характеристику госпитализированных больных с СДС в отделении гнойной хирургической инфекции ОБУЗ КГКСМП, изучить объём медицинской помощи этой категории пациентов за период с 2006 по 2011 годы.

Материалы и методы: проанализировано сплошным методом 767 карт больных, госпитализированных в отделение гнойной хирургической инфекции ОБУЗ КГКСМП с синдромом диабетической стопы в 2006-2011гг.

Результаты исследования обрабатывались с использованием стандартных методов вариационной статистики, используемых при сравнении средних величин, интенсивных и экстенсивных показателей. Различия считали достоверными при вероятности ошибки I рода менее 5% ($p<0,05$).

Результаты исследования: Пациенты, страдавшие 2 типом сахарного диабета, составили 86,8% в структуре госпитализированных больных с СДС, при этом сахарный диабет был выявлен впервые у 6,45% пациентов, что согласуется со статистическими данными. Среди данной категории пациентов давность сахарного диабета составила 15,20±0,70 лет ($p<0,05$).

Анализ структуры и характера синдрома диабетической стопы у госпитализированных больных показал, что нейропатической формой страдало 31,50%, смешанной - 60,3%, ишемической – 8,2%. Среди госпитализированных пациентов женщин было 59,45%, мужчин – 40,42% ($p<0,05$). Средний возраст госпитализированных в отделение с СДС составил 64,57± 0,74 года.

По результатам анализа степени утраты трудоспособности у госпитализированных больных с СДС, было выявлено, что I группу инвалидности по причине сахарного диабета имели 10,04% пациентов. Пациенты со II группой инвалидности составили – 51,76%, III группой – 11,08%, не имели группы инвалидности – 26,47% госпитализированных ($p<0,05$). Полученные данные еще раз указывают на высокую степень медико-социальной значимости сахарного диабета, осложненного СДС.

У госпитализированных больных с СДС консервативное лечение проводилось в 53,72% случаев. К оперативному лечению СДС приходилось прибегать в 46,28%, при этом повторные операции проводились у 15,49% пациентов.

Среди пациентов, подвергавшихся оперативному лечению, доля перенесших высокие ампутации составила 34,93%.

Заключение: Среди госпитализированных в отделение гнойной хирургической инфекции ОБУЗ КГКСМП больных, преобладали пациенты со смешанной формой СДС (31,50%), что согласуется с современными данными о распространенности различных форм данного осложнения. Существенно превалировали пациенты со 2 типом сахарного диабета (86,8%), так как этот тип заболевания лидирует в структуре заболеваемости сахарным диабетом. Среди госпитализированных больных с синдромом диабетической стопы преобладали женщины (59,45%, $p<0,05$). Это обусловлено наибольшей распространенностью сахарного диабета у лиц женского пола [3,4]. Различные группы инвалидности, по причине сахарного диабета, имели 73,53% госпитализированных больных. В 46,28% случаев пациентам требовалось оперативное лечение, при чем, доля пациентов, перенесших высокие ампутации составила 34,96%.

Полученные данные вновь указывают на серьёзную медико-социальную значимость данного осложнения сахарного диабета, необходимость профилактики и своевременного лечения синдрома диабетической стопы, актуальность поиска путей оптимизации оказываемых донному контингенту медико-реабилитационных мероприятий.

Литература:

1. Дедов И.И.. Галстян Г.Р., Токмакова А.Ю., Удовиченко О.В. Синдром диабетический стопы / Пособие для врачей – М., 2003. – 112с.
2. Галстян Г.Р., Дедов И.И. Организация помощи больным с синдромом диабетической стопы в Российской Федерации.// Сахарный диабет 1(42) 2009г., стр 4.
3. Жукова, Л.А. Современные подходы к диагностике и лечению синдрома диабетической стопы: метод, рекомендации / Л.А. Жукова; ГОУ ВПО «КГМУ Федерал.агентства по здравоохранению и соц. развитию». - Курск: КГМУ, 2006. - 59 с.
4. Токмакова А.Ю. Современная концепция диагностики и лечения хронических ран у больных с синдромом диабетической стопы.// Сахарный диабет 1(42) 2009г., стр 14.

Жукова Л.А.
профессор, д.м.н., кафедра эндокринологии ГБОУ ВПО Курский государственный медицинский университет Минздрава России;
Гуламов А.А.
к.м.н., кафедра эндокринологии ГБОУ ВПО Курский государственный медицинский университет Минздрава России;
Кузнецов Е.В.
кафедра эндокринологии ГБОУ ВПО Курский государственный медицинский университет Минздрава России;
Саенко Н.В.
кафедра эндокринологии ГБОУ ВПО Курский государственный медицинский университет Минздрава России

КЛИНИКО-АНАМНЕСТИЧЕСКИЕ ОСОБЕННОСТИ ПАЦИЕНТОВ С САХАРНЫМ ДИАБЕТОМ 2 ТИПА, ОСЛОЖНЕННОГО КАРДИОВАСКУЛЯРНОЙ ФОРМОЙ ДИАБЕТИЧЕСКОЙ АВТОНОМНОЙ НЕЙРОПАТИИ

Диабетическая автономная нейропатия – хроническое осложнение сахарного диабета, как правило развивающееся на фоне уже имеющейся у пациентов соматической нейропатии [2,2]. В некоторых случаях клинические проявления автономной нейропатии выходят на первый план. Клинические симптомы зависят от локализации преимущественного поражения разных отделов автономной нервной системы. Наличие и степень выраженности диабетической автономной нейропатии во многом определяет характер течения сахарного диабета, его прогноз и структуру смертности [1,4]. Наибольшей клинической и прогностической значимостью характеризуется кардиоваскулярная форма диабетической автономной нейропатии. У пациентов с сахарным диабетом 2 типа наличие данного осложнения существенно ухудшает прогноз по сердечно-сосудистой патологии [1,12; 3,189]. Изучение факторов, способствующих раннему развитию автономной нейропатии у пациентов с сахарным диабетом 2 типа является важным направлением в разработке мер по профилактике развития и прогрессирования этого осложнения [4,12].

Цель исследования: изучить клинико-анамнестические особенности пациентов с сахарным диабетом 2 типа, осложненного кардиоваскулярной формой диабетической автономной нейропатии.

Материалы и методы: сплошным методом проанализированы медицинские карты стационарного больного пациентов с сахарным диабетом 2 типа, осложненного кардиоваскулярной формой диабетической автономной нейропатии, госпитализированных в отделение эндокринологии ОБУЗ КГКБ СМП в декабре 2012. Оценивались факторы, оказывающие влияние на наличие и степень выраженности кардиоваскулярной формы диабетической автономной нейропатии, а также клинические и анамнестические особенности больных изучаемой группы. Первичные данные обрабатывались на персональном компьютере с использованием сертифицированного программного обеспечения, применялись стандартные методы вариационной статистики.

Результаты и обсуждение. В исследовании участвовало 40 пациентов с сахарным диабетом 2 типа, осложненного кардиоваскулярной формой диабетической автономной нейропатии – 23 женщины (57,5%) и 17 (42,5%) мужчин ($p<0,05$). Средний возраст обследованных составил 64,0±1,13 года, лица разного пола по данному показателю не отличались. В среднем длительность анамнеза сахарного диабета у пациентов составила 12,69±2,53 года. Среднее число осложнений сахарного диабета, развившихся у обследованных в течение этого времени, составило 5,3±0,71. К наиболее часто встречающимся осложнениям сахарного диабета относились: диабетическая дистальная симметричная полинейропатия нижних конечностей (данное осложнение зафиксировано у 100% пациентов), кардиоваскулярная форма диабетической автономной нейропатии (100% больных), диабетическая ангиопатия нижних конечностей (71,50% пациентов), диабетическая ретинопатия (75,00%), жировой гепатоз (52,50%), синдром диабетической стопы (47,50%), другие осложнения (27,50%). Помимо осложнений основного заболевания, пациенты в среднем имели по 5,6±0,83 сопутствующих заболеваний. Большинство из них имели патогенетическую связь с сахарным диабетом 2 типа и входили в состав метаболического синдрома: 95,00% больных имели ожирение 1-3 степени (по ВОЗ), 92,5% - артериальную гипертонию 2-3 степени, 87,5% - явления хронической церебро-васкулярной недостаточности (энцефалопатия 1-2 степени), 82,5% - различные варианты ишемической болезни сердца (стабильная стенокардия напряжения, недостаточность кровообращения, нарушения ритма и проводимости, постинфарктный кардиосклероз), 77,5% - патология опорно-двигательной системы (остеохондроз, полиостеоартроз), 67,5% - заболевания желудочно-кишечного тракта (желчно-каменная болезнь, хронический панкреатит, хронический гастродуоденит, хронические колиты), 45,0% - заболевания почек (мочекаменная болезнь, хронический пиелонефрит), 40,0% - заболевания других групп.

Все пациенты (100%) имели кардиоваскулярную форму диабетической автономной нейропатии, установленную методом вегетотестирования. В среднем, диагноз данного осложнения устанавливался на 7-8 году течения сахарного диабета (7,4±0,91 года). Обращено внимание, что момент выявления данного осложнения у 77,5% пациентов совпадал с госпитализацией в эндокринологический стационар, связанной с необходимостью назначения инсулинотерапии в связи со стойкой длительной декомпенсацией углеводного обмена.

Основными проявлениями автономной нейропатии являлись фиксированная тахикардия с явлениями недостаточности кровообращения (65,0%), ортостатические гипотензии (10,0%) и сочетание синдромов (25,0%).

Все обследованные пациенты находились в состоянии хронической декомпенсации метаболических показателей: уровень гликированного гемоглобина у всех пациентов превышал 10,0% (в среднем 10,7±0,56%), общего холестерина – более 6,0 ммоль/л (в среднем 6,71±0,36). Показатели контроля артериального давления также были неудовлетворительными: систолическое артериальной давление в среднем 156,2±12,3 мм.рт.ст., диастолическое артериальное давление в среднем 103,8±5,5 мм.рт.ст. Анализ информации, отображенной лечащими врачами в разделе «анамнез» показал, что все обследованные пациенты с автономной нейропатией (100%) имели неудовлетворительные показатели контроля углеводного обмена, липидного обмена и артериального давления в течение многих лет. Также установлены регулярные погрешности в диете, отсутствие регулярного самоконтроля гликемии и артериального давления.

По нашим данным, пациенты с сахарным диабетом 2 типа без автономной нейропатии имеют более благоприятную ситуацию. В среднем такие пациенты имеют по 4,09±0,03 осложнений и 4,73±0,07 сопутствующих заболеваний при сопоставимом стаже заболевания, что определяется более высоким качеством контроля метаболических показателей и артериального давления: среднее значение гликированного гемоглобина - 7,92±0,24%, общий холестерин в среднем 4,33±0,45 ммоль/л, систолическое артериальной давление в среднем 139,2±10,6 мм.рт.ст., диастолическое артериальное давление в среднем 88,8±6,9 мм.рт.ст.

Таким образом, к раннему развитию кардиоваскулярной формы диабетической автономной нейропатии предрасположены пациенты с сахарным диабетом 2 типа на фоне низкой приверженности к лечению, хронической длительной декомпенсацией углеводного обмена, быстрым развитием осложнений и диабет-ассоциированных заболеваний.

Литература:

1. Бабунц И.В., Мираджанян Э.М., Машоих Ю.А. Азбука анализа вариабельности сердечного ритма. 2002 г.- с. 1-112
2. Балаболкин М.И. и др. Диабетическая автономная нейропатия: диагностика, классификация, прогностическое значение, лечение (учебно-методическое пособие).- Ижевск: Экспертиза, 2001. - с.1-35.
3. Дедов И.И., Мельниченко Г.А., Фадеев В.В. Эндокринология: Учебник. - М.: Медицина, 2000. - с.494-500.

4. Жукова Л.А., Лебедев Т.Ю., Гуламов А.А. Количественная оценка выраженности нейропатии у больных сахарным диабетом, ее профилактика и лечение. - Москва, 2003.-24с.

Bobrysheva I.V.
Ph.D., Associate professor,
State establishment "Lugansk State Medical University", Ukraine
inessa_lug@mail.ru

ULTRASTUCTURAL FEATURES OF GONADOTROPIC CELLS OF PITUITARY GLAND AFTER EXPERIMENTAL IMMUNOSTIMULATION

Introduction

The endocrine and immune systems are interrelated via a bidirectional network in which hormones affect immune function and, in turn, immune responses are reflected in neuroendocrine changes [2, 110; 1, 101; 7, 140]. There is communication between these two systems via cytokines, neurotransmitters and peptide hormones [1, 189; 5, 10]. Many investigators have reported that hormones of pituitary gland are able to change activity of metabolism and function of different cells, including the cells of the immune system, influencing directly on these cells [4, 4; 6, 80].

The **purpose of our study** is to identify features of ultrastructural changes of gonadotropic cells of pituitary glands in the dynamics of experimental immunomodulation.

Materials and methods

We used the model of immunostimulation in 50 mature male rats by subcutaneous injection of imunofan on 1, 3, 5, 7, 9 days throughout the experiment. Control rats which received 0,9% soluble sodium chloride. The experimental animals were sacrificed under Rausch-anesthesia on 1st, 7th, 15th, 30th and 60th day after treatment, according to the rules outlined by the European Convention for the Protection of Vertebral Animals (Strasbourg, 1986). Pituitary glands fixed in glutaraldehyde for electron microscope.

We determined the area of the gonadotropic cells and their nuclei, area of the mitochondria and secretory granules. The data obtained were processed by using computer program Statistix 6.0. The significant difference was established at $p<0.01$.

Results and discussion

In laboratory rats the pituitary gland is dorso-ventrally compressed. The gland has two functional components – adenohypophysis and neurohypophysis. Adenohypophysis consists of three derivatives of Rathke's pouch: pars tuberalis, pars intermedia and pars distalis. The pars distalis of adenohypophysis is separated from the neurohypophysis by residual lumen while the pars intermedia is in close contact with the posterior pituitary. The cells of the adenohypophysis are organized in endocrine cell clusters and cords separated by the sinusoidal capillaries of relatively large diameter. At the level of the light microscope, distinguish three types of cells according to their staining reactions, namely, basophilic cells (near 10%), acidophilic cells (40%) and chromophobe cells (50%). Classification of the cellular types is based on the shape and size of the cells and staining properties of the cytoplasmic granules. The criterion of identification and differentiation of endocrine cells of adenohypophysis at the ultrastructural level is their shape, size, structural features and distribution of secretory granules in the cytoplasm. The current concept of the estimation of the level of cellular activity is based on the morphology of the nucleus, condition of the Golgi apparatus, structure of the mitochondria, rough endoplasmic reticulum, the shape, size and elaboration of the secretary granules, liberation of these granules from the cell.

The gonadotropic cells are located in the central and the ventral part of the adenohypophysis. They are variable in shape but mostly are round or elliptical.

Research of pars distalis of adenohypophysis of control rats showed such morphological characteristics. The nucleus is large with chromatin granules, situated in a corner of the cell, contains one or two nucleoli. Golgi apparatus develops moderately, and sometimes dilated cisternae of agranular type appear in the field. Well developed endoplasmic reticulum of rough-surfaced type is seen generally as small vesicles or tubules, sometimes as dilated vacuoles. Rod-like mitochondria are observed distributed evenly in the cytoplasm. A comparatively small number of granules are found in the cytoplasm.

Observations with the electron microscope detected two kinds of secretory granules present in the gonadotropic cells, i.e. many high electron-dense granules and a few low electron-dense granules.

Ultramicroscopic morphometric research of pars distalis of adenohypophysis of mature male rats showed significant increase of area of the gonadotropic cells of adenohypophysis in 1 day after imunofan treatment, while area of the nuclei of cells, and also analogical indeces of mitochondria and secretory granules in this term of experiment did not differ significantly from a control value.

Further morphological studies of pituitary observed tendency to increase of activity of the gonadotropic cells. These cells have large nuclei, often near a nuclear membrane that testifies to the active protein synthesis in such cells. Cisterns of rough endoplasmic reticulum are dilated in most cases, continue in vacuoles.

There is significant increase of area of the gonadotropic cells of adenohypophysis in 7, 15, 30 and 60 days. Area of nuclei, mitochondria and secretory granules are significantly increased at these terms of experiment.

Conclusions

1. Imunofan treatment caused the expressed change of the ultramicroscopic structure and morphometric indeces of the gonadotropic cells of pituitary gland of mature male rats that testified to their active reaction on exogenous influence.
2. Dynamics of the studied morphological changes, and also morphometric parameters of nuclei and organelles of cells testified to appearance of signs of functional activity of the gonadotropic cells of pituitary: the significant increase of indeces of experimental groups in relation to control data was set since the 1st day after imunofan treatment.

References

1. Granado, M., Garc-a-Ceres, C., and Tuda, M. (2011). Insulin and growth-releasing peptide-6 (GHRP-6) have differential beneficial effects on cell turnover in the pituitary, hypothalamus and cerebellum of streptozotocin (STZ)-induced diabetic rats. *Molecular and Cellular Endocrinology*, 337 (1-2), 101-103.

2. Jara, L.J, Navarro, C., and Medina, G. (2006). Immune-neuroendocrine interactions and autoimmune diseases. *Clin. Dev. Immunol*, 13(2-4), 109-123.

3. Markovich, L. (2004). Interaction involving the thymus and the hypothalamus-pituitary axis, immunomodulation by hormones. *Srpski arhiv za celokupno lekarstvo*, 132 (5-6), 187-193.

4. Ribakina, E. G., and Korneva, E. A. (2005). Transduction of signal of interleykina-1 in the processes of co-operation of the nervous and immune systems of organism. *Vestnik of RAMN*, 7, 3-8.

5. Sepiashvilli, R. I. (2003). Functional system of immune homeostasis. *Allergologia i immunologia*, 2, 5-14.

6. Tirtishnaya, G. V., and Parahonsky, A. P. (2007). Intercommunication of disoders of the immune and endocrine systems at autoimmune pathology. *Modern science intensive technologies*, 2, 80-81.

7. Weigent, D. A., and Blalock, J. E. (1995). Associations between the neuroendocrine and immune systems. *J. Leukoc. Biol.*, 8, 137-150.

Галикеев Р.М.
к.т.н. доцент института геологии и нефтегазодобычи
Репин Д.А.
студент института геологии и
нефтегазодобычи

АНАЛИЗ МЕТОДОВ ПОВЫШЕНИЯ ЭФФЕКТИВНОСТИ РАЗРАБОТКИ МЕСТОРОЖДЕНИЙ ВЫСОКОВЯЗКИХ НЕФТЕЙ

Со временем запасы крупных месторождений и легкоизвлекаемых ресурсов истощается, уступая мето трудноизвлекаемым запасам. Стабилизация и дальнейшее наращивание добычи возможны только за счет вовлечения в активную разработку трудноизвлекаемых запасов, в том числе высоковязких нефтей, запасов малых месторождений спутников в районах с достаточно развитой инфраструктурой, в основном там, где сегодня идет нефтедобыча.

Большая часть запасов высоковязких нефтей РФ залегает на глубинах до 1300 м. Простой перенос на эти глубины ранее применяемых технологий сопровождается существенным увеличением энергетических затрат и, следовательно, ухудшением технико - экономических показателей добычи нефти. Поэтому научно-технические исследования по созданию новых технологических решений для увеличения нефтеотдачи и интенсификации добычи высоковязкой нефти на больших глубинах являются актуальными.

На сегодняшний день предложены все мыслимые методы воздействия на нефтеносный пласт: нагрев призабойной зоны с помощью скважинных электронагревателей, прогрев призабойной зоны и нефтяного пласта паром, воздействие на призабойную зону и на пласт азотом и дымовыми газами, прогрев призабойной зоны горячей водой, растворами ПАВ, прогрев призабойной зоны методом имплозии, уменьшение вязкости нефти с помощью вибрации, с придачей жидкости временных тиксотропных свойств, акустическое воздействие на пласт, виброволновое, кавитационно-волновое, воздействие на пласт ударной волной, электровзрыв в жидкости, повышение нефтеотдачи методом закачки технологических жидкостей. Однако более или менее широко применяются только вытеснение нефти горячей водой и воздействие на призабойную зону и на пласт горячими газами (или паром).

Увеличение нефтеотдачи пласта при закачке в него теплоносителя достигается за счет снижения вязкости нефти под воздействием тепла, что способствует увелечению охвата пласта воздействием вытесняющего агента.

Лабораторные и промысловые эксперименты подтвердили, что наиболее эффективным рабочим агентом для вытеснения нефти из пласта и увеличения нефтеотдачи является насыщенный водяной пар высоких давлений (8...15 МПа). Вода может быть нагрета до температуры пара, который является идеальным вытесняющим агентом, поскольку он характеризуется высоким теплосодержанием.

Вытеснение нефти паром осуществляется путем непрерывной закачки его в нагнетательные скважины, как при обычном заводнении. Вокруг нагнетательной скважины образуется паровая зона, которая в процессе продолжающейся закачки пара расширяется. Температура в этой зоне приближается к температуре закачиваемого пара.

Технология применения парогазовой смеси для обработки призабойных зон добывающих скважин имеет явные преимущества перед использованием только пара:

• нагнетание дымовых газов или CO_2 одновременно с паром оказывает положительное влияние на коэффициент вытеснения нефти; повышает темп отбора жидкости из пласта; понижает паронефтяной и водонефтяной фактор. Газонапорный режим, развивающийся с помощью неконденсирующихся газов, является одним из основных факторов повышения эффективности парогазового процесса;

• закачка растворимого в углеводородах газа – CO, CO_2 с паром - ведет к снижению вязкости нефти, расширению ее и проявлению режима растворенного газа.

Количество тепла, поступающего в продуктивный пласт, определяет реакцию пласта на закачку пара. Для быстрого непрерывного увеличения паровой зоны и связанной с этим высокой скорости вытеснения нефти необходимо свести к минимуму потери тепла в наземных коммуникациях и в стволе нагнетательной скважины. Потери тепла в процессе закачки пара зависят от температуры закачиваемого пара и используемого оборудования.

При закачке теплоносителя в пласт, особенно такого как пар, башмак НКТ герметизируется специальным термостойким пакером для предотвращения попадания в затрубное пространство скважины закачиваемого пара или воды, что снижает теплопотери в стволе скважины.

Закачка пара в пласты используется в несколько больших масштабах, чем закачка горячей воды. Применяется как непрерывная закачка пара через систему нагнетательных скважин, так и циклическая в добывающие скважины для прогрева призабойной зоны и последующего перевода скважины на режим отбора жидкости. Для закачки пара используются передвижные и стационарные парогенераторные и котельные установки.

На каждой установке предусмотрены системы подготовки и подачи топлива (газ, нефть) и воздуха, а также необходимая автоматика и контрольно-измерительная аппаратура для автоматического или полуавтоматического регулирования подготовки пара. К обязательным элементам процесса подготовки пара в парогенераторной установке относятся:

1. Предварительная фильтрация рабочего агента через осветлительный фильтр для удаления механических примесей.

2. Фильтрация рабочего агента через натрий-катионитовые фильтры для умягчения воды, т. е. для удаления из нее солей жесткости. При снижении смягчающей способности катионитов последнюю восстанавливают пропусканием через катионат раствора поваренной соли.

3. Деаэрация для удаления из воды агрессивных газов и кислорода. Деаэрация может быть горячей и холодной, высокого и низкого давления. Для связывания остаточного кислорода в воду вводят химические реагенты (гидрозингидрат или гидрозинсульфат).

4. Подача подготовленной воды насосом высокого давления в прямоточный паровой котел для генерации пара нужной температуры и давления обычно с сухостью около 80 %. Это позволяет снизить требования к процессу смягчения воды, так как оставшиеся растворенные соли удерживаются в капельной влаге котловой воды и уносятся вместе с паром.

При непрерывной закачке телоносителя, даже такого как вода, пласт прогревается медленно. За год прогретая зона составляет несколько десятков метров, причем основное количество вносимой теплоты локализуется не перед областью вытеснения, а позади ее. При непрерывной закачке пара, на генерацию которого расходуется больше топлива, чем на подогрев воды, и массовое теплосодержание которого больше, чем у воды, зона прогрева будет несколько больше.

Таким образом, закачка теплоносителя может быть эффективной при малых глубинах залегания пластов (сотни метров) и незначительных расстояниях между нагнетательными и добывающими скважинами (десятки метров). В связи с этим циклическая закачка пара в добывающие скважины для очистки призабойной зоны, расплавления в ней смол и парафинов с последующим переводом таких скважин на режим отбора нашла более широкое распространение.

Литература

1. oilneft.ru – Добываем нефть и газ.
2. А.Е. Буренков. Разработка и исследование кабелей нагрева для нефтяных скважин: Дис… канд. техн. Наук. – М., 2003
3. Слюсарев Н.И. Технология и техника повышения нефтеотдачи пластов: Учеб. пособие – СПб., 2003
4. Антониади Д.Г. Теория и практика разработки месторождений с высоковязкими нефтями. – Краснодар: Советская Кубань, 2004

5. Чeловская И.Д. Распределение температуры в стволе скважины и в пласте при циклическом нагнетании в них рабочих агентов: Дис… канд. техн. наук. – М., 2002

Выграненко Т.М.[1], Матасова Г.Г.[2]
[1] Новосибирский государственный университет
[2] Институт нефтегазовой геологии и геофизики им А.А. Трофимука СО РАН
Immortal_@list.ru

СВЯЗЬ ГРАНУЛОМЕТРИЧЕСКОГО СОСТАВА И МАГНИТНЫХ СВОЙСТВ СУБАЭРАЛЬНЫХ ПОЗДНЕЧЕТВЕРТИЧНЫХ ОТЛОЖЕНИЙ БИЙСКО-ЧУМЫШСКОГО ПЛАТО (ПРЕДАЛТАЙСКАЯ РАВНИНА)

Изучение субаэральных позднечетвертичных отложений позволяет определять обстановки осадконакопления, климатически обусловленные изменением условий в среде седиментации. Более полную и детальную картину дает комплексный подход к изучению таких отложений, включающий полевые геологические наблюдения и лабораторные измерения магнитных параметров и гранулометрического состава отложений на современной аппаратуре с использованием современных методик обработки экспериментальных данных.

В данной работе представлено сравнение двух подходов к изучению строения субаэрального позднечетвертичного покрова в четырех разрезах Бийско-Чумышского плато Предалтайской равнины (рис.1).

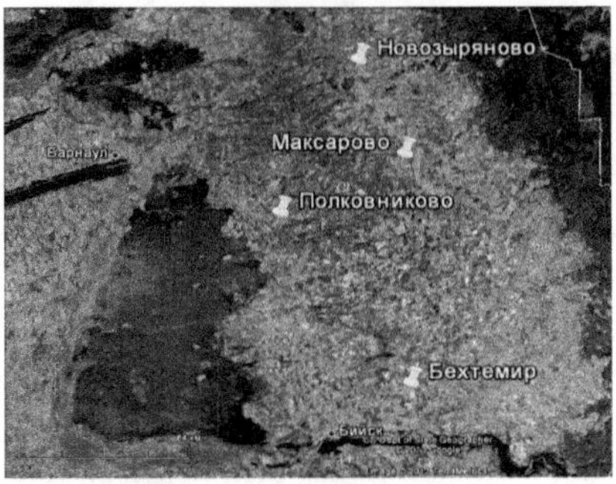

Рис 1. Местоположение изученных разрезов на аэрофотоснимке

Петромагнитные и гранулометрические характеристики должны быть связаны между собой, поскольку на них влияют одни и те же процессы, обуславливающие образование отложений. С помощью их сравнения можно выявить зависимость магнитных свойств от обстановки формирования отложений и изменения условий в среде осадконакопления.

Гранулометрические исследования проводились на лазерном анализаторе размеров частиц Microtrac X100. Результаты измерений для использования статистического анализа были объединены в тесно связанные между собой по классу крупности частиц фракции: песчаную (>100мкм), крупноалевритовую (50-100мкм), мелкоалевритовую (10-50мкм) и глинистую (< 10мкм) [1,24]. Для выявления вариаций условий в процессе осадконакопления были построены графики, отражающие изменение содержания фракций с глубиной. Они очень удобны для изучения изменения условий осадконакопления во времени [2,77].

Изучение петромагнитных характеристик отложений субаэрального покрова Бийско-Чумышского плато проводилось в тех же разрезах, что и гранулометрические исследования. Для петромагнитных измерений использовались приборы Bartington MS2 (магнитная восприимчивость на 2-х частотах переменного поля), коэрцитивный спектрометр J_meter конструкции П.Г.Ясонова (магнитный гистерезис).

Корреляционные связи были рассмотрены в ряде графиков взаимоотношений между отдельными петромагнитными и гранулометрическими характеристиками. Высокая степень корреляции была отмечена во всех четырех изученных разрезах, но наиболее показательным оказался разрез Полковниково, расположенный в западной части Бийско-чумышского плато, на пятой террасе р. Обь.

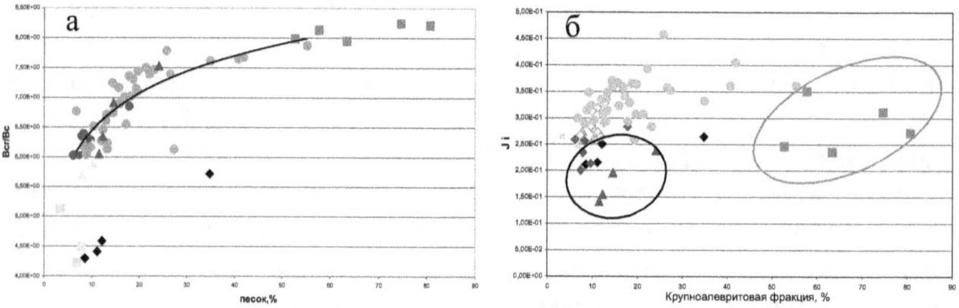

Рис.2 Точечное распределение петромагнитных параметров Bcr/Bc и Ji относительно песчаной (а) и крупноалевритовой (б) фракций в разрезе Полковниково.

На рисунке 2 показаны примеры точечных распределений петромагнитных параметров с песчаной и крупноалевритовой фракцией. Серым и черным цветом обозначены точки, соответствующие ископаемой и современной почвам. Красные точки отвечают песчаным отложениям, а желтые и оранжевые точки показывают отложения лессовидных суглинков и супесей. Области почвенных и песчаных отложений заметно отделяются от лессовых, эти зависимости могут служить диагностическими признаками для уточнения генетического типа отложений.

При анализе корреляционных связей в каждом разрезе были выявлены магнитные параметры, которые наиболее тесно связаны с определенной гранулометрической фракцией.

В результате совместной интерпретации результатов гранулометрического анализа и магнитных характеристик были выделены общие закономерности, характерные для отложений субаэральных позднечетвертичных отложений Бийско-Чумышского плато:

1. Концентрационно-зависимые магнитные параметры наиболее связаны с количеством песчаной, крупноалевритовой фракции и, в целом, с физическим песком, но более тесная связь - с содержанием крупноалевритовой фракции. Это означает, что величина и поведение концентрационных магнитных параметров определяется магнитными минералами физического песка.

2. Структурно-чувствительные магнитные параметры и парамагнитные характеристики более связаны с мелкозернистыми фракциями, с физической глиной, но наиболее тесная связь с мелкоалевритовой фракцией, т.е. все процессы, влияющие на размеры обломочных и магнитных частиц, наиболее интенсивно протекают в мелкозернистых фракциях.

3. Корреляционная связь между гранулометрическими параметрами и концентрационными магнитными характеристиками сильнее (коэффициенты корреляции выше), чем связь между гранулометрическими параметрами и структурно-чувствительными магнитными характеристиками. Это объясняется тем, что основное количество магнитных частиц во всех отложениях, определяющих, главным образом, магнитные свойства отложений, представляет собой многодоменные, т.е. довольно крупные магнитные зерна, которые находятся в составе физического песка.

4. Параметр FD, отражающий в первом приближении, интенсивность почвообразовательных процессов, во всех разрезах связан с агрегированностью отложений, т.е. со степенью слипания обломочных частиц в агрегаты.

5. Практически по всем связям между гранулометрическим составом и магнитными параметрами в разрезах выделяются на графиках в отдельную область точки, соответствующие современной почве, и часто эта область находится на противоположном конце общей зависимости от ископаемых почв.

6. Области, занимаемые ископаемыми почвами и песчаными отложениями, не пересекаются. Лессовые отложения, подстилающие современную почву и обладающие повышенной глинистостью, тяготеют к ископаемым почвам. Остальные лессовые отложения занимают промежуточное положение между ископаемыми почвами и песчаными отложениями.

Таким образом, магнитные характеристики субаэральных отложений тесно связаны с их фракционным составом. Чувствительность тех и других, а также теснота их взаимосвязей зависит от лито-генетическиого типа отложений, и в большинстве случаев может становиться диагностическим критерием для уточнения типов отложений, выделенных в полевых условиях визуальными наблюдениями.

Литература:

1. Раукас А.В. «Классификация обломочных пород и отложений по гранулометрическому составу», Академия наук Эстонской СССР, Институт Геологии, 1981. - 24с
2. Выграненко Т.М. Гранулометрический состав рыхлых отложений верхней части субаэрального покрова Бийско-чумышского плато. Материалы 50-й Международной студенческой конференции "Студент и научно-технический прогресс": Геология/Новосиб.гос.ун-т.Новосибирск, 2012.148с

Гефан Г.Д.
доцент, кандидат физико-математических наук,
Иркутский государственный университет путей сообщения
grigef@rambler.ru

О НЕКОТОРЫХ АЛГОРИТМАХ ПРОГРАММИРОВАННОГО ОБУЧЕНИЯ И ПОСТРОЕНИИ КОНТРОЛЬНО-ОБУЧАЮЩИХ ПРОГРАММ

Образовательная технология, называемая программированным обучением, возникла в начале 50-х годов XX века, когда американский психолог Беррес Скиннер (1904-1990) предложил повысить эффективность усвоения материала, организуя процесс последовательной подачи порций информации и контроля за их усвоением [1]. Средством программированного обучения является так называемая обучающая программа, которую мы определяем как последовательность порций материала, «усваиваемых» по некоторому алгоритму, зависящему, в том числе, и от действий ученика. Обучающая программа может относиться к разным категориям: программа-тренажер, тестовая система, интерактивная учебная модель, обучающая игра и др., либо сочетать в себе все перечисленные качества.

Разумеется, наибольшие возможности для программированного обучения дают современные компьютеры. Они позволяют создавать сложные электронные системы обучения, которые обладают большими дидактическими возможностями. В частности, разрабатываются интерактивные программы, в которых обучаемый работает в диалоговом режиме с информационными системами, выполняющими дидактические функции.

В основу многих обучающих программ положен следующий принцип. Ученик выбирает ответ к предложенному заданию из некоторого набора ответов, где есть (кроме правильного) неполные и неверные ответы, содержащие типичные ошибки. Если ученик выбрал правильный ответ, он переходит к следующему шагу. Если нет, ему разъясняется сущность ошибки, и он получает указание работать в зависимости от сделанной ошибки или вернуться к исходному пункту [2].

Критики обучающих программ, построенных на данном принципе, считают, что выбор ответа провоцирует ученика угадывать и запоминать правильные ответы и исключать ошибочные, то есть обучающая программа такого рода не дает ученику цельного и системного представления о материале. Согласимся с тем, что идеальных средств обучения не существует, однако заметим, что многое зависит не только от алгоритма программы, но и от её конкретного наполнения, т.е. от искусства разработчика обучающих материалов. Большое значение имеет также мотивация самого обучаемого: настроен ли он на полноценное критическое усвоение информации, или склонен к угадыванию и «зазубриванию».

По нашему мнению, предпочтительной основой компьютерных обучающих программ является принцип активного диалога между студентом и компьютером. Например, компьютер задаёт студенту вопросы, принимает его ответы, даёт аргументированные комментарии к ним и с помощью некоторых подсказок или «намёков» способствует отысканию истины. Этот алгоритм отображён на рис. 1.

Рис. 1. Блок-схема обучающей программы, работающей в диалоговом режиме (вариант 1: «Ищем истину»)

В качестве примера приведём фрагмент обучающей программы по теории вероятностей.

Вопрос. Имеется 2 билета разных лотерей. Вероятность выигрыша в первой лотерее равна 0.01, а во второй 0.02. Как найти вероятность того, что один из этих билетов выиграет, а один проиграет?

1-ый вариант ответа. Надо рассмотреть две гипотезы: H_1 – выиграет первый билет, $P(H_1) = 0.01$; H_2 – выиграет второй билет, $P(H_2) = 0.02$. После этого, считая, что $P(A|H_1) = 1/2$, $P(A|H_2) = 1/2$, следует применить формулу полной вероятности.

Комментарий. Вы не правы. Учтите, что гипотезы должны образовывать полную группу несовместных событий. Следовательно, сумма их вероятностей должна быть равна единице.

2-ой вариант ответа. Событие A_1 (билет 1-ой лотереи выиграет) имеет вероятность $P(A_1) = 0.01$, событие A_2 (билет 2-ой лотереи выиграет) имеет вероятность $P(A_2) = 0.02$. Событие $\overline{A_1} \cdot \overline{A_2}$ заключается в проигрыше обоих билетов. Его вероятность равна

$$P(\overline{A_1} \cdot \overline{A_2}) = P(\overline{A_1})P(\overline{A_2}) = 0.99 \cdot 0.98 = 0.9702.$$

Нас интересует событие «из двух билетов один оказался выигрышным». Вероятность этого события равна $1-0.9702=0.0298$.

Комментарий. Вы нашли вероятность события, противоположного проигрышу обоих билетов. Это – не что иное, как вероятность того, что выиграет *хотя бы один* (т.е. один или более) билет. Перечитайте условие задачи: там речь идёт о выигрыше не *хотя бы одного*, а *ровно одного* билета!

3-ий вариант ответа. Надо рассмотреть две гипотезы: H_1 – куплен билет 1-ой лотереи, $P(H_1)=0.5$; H_2 – куплен билет 2-ой лотереи, $P(H_2)=0.5$. После этого следует применить формулу полной вероятности считая, что $P(A|H_1)=0.01$, $P(A|H_2)=0.02$.

Комментарий. Вы не правы. По условию задачи куплено по одному билету каждой лотереи. По логике выбранного Вами решения покупается один билет – тогда действительно имело бы смысл рассматривать гипотезы (покупка билета 1-ой лотереи и покупка билета 2-ой лотереи). Таким образом, выбранное Вами решение не соответствует предложенной задаче.

4-ый вариант ответа. Событие A_1 (билет 1-ой лотереи выиграет) имеет вероятность $P(A_1)=0.01$, событие A_2 (билет 2-ой лотереи выиграет) имеет вероятность $P(A_2)=0.02$. Нас интересует событие «из двух билетов один и только один оказался выигрышным», т.е. $A_1\overline{A_2}+\overline{A_1}A_2$. Вероятность этого события равна $P\left(A_1\overline{A_2}+\overline{A_1}A_2\right)=0.01\cdot 0.98+0.99\cdot 0.02=0.0296$.

Комментарий. Вы правы. Предложенную задачу можно было решить и другим способом. Пусть событие A – выиграли оба купленных билета, событие B – проиграли оба купленных билета, событие C – один билет выиграл и один проиграл. Тогда

$$P(C)=1-P(A)-P(B)=1-0.01\cdot 0.02-0.99\cdot 0.98=0.0296.$$

Другой алгоритм обучающей программы: перед студентом ставится задача, которая должна быть решена в несколько действий (шагов). Каждый шаг считается сделанным лишь после того, как будет выбран правильный вариант из предложенных вариантов действия. Задание считается выполненным, если выбрана полностью правильная последовательность шагов. Этот вариант обучающей программы может быть назван «Учимся действовать».

В качестве примера рассмотрим фрагмент обучающей программы по аналитической геометрии.

Задание. Требуется найти линию, каждая точка которой находится вдвое ближе к точке $A(-1;0)$, чем к прямой, имеющей уравнение $x=-4$.

Шаг 1. Из трёх приведённых изображений выберите то, которое соответствует условию задачи.

Шаг 2. Если точка $M(x, y)$ вдвое ближе к точке $A(-1; 0)$, чем к линии $x = -4$, то: … (Среди вариантов ответа есть ответ $|x+4| = 2\sqrt{(x+1)^2 + y^2}$).

Шаг 3. Преобразуйте уравнение $|x+4| = 2\sqrt{(x+1)^2 + y^2}$ к виду общего уравнения линии второго порядка. (Среди вариантов ответа есть правильный ответ $3x^2 + 4y^2 - 12 = 0$).

Шаг 4. Уравнение $3x^2 + 4y^2 - 12 = 0$ – это уравнение… (Среди вариантов ответа есть ответ «… эллипса»).

Шаг 5. Получен эллипс с каноническим уравнением… (Среди вариантов ответа есть $x^2/4 + y^2/3 = 1$).

Оба представленных варианта обучающей программ («Ищем истину» и «Учимся действовать») могут работать в следующих режимах:

– Обучение: вопросы объединяются в темы; за один сеанс можно освоить одну тему, за другой - вторую и т.д.

– Репетиция: студент получает по несколько случайно отобранных вопросов из каждой темы. Ответы студента комментируются, но в случае неправильного ответа возврата к вопросу нет.

– Тестирование: нет никаких комментариев, за исключением итоговой оценки.

Описанные алгоритмы реализованы в виде оболочки контрольно-обучающей программы КОРТ [3].

Литература

1. Селевко Г. К. Современные образовательные технологии: Учебное пособие. - М. : Народное образование, 1998. - 256 с.

2. Гефан Г.Д. Принципы построения обучающих программ и компьютерных практикумов по математике. Иркутск: ИрГТУ, «Повышение эффективности познавательной деятельности обучающихся». Материалы 2-ой международной научно-методической конференции. Вып.3, С. 43-45. 1999.

3. Свидетельство о государственной регистрации программ для ЭВМ № 2012612992. Оболочка контрольно-обучающей программы «Комплекс Обучения, Репетиций, Тестирования» (КОРТ). ФГБОУ ВПО «Иркутский государственный университет путей сообщения» // Гефан Г.Д., Бутырин О.В. Дата поступления 31.10.2011. Зарегистрировано 27.03.2012.

Потапенко С.М.
кандидат педагогических наук, доцент кафедры естественнонаучных дисциплин и информационных технологий гуманитарного института Северного Арктического федерального университета имени М.В. Ломоносова, e-mail: 2209smp@mail.ru

ФОРМИРОВАНИЕ ИКТ-КОМПЕТЕНЦИЙ СТУДЕНТОВ-ГУМАНИТАРИЕВ С ИСПОЛЬЗОВАНИЕМ РЕГИОНАЛЬНОГО МАТЕРИАЛА

Для успешной реализации поставленных перед современной организацией целей необходим персонал, обладающий профессиональными компетенциями. Многие руководители отмечают, что успешная деятельность молодого специалиста основанная только на знаниях и умениях, полученных в вузе невозможна, так как необходимо обладать сформированной информационной, аналитической, коммуникационной, и др компетенциями. Поэтому большое внимание в вопросе подготовки молодых специалистов уделяется формированию профессиональных компетенций.

Успешное решение задач информатизации общества напрямую зависит от эффективности процесса информатизации образования – процесса обеспечения сферы образования методологией и практикой разработки и оптимального использования средств информационно-коммуникационных технологий (ИКТ), ориентированных на реализацию психолого-педагогических целей обучения и воспитания [1]. В контексте сказанного в информационной подготовке студентов современных вузов в связи с бурным развитием ИКТ и их широким использованием в качестве полноценного участника бизнеса следует особо выделить ИКТ-компетентность. Это комплексное понятие, которое «отражает способ жизнедеятельности личности и включает в себя целенаправленное эффективное применение технических знаний и умений в реальной жизни. [2, с.46]. ИКТ-компетенции должны включать в себя компетенции владения базовыми и профильно-ориентированными технологиями. Полифункциональный характер информационных и коммуникационных технологий открывает новые возможности формирования ИКТ-компетенций у студентов, приводящие систему подготовки специалистов в соответствие с современными потребностями общества и бизнеса.

Давно подмечена национальная особенность русского человека, выражающаяся в неделимости интеллектуального и эмоционального контента. Русский человек не может продуктивно усваивать новый материал если результаты этой деятельности не являются для него личностно значимыми. Именно жизненный опыт и практика являются для русского человека основой знания. Поэтому опора на жизненный опыт студентов, его актуализация при обучении средствам ИКТ способствует формированию более стойких навыков работы с компьютерной техникой, активизации творческой деятельности, интегративности приобретаемых знаний. Актуализация жизненного опыта при обучении работе со средствами информационных технологий рассматривается, как реальная возможность адаптировать студентов к жизни в информационном обществе.

К сожалению, ИКТ-компетенции студентов-первокурсников, уровень навыков владения средствами информационных технологий крайне неоднороден, что существенно осложняет работу преподавателя как в методическом, так и техническом плане. Выходом из сложившейся ситуации может служить некая общая идея, идущая красной нитью через всю программу обучения в вузе. Этой единой идеей, или даже идеологией, может стать актуализация жизненного опыта студентов при обучении информационным технологиям на региональном материале. Знания о своеобразии родного края, способствуют становлению личности, принимающей близко к сердцу судьбу «Малой Родины», гордиться его культурой, людьми и их достижениями, желание жить и трудиться в своем регионе.

В практике преподавания на гуманитарных факультетах ВУЗов Архангельской области актуализировать личный жизненный опыт студентов можно используя краеведческий материал. Сохраняя в образовательном учреждении модель освоения традиционной культуры Русского Севера при формировании ИКТ-компетенций необходимо рассматривать вопросы жизни области, города, родного края. Содержание решаемых задач должно быть связано напрямую с личными интересами и потребностями студентов. Использование краеведческих материалов, информации о социальных явлениях и исторических событиях Малой Родины, способствует превращению получаемой информации в личностно-значимую. Это позволит обогатить содержание занятий, поднять их качество и повысить общую культуру студентов, скорректировать их жизненный опыт. Выбор направлений приобщения к культуре и истории Русского Севера [3] возможен с учетом специфики местонахождения учебного заведения, индивидуальных интересов и возможностей преподавателей. Можно предложить три направления:

1. ***Материальная культура Русского Севера***, связанная с изменением человеком материальной среды и природы и вопросы обратного воздействия; характеризуют процесс и результаты деятельности людей в материальном производстве, материальной бытовой сфере, в изменении физической природы человека. Здесь можно выделить деятельность по повышению культуры производства, культуры быта, физической культуры, деятельность по улучшению экологической составляющей окружающего мира. Примерным содержанием рассматриваемых задач, формирующим ИКТ-компетенции являются: *текстовый процессор Word (*подготовка и форматирование текстов,

буклетов, рекламных листов, таблиц, схематических диаграмм на производственные, экологические темы региона и т.д. основной идеей которых будет демонстрация значимости Беломорского Севера в истории России); *электронные таблицы Excel (*проведение различных расчетов, сортировок, построение диаграмм по числовым показателям деятельности предприятий города, области, региона; экономического благосостояния жителей, экологической обстановке, данным внешней и внутренней торговли и т.д.); *базы данных Access (*подготовка таблиц, отчетов, запросов, форм по предприятиям города: видам продукции, ее объемам за определенные периоды, поставщикам сырья, получателям продукции); экологическим объектам (их вкладу в загрязнение территории по видам и количеству выбрасываемых веществ); климатическим сезонным показателям; водным запасам области (озера, рекам: протяженности, району нахождения, проблемам, достоинствам); рынку жилья и т.д.

2. ***Политическая и социально-политическая культура Русского Севера,*** рассматриваются вопросы изменения человека в процессе преобразования общественных отношений, социального бытия. Политическая деятельность определяет степень осознания объективных законов общественного развития и умения применять их в делах управления обществом. В ней можно выделить собственно политическую деятельность, социальное управление, правовую деятельность. Примерным содержанием рассматриваемых задач, формирующим ИКТ-компетенции являются: *текстовый редактор Word (*подготовка текстов о знаменательных событиях или людях, составление родословной, различных таблиц-календарей с личными датами, буклетов, рекламных листовок, социальная реклама и т.п.); *электронные таблицы Excel (*проведение различных расчетов, сортировки, построение диаграмм и т.д., расчет и построение графика собственных биоритмов, показателям доходов/расходов семьи, численности браков и разводов, рождаемости/смертности в городе и регионе, количество ДТП и других правонарушений, количественный и качественный состав участников этих процессов; анализ данных по процессам, происходящим с трудоспособным и неработающими населением и т.п.); *базы данных Access* (подготовка таблиц, отчетов, запросов, форм по субъектам Северо-Западного Федерального округа: площади, численности, основных показателях); мониторинг города, городов области: численность населения, показатели благосостояния, рождаемость/смертность, количество происшествий, показатели здоровья и т.п.)

3. ***Духовная культура Русского Севера***, связанная с преобразованием духовного мира человека. Можно выделить научную деятельность, в том числе философско-мировоззренческого плана, художественную, творческую деятельность. Примерным содержанием рассматриваемых задач, формирующим ИКТ-компетенции являются:

текстовый редактор Word (подготовка и художественное оформление текстов о культурных событиях или прославленных земляках, Почетных жителях города, создание обложек к любимым книгам, выпуск газет, в том числе домашних; буклетов предстоящих мероприятий, рекламных листовок с культурной информацией и т.п.); *электронные таблицы Excel* (проведение различных расчетов, сортировки, построение диаграмм и т.д. по учебным заведениям различного типа: их численности, наполняемости, качеству работы, получаемым профессиям; спелеологическим системам области, заповедным местам); *базы данных Access* (подготовка таблиц, отчетов, запросов, форм по культурным объектам региона и города, в том числе библиотеки: местонахождение, количество читателей, книжный фонд, направленность по отраслям знаний и т.д.; места отдыха и развлечений: направление деятельности, услуги, цены и т.д.; памятники культуры; известные земляки и Почетные жители города: биография, образцы голоса, фотографии, место работы или область деятельности и т.п.).

Крайне важно моделировать жизненные связи молодого человека с его ближайшим окружением, социумом в условиях конкретного региона. Актуализация жизненного опыта с опорой на региональный материал, несомненно, является важнейшим средством построения индивидуальных образовательных программ, ориентированных на склонности и интересы студентов, в том числе, выходящих за рамки традиционных вузовских предметов или не связанных с выбранным профилем обучения.

ИКТ-компетенции сотрудников считается фактором, влияющим на конкурентные преимущества и прибыль современной организации. Спрос рынка на специалистов с четким перечнем сформированных компетенций неуклонно формирует требования к образовательным стандартам высшего профессионального образования. Сопоставляя перечень компетенций, необходимых специалисту в конкретной предметной области (модель специалиста), с перечнем планируемых компетенций выпускника по специальности в той же предметной области (модель выпускника), учебное заведение сможет целенаправленно готовить специалистов, удовлетворяющих требованиям рынка труда информационного общества.

Литература:

1. Белкин, А. С. Компетентность. Профессионализм. Мастерство / А. С. Белкин. – Челябинск : ОАО «Юж. –Урал. кн. изд-во», 2004. – 176 с.

2. Кузнецов, А.А. Основы общей теории и методики обучения информатике. – М.: Бином, 2010. – 207 с.

3. Шумилина, Т.О. Педагогический потенциал традиционной культуры Русского Севера в учебно-воспитательном процессе: прогр. спецкурса. – Архангельск: ПГУ, 2004. – 82 с.

Е.В. Дёмкина
Кандидат педагогических наук, доцент кафедры педагогики и социальной психологии Адыгейского государственного университета
E-mail: demkina72@mail.ru

МЕТОДИКА ИССЛЕДОВАНИЯ СТУДЕНЧЕСКОЙ МЕНТАЛЬНОСТИ

Для исследования студенческой ментальности нами была разработана методика, включающая в себя четыре вида методов: анкетного опроса, тестирования, педагогического наблюдения и контент-анализа бесед со студентами.

Рассмотрим подробнее данную методику исследования.

Нами была разработана анкета, включающая в себя 20 вопросов: 18 закрытого и 2 открытого типа. Ответы на вопросы позволяют выявить отношения студентов к миру и к себе в мире, что для них является значимым, на что они рассчитывают в жизни и чего хотят добиться. При интерпретации результатов анкеты вопросы объединялись в блоки, выделенные на основании полученных в первой главе выводов теоретического анализа понятия «менталитет» и «ментальность», а также соответствующих структурных компонентов менталитета: отношение к миру и к себе в мире; потребности; ценности, идеалы и убеждения; установки, стереотипы мышления и поведения; интересы.

Первый блок «Отношение к миру и к себе в мире» объединяет вопросы, выявляющие приоритеты в социальном окружении студентов; жизненные проблемы, которые беспокоят и волнуют их; представления о «настоящей» жизни; и возможностях, которые предоставляет вуз для саморазвития; вопросы идентификации и реализации себя в обществе. Компонуя вопросы для этого блока, мы исходили из того, что различные группы людей могут иметь одинаковое мировидение и действовать, как единое целое. Несмотря на то, что социум – это конкретные личности, но каждый индивидуум не обладает всеми признаками, свойственными для общества как целого. Наоборот, каждая конкретная личность имеет отличительные особенности, свой, не похожий на других, внутренний духовный мир. Человек является социальным существом и на формирование его менталитета огромное влияние оказывают окружение и виды жизнедеятельности. Для получения более точных и достоверных данных при анализе ответов на вопросы первого блока мы использовали следующие психологические тесты:

- тест самоидентификации М. Куна. Тест двадцати высказываний. (М. Кун, Т. Макпартленд; модификация Т.В. Румянцевой), использующийся для изучения содержательных характеристик идентичности личности. Вопрос «Кто Я?» напрямую связан с характеристиками собственного восприятия человеком самого себя, то есть с его образом «Я» или Я-концепцией.

- тест на оценку гражданской культуры личности (тест ГКЛ) Т.И. Власовой, позволяющий определить три уровня гражданской культуры: гражданские чувства - эмоциональный уровень; гражданское сознание - когнитивный уровень; гражданская практика - деятельностно-волевой уровень.

- тест-опросник самоотношения (ОСО) В.В. Столина, С.Р. Пантелеева, построенный в соответствии с разработанной В.В. Столиным иерархической моделью структуры самоотношения. Данная версия опросника позволяет выявить три уровня самоотношения, отличающихся по степени обобщенности: 1) глобальное самоотношение; 2) самоотношение, дифференцированное по самоуважению, аутсимпатии, самоинтересу и ожиданиям отношения к себе; 3) уровень конкретных действий (готовностей к ним) в отношении к своему «Я»;

- методика диагностики межличностных отношений Т. Лири, предназначенная для исследования представлений субъекта о себе и идеальном «Я», а также для изучения взаимоотношений в малых группах, с помощью которой выявляется преобладающий тип отношений к людям в самооценке и взаимооценке.

Педагогическое наблюдение применялось для уточнения информации о студенческих приоритетах в социальном окружении и об использовании возможностей саморазвития, предоставляемых вузом. Соответственно, параметрами педагогического наблюдения были:

- предпочтения студентов при выборе друзей, участников коллективных творческих дел, частота упоминания в рассказах в качестве авторитетов, реальные субъекты (органы) обращения за помощью;

- факт совмещения учёбы с работой, участие в деятельности различных творческих коллективов вуза, использование информационно-методической базы вуза для самообразования и саморазвития, участие в научных мероприятиях и в деятельности студенческого самоуправления.

С помощью контент-анализа углублялись сведения по вопросам, касающимся жизненных проблем, беспокоящих и волнующих студентов, а также относящимся к их представлениям о настоящей жизни.

Второй блок «Потребности» интегрирует вопросы, касающиеся мнения студентов о работе, выборе пути для получения признания и уважения окружающих, и цели жизни в целом. Формулируя вопросы данного блока, мы опирались на положения том, что, регулируя свою жизнедеятельность, человек ориентируется на свои природные и социальные потребности. Регулируя жизнедеятельность человека, природные потребности дают возможность поддерживать существование человеческого рода. Что касается социальных потребностей, то они формируются у человека с детства под влиянием социума. Указанные группы потребностей взаимосвязаны, а их удовлетворение и поиск форм этого удовлетворения являются главной частью в складывающейся ментальности личности. Находясь в обществе, личность реализует свои потребности в разных областях жизнедеятельности – это семья, работа, круг друзей и т.д. Под воздействием менталитета и индивидуальных психологических качеств и свойств ментальность направляет личность на удовлетворение потребности. От ее характера зависит: в какой сфере проявит человек свою активность, как он будет решать намеченные задачи, осуществлять планы. Ментальность определяет его осознанный и добровольный выбор, который обусловлен той системой ценностей, которая сформирована у человека в течение его жизни. Индивидуальные ценности человека либо совпадают с базисными ценностями, которые входят в систему ценностей данного общества и выработаны в процессе его социально-исторического развития, либо противоречат им, как это бывает у маргинальных личностей. Воздействие общества оказывает влияние на образование ценностной установки или социально-определяющей склонности, которая ориентирует человека в социальной реальности, направляет и стимулирует его деятельность, определяет его позицию к субъектам, явлениям и отношениям в обществе. Ценностные установки оказывают влияние на формирование мотивов, то есть обстоятельств, делающих намерения практическими, определяют границы поведения - обязательные для выполнения требования, которые выдвигает общество к нейтральной (социализирующейся) личности.

Для получения более точных и достоверных данных при анализе ответов на вопросы второго блока мы использовали следующие психологические тесты:

- диагностика коммуникативной толерантности (В.В. Бойко), свидетельствующая об абсолютной нетерпимости или терпимости ко всем типам партнёров во всех ситуациях;
- диагностика мотивации профессиональной деятельности (методика К. Замфер в модификации А.А. Реана), для выявления уровня внешней и внутренней мотивации и определения типа мотивации профессиональной деятельности;
- методика измерения уровня профессиональной направленности по признакам латентной структуры отношения (Н.В. Кузмина, В.А. Ядов), которая применялась для выявления факторов положительного или отрицательного отношения студентов к профессиональной деятельности.

Педагогическое наблюдение применялось с целью повышения достоверности информации от отношении студентов к будущей профессии, об индивидуально приемлемым для молодёжи способах достижения авторитета. В качестве параметров педагогического наблюдения использовались:

- эмоциональное состояние студентов на занятиях по профессиональным дисциплинам: при обсуждении различных сторон будущей деятельности, во время участия в деловых играх, диспутах и круглых столах и т.п.; эмоциональное состояние (энтузиазм, заинтересованность, ответственность, удовольствие, увлеченность) и активность студентов в процессе прохождения производственной практики;
- порядочность во взаимоотношениях со студентами и преподавателями, предпочтение «честной конкуренции», используемые средства и содержание самопрезентации.

В процессе бесед с помощью контент-анализа уточнялись результаты анкетирования, касающиеся постановки студентами жизненных целей.

Третий блок «Ценности, идеалы и убеждения» группирует вопросы респондентов, раскрывающих ценностные ориентации молодёжи, значимость для студентов личностных качеств окружающих и иерархию значимости собственных качеств, а также представления о качествах, присущих сегодняшней молодёжи. Составляя вопросы для третьего блока, мы в качестве структурной единицы менталитета выбрали интерсубъективный образ объективного мира, то есть идеал, имеющий большую значимость и ценность для субъекта, и символическое значение. Наиболее существенные идеалы образуют группу идеалов, которые обладают высшей ценностью. Получив в ментальности образное оформление, идеалы создаются в процессе жизнедеятельности человека, на что влияет его биологическая и социальная сущность, а также факторы социальной среды. Поэтому при помощи понятия идеала можно характеризовать студенческую ментальность: в процессе идеалообразования раскрываются непосредственные связи человека с другими людьми, природой, окружающим миром. Выбирая из идеалов личностной ментальности и коллективного менталитета нужные формы, человек субъективирует их. Процессы, отвечающие за жизнедеятельность человека, то есть установка на поведение в рамках признанного идеала, вера в него, рефлексия, вхождение в область его личностного духовного мира, придают жизнедеятельности главную направленность и определяют стиль жизни человека как субъекта. Предстающий перед человеком в виде идеала объект познания и практики субъективно отражает эталон; внешний мир становится наполненным смыслами.

Дополнение полученных в результате анкетирования сведений осуществлялось посредством использования следующих психологических тестов:

- многофакторное исследование личности, морфологический тест жизненных ценностей (В.Ф. Сопов, Л.В. Карпушина), позволяющее оценить важность для человека различных жизненных сфер деятельности (профессиональной жизни, образования, семейной жизни, общественной активности, увлечений, физической активности). Оцениванию подлежать терминальные ценности следующих групп (развитие себя, духовное удовлетворение, креативность, активные социальные контакты, собственный престиж, высокое материальное положение, достижение, сохранение собственной индивидуальности).

В процессе педагогического наблюдения определялась степень проявления в поведении и деятельности студентов тех качеств, которые респонденты определили как присущие современной молодёжи; параметрами выступали поведенческие описания данных качеств.

Беседы проводились по вопросам причин, по которым студенты ценят или не ценят различные качества в себе и в окружающих; результаты обрабатывались посредством контент-анализа.

Четвёртый блок «Установки, стереотипы мышления и поведения» характеризуется вопросами о действиях, предпринимаемых студентами для решения трудных жизненных проблем; о социальных требования, которым готовы соответствовать респонденты, представления о различных объектах и явлениях жизни. Вопросы для этого блок мы компоновали, опираясь на мнение А.Я. Курсиковой о том, что необходимо рассматривать «менталитет через призму стереотипов, притом не в виде случайного набора, а в виде системы стереотипов, взаимосвязанной с какой-то внутренней проранжированной структурой. Речь идет о стереотипах, охватывающих все виды человеческой деятельности, присутствующих во всех сфера жизни, детерминирующих её. …Функция защиты групповых ценностей неизбежно требует от индивида пусть периодического, даже импульсивного, но необходимого обращения к сознательной вербальной форме трансляции ценностей своей группы. На этом базируется функция самоидентификации и межгрупповой дифференциации, т.е. оценочного, на уровне принятых в группе понятий и шаблонов, сравнения своего и чужого сообщества» [1, 576]. Именно стереотипы являются главнейшими составными элементами менталитета, обусловливая его как основной носитель и транслятор группового своеобразия.

Для уточнения данных, полученных при анализе ответов на вопросы этого блока, нами были использованы следующие психологические тесты:

- методика исследования коммуникативных установок личности разработанная А.Н. Ивашовым, Е.В. Заикой, в основу которой положено представление о трехкомпонентной структуре коммуникативных установок включающей в себя: 1) собственные позиции в общении, с которых человек строит взаимоотношения со своими партнерами, 2) предпочитаемые позиции других людей, с которыми человеку удается установить глубокие взаимоотношения, и 3) степень глубины взаимоотношений, на которою человек ориентирован в общении.

- многофакторный личностный опросник FPI (И. Фаренберг, Х. Зарг, Р. Гампел; модифицированная форма «В»), используемый для диагностики некоторых свойств личности и соответствует традиционным личностным опросникам: содержит вопросы, высказывания, касающиеся способов поведения, состояний, ориентаций, навыков и физических трудностей.

- диагностика коммуникативной толерантности В.В. Бойко, позволяющая отмечать основные тенденции, свойственные взаимодействиям с партнерами.

Педагогическое наблюдение применялось для уточнения информации о действиях, предпринимаемых студентами в трудных жизненных ситуациях, о степени готовности соответствовать социальным требованиям. Соответственно, параметрами педагогического наблюдения были предпочтения студентов при выборе субъектов обращения за помощью, поведенческие описания социальных требований, которым готовы были соответствовать респонденты, а также степень реального соответствия этим требованиям.

Беседы проводились по вопросам выяснения содержания категории «идеального» (природа, семья, друг, здоровье и т.д.) для современного студенчества; результаты обрабатывались посредством контент-анализа.

И заключительный, пятый блок «Интересы» включает в себя вопросы, характеризующие проблемы современной жизни, чаще всего обсуждаемые в студенческой среде; проблемы гедонического характера, проведения досуга и занятий в будущем.

Дополнение полученных в результате анкетирования сведений осуществлялось посредством использования следующих психологических тестов:

- методика измерения уровня профессиональной направленности по признакам латентной структуры отношения (Н.В. Кузмина, В.А. Ядов), которая позволяет выявить характер отношения к избранной профессии, факторы, обусловливающие это отношение;

- методика определения мотивации профессиональной деятельности (К. Замфер в модификации А.А. Реана), базирующаяся на концепции внутренней и внешней мотивации и позволяющая определить тип мотивации профессиональной деятельности.

Особенности досуговых интересов определялись посредством педагогического наблюдения за поведением, деятельностью, общением, настроением студентов в процессе совместного отдыха, участия в коллективных творческих делах, спортивно-массовых мероприятиях и научных конференциях. Основными параметрами педагогического наблюдения выступали: инициативность в поиске варианта решения предложенной проблемной ситуации; самостоятельность в работе; ответственное отношение к выполнению заданий, доведение работы до конца; увлеченность выполнением заданий, эмоциональная позитивность;

заинтересованность в результативности своей деятельности; активность на занятиях.

Указанные блоки не только включают в себе основные содержательные характеристики дефиниции «менталитет человека», но и являются его проявлениями, т.е. тем, что можно изучать, корректировать, формировать. Наша задача заключалась в том, чтобы показать их как различные проявления единого, сверхчувственного, интегративного свойства целостной личности, которое напрямую не поддается исследованию, но которое можно реконструировать через анализ его проявлений.

Еще одним методом определения специфики студенческой ментальности и педагогических возможностей использования её характеристик для воспитания личности нами предложено определение «экстремумов» и «точек экстремума». В нашем случае, в качестве экстремумов мы рассматривали те значения рейтинговых баллов, рангов (характерных для тех или иных исследуемых параметров менталитета), которые существенно отличаются от предыдущих и последующих числовых величин в течение всего периода обучения. А точки экстремума (курс, на котором зафиксировано экстремальное в нашем понимании значение) показывают, на каком этапе обучения у студентов резко повышается или понижается выраженность тех или иных характеристик содержательных компонентов менталитета.

Точкой минимума мы называем курс, на котором ранговое значение существенно ниже значений соседних курсов. Точки минимума можно условно назвать точками «педагогического риска»; они указывают на необходимость определенных педагогических воздействий (соответствующих конкретной характеристике менталитета) в предыдущий период обучения с целью предупреждения снижения показателей.

Аналогично, точку максимума – курс, на котором ранговое значение существенно выше значений соседних курсов – мы определяем как точку «педагогического потенциала». В эти моменты необходимо усиливать педагогические воздействия, направленные на закрепление высоких показателей. Кроме того, педагогический потенциал данных точек заключается в возможности использования выраженных параметров менталитета как механизмов развития менее выраженных характеристик (с учетом наличия взаимосвязи между разным содержанием менталитета).

Литература:

1. Курсикова, Я.А. Менталитет как многогранная психологическая характеристика индивида // Ежегодник РПО: Материалы Третьего Всероссийского съезда психологов, 25-28 июня 2003 г.: в 8 т. Т. 4 / Я.А. Курсикова. – СПб., 2003. – С. 576-579.

Хабарова И.В., Гёзалова Н.В., Шилов С.Н.

ОСОБЕННОСТИ АКТИВАЦИОННЫХ ПРОЦЕССОВ ЛОБНОЙ КОРЫ У МЛАДШИХ ШКОЛЬНИКОВ С НОРМОЙ И ЗАДЕРЖКОЙ ПСИХИЧЕСКОГО РАЗВИТИЯ

При участии переднеассоциативных зон, в частности, областей лобной коры, протекают наиболее сложные интегративные процессы в коре большого мозга человека, которым принадлежит ведущая роль в организации высших интегративных функций мозга, включая когнитивную деятельность. Показано, что для адекватного протекания психических процессов необходим оптимальный уровень активации префронтальной коры головного мозга [3, 3-9]. Интегральным параметром уровней активации мозговых систем обеспечения ВПФ является устойчивый потенциал (УП) милливольтового диапазона в корковых проекциях лобной коры, или сверхмедленный биопотенциал (СМБП) [1, 60-61].

В лаборатории психофизиологической диагностики и коррекции КГПУ им.В.П.Астафьева было проведено исследование, направленное на выявление отличий между показателями устойчивого потенциала у младших школьников с нормальным развитием и задержкой психического развития (ЗПР). Нами были исследованы параметры сверхмедленного биопотенциала лобной коры головного мозга в группе из 106 младших школьников с задержкой психического развития, и в группе из 48 учеников с нормой развития, полученные при помощи метода омегаметрии. Полученные результаты позволили выделить четыре группы учащихся: I уровень – значения устойчивого потенциала от 0 до 20мВ, II уровень – от 20 до 40 мВ, III уровень – от 40 до 60 мВ, IV уровень – асимметричные значения УП левого и правого полушарий находятся в пределах разных уровней [2, 51].

Были выявлены достоверные различия ($p<0,01$) между показателями УП у детей с нормой развития и у школьников с ЗПР. Было получено следующее распределение по уровням УП. К первому уровню при норме относятся 2% обследованных детей, ко второму – 43%, к третьему – 6%, к четвертому уровню 49%. Выделено значительно большее количество школьников с первым уровнем бодрствования при ЗПР, тогда как количество учеников со вторым, оптимальным, уровнем бодрствования в выборке детей с задержкой развития существенно ниже, чем при норме. При ЗПР более представлен третий уровень, а у детей с нормой развития – четвертый уровень.

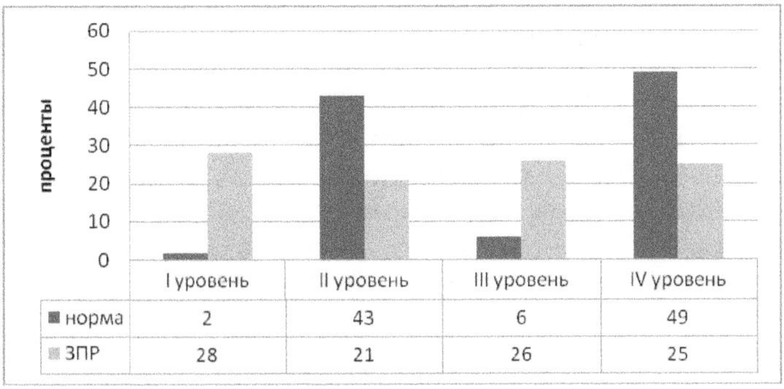

Рис. 1. Процентное распределение по уровню омега-потенциала у младших школьников с нормой развития и ЗПР.

Были выявлены значения омега-потенциала, указывающие на значительную асимметричную активность полушарий (ААП), в некоторых случаях выходящие за пределы разных уровней. Особенностью межполушарных отношений в группе детей с ЗПР является наличие асимметрии, преимущественно правополушарного характера, обнаруженной у 85 детей, что составляет 80%. У большинства детей с нормой развития наличие асимметрии, в большинстве случаев левополушарного характера наблюдается у 62% учеников. Так как общеизвестно, что левое полушарие обеспечивает упорядочивание и количественный анализ информации, придает ей логическую структуру, отвечает за рационализацию поведения и произвольное внимание, а правое отвечает за аффективную сферу, можно предположить, что в группе детей с ЗПР, в отличие от нормы, преобладает эмоционально чувственное, нерациональное восприятие. Как показано выше, при ЗПР значительно меньше детей с оптимальным уровнем активации. Из чего следует, что адекватное формирование психических процессов, обусловленных оптимальным уровнем активации префронтальной коры головного мозга у большинства детей с задержкой психического развития не может быть обеспечено.

Таким образом, установлено, что младшие школьники с задержкой психического развития отличаются от детей с нормой развития по характеристикам активационных влияний, обеспечивающих формирование высших психических функций.

Литература:

1. Илюхина В.А., Кривощапова М.Н., Пономарева Е.А. Особенности изменений соотношения активации проекционных зон лобной и теменной коры у детей с разным уровнем нарушений развития

психических функций и речи // Журнал Нейроиммунология - 2003. — Т.1, №2. - С.60-61.

2. Койнова, Т.Н. Преобразование предметного педагогического действия на основе мониторинга нейрофизиологических изменений у школьников в процессе учебной деятельности / Методическое пособие. / Т.Н. Койнова, – Абакан: Хакасское книжное издательство, 2007. – 52 с.

3. Фишман М.Н. Мозговые механизмы, обусловливающие отклонения в речевом развитии детей // Дефектология - 2001. - №3. - С.3-9.

Копбаева Д.С.
магистр социологии

ИЗМЕНЕНИЯ В СИСТЕМЕ ПРЕПОДАВАНИЯ И ИХ СВЯЗЬ С ПЕРЕМЕНАМИ В СОВРЕМЕННОЙ УНИВЕРСИТЕТСКОЙ СИСТЕМЕ

Главное в преподавании - преодолеть пристрастность нашего собственного общества, его отношений, убеждений. Преподаватель должны помочь себе и студентам увидеть свое общество со стороны, увидеть его глазами незнакомца. Понятно, что данная цель недостижима, также как и цель достичь истины в научном исследовании, которую мы никогда не сможем найти. Именно поэтому необходимо применять другую точку зрения, которую многие авторы называют взглядом на общество с высоты птичьего полета. Только таким образом мы можем прийти к критическому мышлению, способному расшифровать непредвиденные и незакономерные обстоятельства и историчность общества.

Второе положение - «социологическим воображением», впервые введен Чарльзом Миллсом, который акцентирует внимание на «гуманистической движущей силе социологии как научной дисциплины» [1]. Социологическое воображение - это определенное видение мира с целью увидеть «связи между частными проблемами индивида и социальными проблемами». Миллс приводит доводы в пользу гуманистической социологии, связывающей социальные, личные и исторические измерения нашей жизни; социологии, которая «критична по отношению к «абстрактному эмпиризму» и напоминает больше гранд-теорию [1;2]. Развитие социологического воображения предполагает «интеллектуальное мастерство», с помощью которого социология и социологи могли бы помочь людям осознать их место в истории и быть в курсе природы проблем, с которыми они сталкиваются изо дня в день. Миллс выступает за политически ангажированный и социально - активный тип социологического мышления [1]. Следствием такого подхода является акцент на социальных вопросах, как ключевой области преподавания.

Учебная программа должна быть ориентирована соответственно. В учебной программе должна преобладать практическая работа, социальные проблемы должны быть названы конкретно, вместо того, чтобы опираться только на знания из учебников.

Более того, наша работа должна основываться на реальных нуждах наших студентов. Необходимо не только проверять и преподавать им теорию, но и пояснять им из чего состоит общество, как оно образовано и работает для того, чтобы они уже сейчас были политически - осведомленными, социально-активными и ответственными не только членами общества, но и профессионалами своего дела.

Такая политика преподавания означает переход от конкретного к абстрактному. Мы выбираем мир наших студентов как тему для обсуждения, таким образом определяя их позицию в обществе. Например, сам университет может стать интересной темой для изучения, которое может помочь понять многое о современных организациях, производстве знаний, конфликте, консенсусе и т.д. Более того, учитывая, что студенты - это не машины для обучения, а университет - это не только организация, но и место, где зарождаются очень важные социальные связи, такие как брачный союз.

Основным вопросом данной статьи является вопрос о готовности университетов принять такую стратегию преподавания.

Передача знаний следующему поколению и открытие новых знаний считаются традиционными задачами университетов. В прежние времена это подразумевало наличие институциональных форм как данных фактов: дисциплины и преподаватели были их организационными выражениями. Лидерство было основано на авторитете профессора. Для того чтобы улучшить показатели таких университетов, необходимо было придерживаться лучших практик, следовать примеру старых добрых университетов с их нобелевскими лауреатами, благотворительной деятельностью и формами финансирования. Но на сегодняшний день ситуация изменилась. Например, университеты Великобритании, как и университеты в любом другом месте, вступили в век растущей национальной и международной конкуренции. Данная конкуренция касается всех ресурсов, включая деньги для нормальной деятельности университетов, исследования и финансирование для их развития, и студентов – главных акторов университета. Причиной этому является многообразие выбора, порожденного глобализацией и мировым рынком, требующим высококвалифицированный труд.

Наблюдатели из академической сферы в Великобритании, как и везде в мире, признают растущее многообразие университетского образования, которое угрожает доминированию классического типа государственного университета. Более того, новые частные университеты порождают необходимость в новых стандартах в высшем образовании. Многие традиционные университеты эволюционировали в, так называемые, профилирующие университеты. Кроме того, эволюция научного мышления развила новые области знания, превратив их в дополнительные предметы, такие как информатика, где установленные стандарты оценивания научных результатов уже не являются обоснованными.

Этот новый многообразный ландшафт уже не может управляться ни дисциплинарными сообществами, ни профессиональными этическими кодексами, интеллектуальной честностью или точностью, как это делалось доминирующим авторитетом, профессором. Изменения повлияли на всю традиционную университетскую систему, новая система находится в стадии становления. Новая система покончит с традицией, которая оценивала преподавательскую способность, как менее важный навык, чем научное исследование и опыт. Это развитие поможет преподаванию занять более ценное место в университете.

Идея управления университетом на основе качества преподавания является достаточно новой не только в Великобритании. Станет ли она широко распространенной реальностью остается открытым вопросом, несмотря на всю пропаганду для привлечения студентов. То есть, новые системы оценивания, основанные на рейтингах, снова обесценили преподавательские навыки, таким образом усиливая старый принцип: «публикуйся или умри».

Университеты должны реорганизовать традиционную форму преподавания в идею структурного изучения. Только такое преобразование позволит им справиться с будущими вызовами глобализирующегося мира. Это является необходимым шагом, который предлагает новые формы преподавания для мира, в котором научное знание является решающим фактором для выживания. Университеты должны подготовить индивидов, сообщества и общество справиться с будущими рисками и вызволить выгоду из возможностей, которые предлагает современная наука.

Необходимо переключиться с преподавания на обучение.

Как принято, обучение, акцентируется на образовательных материалах: содержании и методах обучения. Но, основа для нового университета основывается на принципе перемещения от «общепринятой традиции фокусирования внимания на содержании курса и методах преподавания», к принципу «от преподавания к обучению».

Мы знаем из психологии, педагогики и социологии, что «обучение-это не самая важная функция преподавания» [3]. То, что изучают студенты - это результат того, как студенты познают возможности обучения. Осознать возможность, значит суметь отличить себя от привычных шаблонов знаний и рискнуть повернуть на неизвестные тропы знаний. Осознание возможностей обучения предполагает открытость к будущему обучению.

Развитие университета обучения предполагает пересмотр его методов обучения. Боден и Ференс утверждают, что преподавание предполагает «не только передачу студенту того, как учитель понял то или иное явление, а как помощь преподавателя студенту найти его собственный взгляд на данное явление

… Преподавание, таким образом, должно быть нацелено на развитие способности студента видеть определеннее ситуации с определенной точки зрения. Способность увидеть что-либо с определенной точки зрения означает способность различать определенные критические аспекты и фокусироваться на них одновременно» [3].

«Задачей преподавателей в определенной области является определить задачи обучения в рамках их сферы специализации и разработать возможности обучения, которые помогут студентам понять различные проблемные случаи, которые требуют от них определить и использовать критические переменные для того, чтобы получить желаемые результаты» [4].

Ориентация на результаты означает ориентацию на компетенции. Раньше от университетов ожидалось, что они должны производить и воспроизводить знания до совершенства. Таким образом, от студентов ожидалось, что они будут умными, получая хорошие квалификации и изучая наиболее точные и лучшие знания. Предоставление информации было на тот момент главным. Но ситуация значительно изменилась с тех пор. Изменился сам взгляд на обучение, соединяя достижения традиционной системы ориентации на производство знаний с квалификациями, полученными из «мира вне».

Компетенции подразумевают умение показать способности в различных контекстах, поэтому они абстрактны. Мы не можем наблюдать их напрямую, так как они имеют возможность перемещаться. Они имеют относительный характер. Компетенциям обучаются в определенных ситуациях и контекстах, каждая из них имеет свои задачи и вызовы. В нашем случае, контекстом является наша дисциплина, университет и наше общество. Компетенции соотносятся функционально с данными контекстами. Через обучение в данных контекстах предполагается, что люди становятся компетентными и других контекстах.

При соединении определенных способностей и знаний, компетенции предполагают, что люди могут действовать в соответствии с ними… Знание, в данном случае, подразумевает наличие способностей и навыков. Их целью является достижение зрелости и самостоятельности студентами.

Будучи абстрактным и фокусируясь на перемещаемости способностей, ориентация на компетенции также может помочь снизить преподавательскую и учебную нагрузку. Довольно часто вступление в Болонский процесс приводило к громадному росту учебной нагрузки, продолжая советское наследие, где количество доминировало над качеством. Если получилось к определенному пониманию социальных проблем и компетенций студентов применить определенные теоретические модели, которые применяются к другим социальным проблемам, то необходимо добавить знания из других областей, которые повторяют то, что уже было понято. К примеру, если студенты поняли девиантное поведение в области психических расстройств, нет необходимости снова сталкивать их с девиантным поведением в области преступности и т.д.

Литература:

1. Mills, C. W. (1959). *The Sociological Imagination*. London: Oxford University Press.

2. Oxford Dictionary of Sociology/ G. Marshal (ed.). Oxford: Oxford University, 1998, 420

3. Bowden, J., Ference, M. *The University of Learning: Beyond quality and Competence*. London: Kogan Page Ltd, 1998.

4. Cornett, L. (1998). *Book Review of Bowden, J.; Ference, M. (1998), The University of Learning: Beyond quality and Competence*. London: Kogan Page Ltd, 1998.

д.т.н., профессор **Максимов М.В.**; аспирант **Цисельская Т.А.**;
аспирант **Бондаренко А.В.**
Одесский национальный политехнический университет

ВЛИЯНИЕ СТАБИЛЬНОСТИ ТЕМПЕРАТУРЫ ТЕПЛОНОСИТЕЛЯ НА ВХОДЕ В ОБЪЕКТ УПРАВЛЕНИЯ НА ЕГО УСТОЙЧИВОСТЬ

Залогом надежной и безопасной эксплуатации энергоблока является устойчивость реактора при возмущениях как во время работы на постоянном уровне нагрузки, так и в маневренном режиме. Количественной мерой устойчивости реактора является аксиальный офсет (АО) – технологическая характеристика равномерности энерговыделения, поэтому мерой эффективности эксплуатации энергоблока является минимизация отклонения АО.

Если рассматривать реактор как объект управления, то в качестве управляющих воздействий являются $h_{\text{СУЗ}}$ – изменение высоты погружения в реактор регулирующей группы органов регулирования системы управления и защиты (ОР СУЗ) и $C_{бор}$ – изменение концентрации борной кислоты в теплоносителе. Возмущающим воздействием является $t_1^{вх}$ – изменение температуры теплоносителя на входе в реактор. Регулируемыми величинами являются $Q, t_{fi}, AO, t_{10}^{вых}$ – энерговыделение, температура топлива в *i*-й зоне, аксиальный офсет, температура теплоносителя на выходе из реактора соответственно.

Реактору также присущи внутренние возмущения, связанные с температурным и мощностным эффектами реактивности и эффектом реактивности от отравления йодом и ксеноном. На рис. 1 они не показаны.

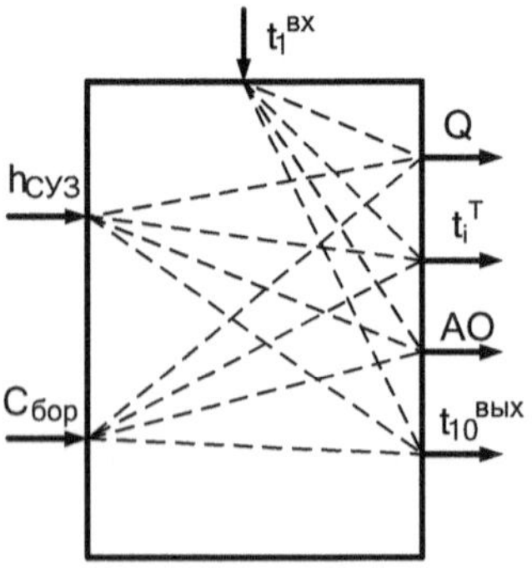

Рис. 1 Упрощенная блок-схема реактора ВВЭР-1000 как объекта управления.

Изменение температуры теплоносителя на входе в реактор $t_1^{вх}$ наносит на реактор возмущение, которое невозможно скомпенсировать существующими управляющими воздействиями [1, 2]. Кроме того, изменение температуры теплоносителя на входе в реактор может привести к возникновению ксеноновых колебаний, которые в некоторых случаях приводят к потере реактором устойчивости.

Поэтому, стабилизация температуры теплоносителя на входе в реактор позволит ликвидировать это возмущение, стабилизировать АО и сохранить реактор в устойчивом состоянии.

В [3] была приведена имитационная модель энергоблока. Имитационная модель энергоблока включает многозонную модель реактора, модель парогенератора, модель учета запаздывания теплоносителя в трубопроводах и модель турбогенератора.

Было предложено стабилизировать $t_1^{вх}$ путем изменения давления пара в парогенераторе [4].

На имитационной модели был проведен сравнительный эксперимент: в течение 8 часов производилась разгрузка энергоблока со 100 до 80 % и обратно при работе двух систем регулирования в одной из которых поддерживалось постоянство средней температуры теплоносителя реактора, во второй – постоянство температуры теплоносителя на входе в реактор.

На рис. 2 приведены результаты сравнительного эксперимента

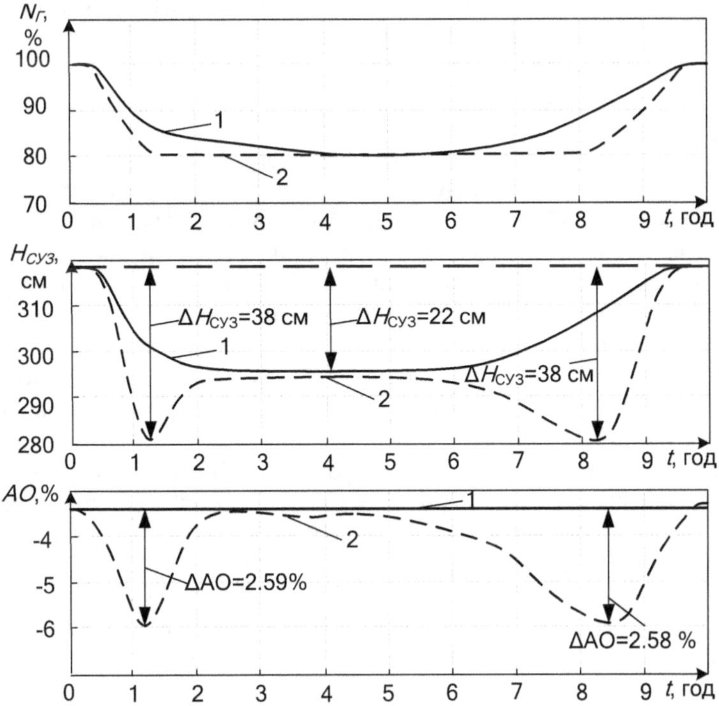

Рис. 2 Изменение мощности энергоблока, положения регулирующей группы ОРСУЗ $H_{СУЗ}$ и аксиального офсета *АО* во время суточного маневра

Результаты сравнительного эксперимента показали, что:

– при работе системы регулирования с постоянной средней температурой теплоносителя наибольшее перемещение регулирующей группы ОР СУЗ составляет 38 см, при работе системы регулирования с постоянной температурой теплоносителя на входе в реактор наибольшее перемещение составляет 22 см;

– при работе системы регулирования с постоянной средней температурой теплоносителя наибольшее наибольшее отклонение АО составило 2,59 %, при работе системы регулирования с постоянной температурой теплоносителя на входе в реактор значение АО во время маневра мощностью не изменялось.

При работе системы регулирования с постоянной температурой теплоносителя на входе в реактор, реактор имеет стабильный АО по сравнению системой регулирования с постоянной средней температурой теплоносителя. Поскольку АО является количественной мерой устойчивости реактора, его постоянство на протяжении маневра свидетельствует о том, что при работе при работе системы регулирования с постоянной температурой теплоносителя на входе в реактор, реактор находится в устойчивом состоянии.

ИСТОЧНИКИ:

1. Pelykh, S. N. Estimation of local linear heat rate jump values in the variable loading mode / S. N. Pelykh, R. L. Gontar, T.A. Tsiselskaya // Nuclear physics and atomic energy. – 2011. – V. 12, №3. – P. 242–245.
2. Maksimov, M. V. A model of a power unit with VVER-1000 as an object of power control / M. V. Maksimov, K. V. Beglov, T. A. Tsiselskaya // Пр. Одес. політехн. ун-ту. – Одеса, 2012. – Вип. 1(38). – С. 99–106.
3. Максимов, М. В. Модель реактора ВВЭР–1000 как объекта управления / М. В. Максимов, К. В. Беглов, Т. А. Цисельская // Материалы междунар. научн. симпозиума «Достижения современной науки» 20-27 февраля 2012 г. – Одесса, 2012. – С. 108 – 122.
4. Пат. 2470391 Российская Федерация, МПК G 21 C 7/00. Способ управления ядерной энергетической установкой с реактором водяного типа при изменении мощности реактора или внешней нагрузки / Максимов М.В., Баскаков В.Е, Пелых С.Н., Цисельская Т.А.; заявитель и патентообладатель Максимов М.В., Баскаков В.Е, Пелых С.Н., Цисельская Т.А. – № 2011121323/07; заявл. 25.05.11; опубл. 20.12.12, Бюл. № 35.

Доросинский Л.Г.
доктор технических наук, профессор Уральского федерального университета имени первого Президента России Б.Н. Ельцина

ИНВАРИАНТЫ ДЛЯ КЛАССИФИКАЦИИ РАДИОЛОКАЦИОННЫХ ИЗОБРАЖЕНИЙ

Для классификации радиолокационных изображений (РЛИ), полученных в РЛС с синтезированной апертурой, часто предлагается использовать вектор признаков, компонентами которого являются достаточные статистики, соответствующие каждому из распознаваемых классов [1,48]. Этот метод не учитывает ряд существенных особенностей, имеющих место при формировании реальных РЛИ, получаемых от объектов с неизвестными параметрами их линейных перемещений и вращения относительно центра тяжести. В данной работе предлагаются признаки РЛИ, инвариантные к вращению объекта и сдвигу его центра [2,57]. Названные признаки строятся на базе моментов.

Известно, что радиальная составляющая скорости движения точки объекта (V_r) приводит к смещению её изображения, формируемого в РСА, на величину, пропорциональную этой радиальной скорости. При этом форма отклика системы обработки на сигнал, отражённый от такой точки (импульсная реакция системы), остаётся неизменной.

Для точек пространственно-распределённого объекта при его вращении относительно центра можно записать: $V_r = x\omega$, где x – азимутальная координата точки, отсчитываемая от центра вращения объекта, ω - угловая скорость вращения.

В связи с этим смещение изображения точек цели будет пропорционально их координате x. Изображение объекта в целом будет растягиваться или сжиматься по азимуту в зависимости от направления скорости вращения.

Для непрерывного случая можно получить зависимость:

$$\boldsymbol{\varphi}(\mathbf{x},\mathbf{y}) = \int \mathbf{A}_k(\xi,\mathbf{y})\mathbf{D}(\mathbf{x}-\beta\xi)\mathbf{d}\xi + \mathbf{n}(\mathbf{x},\mathbf{y}) \qquad (1)$$

где $\mathbf{A}_k$ (x,y)- распределение комплексного коэффициента отражения объекта k-го класса по координатам x и y; D(x) – импульсная реакция устройства обработки , имеющая вид sinx/x; $\beta = 1+2\omega$ - коэффициент, учитывающий вращение объекта; n(x,y) – нормальный шум.

Найдём связь между моментами искажённого (1) и неискажённого изображений, рассматривая только сигнальную составляющую в (1). Выражение неискажённого изображения получается при этом подстановкой в (1) значений $\beta = 1$ ($\omega = 0$)

$$\mathbf{\Phi}_0(\mathbf{x},\mathbf{y}) = \int \mathbf{A}_k(\xi,\mathbf{y})\mathbf{D}(\mathbf{x}-\xi)\mathbf{d}\xi \qquad (2)$$

Моменты являются коэффициентами разложения в ряд Тейлора двумерного Фурье-спектра изображения, т.е.

$$\mathbf{S(u,v)=\sum_{p=0}^{\infty}\sum_{q=0}^{\infty}m_{pq}\frac{(iu)^p}{p!}\frac{(iu)^q}{q!}} \qquad (3)$$

где

$$\mathbf{S(u,v)=\iint\Phi(x,y)\exp[-i(ux+vy]dxdy} \ - \qquad (4)$$

спектр изображения;

$$\mathbf{(\partial u)^p=(\frac{1}{\beta})^p(\partial\varphi)^p},$$

получаем следующее тождество

$$\mathbf{\frac{\partial^{(p+q)}}{(\partial u)^p(\partial v)^q}\left[S(u,v)\right]_{u=v=0}=\beta^p\frac{\partial^{(p+q)}}{(\partial\varphi)^p(\partial v)^q}\left[S_0(\varphi,v)\right]_{\varphi=v=0}} \qquad (9)$$

Из (9) и (6) следует:

$$\mathbf{m_{pq}=\beta^p\,m_{pq}^0}, \qquad (10)$$

где

$$\mathbf{m_{pq}^0=\iint x^p y^q\Phi_0(x,y)dxdy} \ -$$

момент неискажённого изображения порядка p+q.

При p=1 из выражения (10) получаем $\beta=\left(\frac{m_{1q}}{m_{1q}^0}\right)$.

Выражение (10) преобразуется к виду:

$$\mathbf{m_{pq}=\left(\frac{m_{1q}}{m_{1q}^0}\right)^p m_{1q}^0}, \qquad (11)$$

откуда следует тождество

$$\mathbf{\frac{m_{pq}}{(m_{1q})^p}=\frac{m_{pq}^0}{(m_{1q}^0)^p}}, \qquad (12)$$

которое свидетельствует о независимости отношения $\frac{m_{pq}}{(m_{1q})^p}$ от скорости вращения наблюдаемого объекта.

Таким образом, признаки $I_{pq}=\frac{m_{pq}}{(m_{1q})^p}$ могут использоваться как инварианты к специфическому искажению РЛИ, полученному в РСА и вызванному вращением наблюдаемого объекта. Необходимо отметить, что моменты (5) имеют существенный недостаток, затрудняющий их использование, а именно: они не инвариантны к сдвигу объекта центра его тяжести. С этой точки зрения следует отдать предпочтение центральным моментам РЛИ [2,5]:

$$\mu_{pq} = \iint (x - x_0)^p (y - y_0)^q \Phi(x,y) dxdy\ , \tag{13}$$

где $x_0 = \frac{m_{10}}{m_{00}}$ и $y_0 = \frac{m_{01}}{m_{00}}$ - координаты центра тяжести РЛИ.

Используя известное соотношение

$$(a - b)^n = \sum_{k=0}^{n} C_n^k (-b)^k (a)^{n-k}\ ,$$

можно получить связь между моментами (5) и (13)

$$\mu_{pq} = \sum_{n=0}^{p} \sum_{k=0}^{q} C_p^n C_q^k (-1)^{n+k} \frac{(m_{10})^n (m_{01})^k}{(m_{00})^{n+k}} m_{p-n,q-k}\ . \tag{14}$$

Выражая все моменты в правой части (14) по формуле (10), получаем:

$$\mu_{pq} = \beta^p \mu_{pq}^0\ , \tag{15}$$

где

$$\mu_{pq}^0 = \iint (x - x_0^0)^p (y - y_0)_0^0 \Phi(x,y) dxdy\ ,$$

центральные моменты неискажённого изображения,

$$x_0^0 = \frac{m_{10}^0}{m_{00}^0}\ ; \quad y_0^0 = \frac{m_{01}^0}{m_{00}^0}\ ,$$

- нормированные координаты центра тяжести.

Формула (15) полностью идентична формуле (10). Отсюда следует, что отношение

$$M_{pq} = \frac{M_{pq}}{(\mu_{1q})^p} \tag{16}$$

может использоваться в качестве признака классификации, инвариантного как к смещению объекта относительно центра РЛИ, так и к специфическим искажениям, вызванным вращением объекта.

Литература

1. Доросинский Л.Г. Синтез алгоритма распознавания пространственно-распределённых объектов по данным РЛС бокового обзора. -в кн. Радиотехнические системы локации пространственно-распределённых объектов. Оптимизация и моделирование. –Свердловск, 1981, с. 48-52 (межвуз. сб., вып. 4)

2. Ху М.К. Опознавание фигур при помощи инвариантных соотношений между моментами. –ТИИЭР, 1961, - № 9.

Доросинский Л.Г.
Доктор технических наук, профессор Уральского федерального университета имени первого Президента России Б.Н. Ельцина

ОБНАРУЖЕНИЕ СИГНАЛОВ В РСА НА ФОНЕ МЕШАЮЩИХ ОТРАЖЕНИЙ

В работе [1,178], посвящённой проблемам обработки сигналов в радиолокационной станции с синтезированной апертурой (РСА), основное внимание уделялось исследованию алгоритмов обнаружения при действии помех, вызванных отражениями от подстилающей поверхности и шумом. В ряде практических ситуаций вместе с полезным сигналом, отраженным от многоэлементной цели, в диаграмме направленности (ДН) РСА могут присутствовать достаточно мощные помеховые сигналы, вызванные отражениями от мешающих объектов, В этих случаях алгоритм обработки должен строиться с учётом как распределённого характера цели, так и наличия помех. Определение основных принципов построения таких алгоритмов и методов их анализа составляет содержание данной работы.

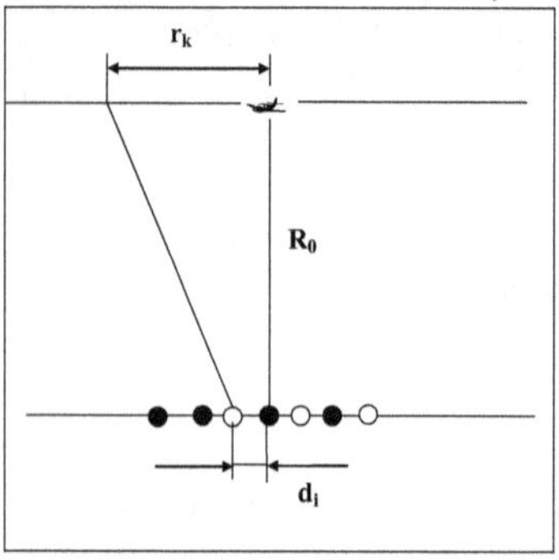

Рис.1.

Предположим, что РЛС бокового обзора перемещается по прямолинейной траектории. Полезные и мешающие сигналы в одном элементе разрешения по дальности формируются отдельными отражателями, отстоящими на расстоянии $\mathbf{d}_i^c\,(\mathbf{i}=\overline{1,\mathbf{n}})$ и $\mathbf{d}_i^п\,(\mathbf{i}=\overline{1,\mathbf{N}})$ от начала координат, причём n и N – числа соответственно сигнальных и помеховых отражателей (рис. 1). При дискретной во времени обработке вектор наблюдаемых данных может быть представлен в следующем виде:

$$\mathbf{Y}=\beta_c\mathbf{A}_c+\beta_п\mathbf{A}_п+\mathbf{N}_ш, \tag{1}$$

где

$$\boldsymbol{\beta}_c=\left\|\mathbf{X}(d_1^c),\dots\dots\dots,\mathbf{X}(d_n^c)\right\| \tag{2}$$

- матрица (M×n), состоящая из векторов

$$\mathbf{X}(d_i^c)=\left\|\mathbf{exp}(j\frac{2\pi}{\lambda R_0}r_k^2-j\frac{4\pi}{\lambda R_0}d_i^c r_k)\right\|, \tag{3}$$

задающих фазовое распределение сигнала, отражённого от i-го элемента цели, по точкам синтезированной апертуры, имеющим координаты r_k ,

$k=\overline{1,M}$ (λ - длина волны); $\mathbf{A}_c$ и $\mathbf{A}_п$ – векторы (n × 1) и (N × 1) комплексных амплитуд сигналов (помех), представляющие собой нормальные случайные величины с нулевыми математическими ожиданиями и дисперсиями σ^2_{ci} и $\sigma^2_{пi}$ соответственно; матрица $\boldsymbol{\beta}_п$ определяется аналогично (2) и (3), $\mathbf{N}_ш$ – вектор комплексных амплитуд гауссовского шума.

При записи наблюдаемых данных в виде (1) достаточной статистикой для обнаружения полезного сигнала является квадратичная форма

$$\alpha = Y^{*T}\theta Y, \tag{4}$$

где $\theta = R_п^{-1} - R_{СП}^{-1}$ - весовая функция обработки,

$$\mathbf{R}_{сп} = \beta_c \mathbf{Q}_c \beta_c^{*T} + \mathbf{R}_п \tag{5}$$

$$\mathbf{R}_п = \beta_п \mathbf{Q}_п \beta_п^{*T} + \mathbf{R}_ш \tag{6}$$

корреляционные матрицы вектора (1) при наличии и отсутствии полезного сигнала

$$\mathbf{Q}_c = \mathbf{diag}(\sigma^2_{c1}, \ldots\ldots\ldots \sigma^2_{cn}) \tag{7}$$

$$\mathbf{Q}_п = \mathbf{diag}(\sigma^2_{п1}, \ldots\ldots\ldots \sigma^2_{пN}) \tag{8}$$

$$\mathbf{R}_ш = \sigma^2_ш \mathbf{E} \tag{9}$$

где * - комплексное сопряжение, T - знак транспонирования, E - единичная матрица, без ограничения общности в дальнейшем считаем дисперсию шума $\sigma^2_ш = 1$.

Используя равенство Вудбери для определения оптимальной весовой функции, запишем выражение достаточной статистики в виде

$$\alpha = \mathbf{Z}^{*T}\mathbf{P}\mathbf{Z}, \tag{10}$$

где

$$\mathbf{P} = (\mathbf{E} + \mathbf{Q}_c \beta_c^{*T} \mathbf{R}_п^{-1} \beta_c)^{-1} \mathbf{Q}_c, \tag{11}$$

$$\mathbf{R}_п^{-1} = \mathbf{E} - \beta_п (\mathbf{E} + \mathbf{Q}_п \beta_п^{*T} \beta_п)^{-1} \mathbf{Q}_п \beta_п^{*T}, \tag{12}$$

$$\mathbf{Z} = \mathbf{Y}^T \mathbf{R}_п^{-1} \beta_c^* = \mathbf{Y}^T \mathbf{X}^*(\mathbf{d}_i^c) - \sum_{l=1}^{N} \chi_{li} \mathbf{Y}^T \mathbf{X}^*(\mathbf{d}_l^п) \tag{13}$$

$$\chi_{li} = \sum_{t=1}^{n} \mathbf{p}_{lt} \mathbf{X}^T(\mathbf{d}_t^п) \mathbf{X}^*(\mathbf{d}_i^п) \tag{14}$$

$\mathbf{p}_{lt}$ - элемент матрицы 11.

Структурная схема, реализующая оптимальный алгоритм (10), показана на рис. 2.

Основная функциональная операция, входящая в (13):

$$\mathbf{Y}^T \mathbf{X}^*(\mathbf{d}_i) = \sum_{k=1}^{M} \mathbf{y}_k \exp(-\mathbf{j}\frac{2\pi}{\lambda \mathbf{R}_0} \mathbf{r}_k^2 + \frac{4\pi}{\lambda \mathbf{R}_0} \mathbf{d}_i \mathbf{r}_k), \tag{15}$$

представляет собой ЛЧМ-демодуляцию и ДПФ, вычисляемое для пространственных частот $(2/\lambda R_0)d_i$, соответствующих всем элементам цели (помех).

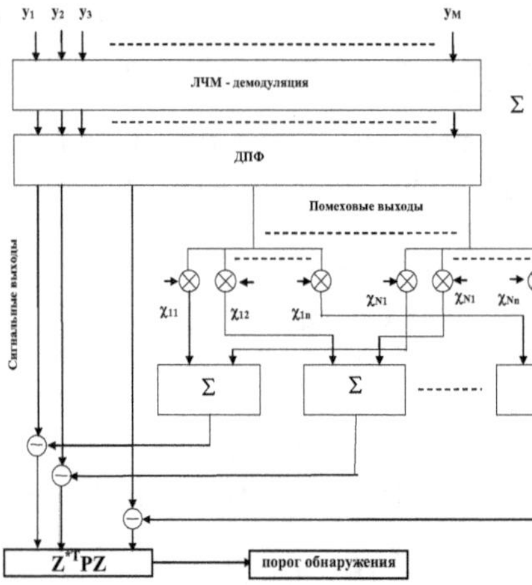

Рис. 2.

Спектральные составляющие, соответствующие помехам, взвешиваются с учётом проникновения помех в сигнальные каналы и вычитаются из комплексных амплитуд сигнальных пространственных гармоник. Квадратичная форма выходных напряжений сигнальных каналов позволяет учесть взаимопроникновение сигналов от различных элементов цели в соседние каналы.

Применение оптимальной обработки (10)-(14) позволяет существенно повысить эффективность обнаружения малоразмерных объектов на фоне мощных мешающих отражений. Так, например, при наличии помехи (отношение мощностей помеха/шум $\mathbf{M}\sigma_{п}^2/\sigma_{ш}^2 = 10^3$), угловое направление на которую совпадает с границей главного лепестка синтезированной ДН по уровню половинной мощности, выигрыш в отношении сигнал/шум при оптимальной обработке составляет более 23 дБ по сравнению с обычно используемой в РСА согласованной обработкой [2,86]. При этом требуемая точность измерения координат помех не превышает 5-10% от ширины главного лепестка ДН.

ЛИТЕРАТУРА

1. Кондратенков Г.С., Потехин В.А., Реутов А.П., Феоктистов Ю.А. Радиолокационные станции обзора Земли. М.: Радио и связь, 1983.
2. Ширман Я.Д., Манжос В.И. Теория и техника обработки радиолокационной информации на фоне помех. М.: Радио и связь,

Доросинский Л.Г.
доктор технических наук, профессор Уральского федерального университета имени первого Президента России Б.Н. Ельцина

МЕТОДИКА РАСЧЁТА ВЕРОЯТНОСТЕЙ ПРАВИЛЬНОЙ КЛАССИФИКАЦИИ МНОГОМЕРНЫХ ОБЪЕКТОВ

Потенциальные возможности решения задачи многоальтернативной проверки гипотез (а именно в таком виде формализуется задача классификации многомерных объектов) в подавляющем большинстве практических случаев характеризуются вероятностями вынесения правильных ($P_{пр}$) и ошибочных ($P_{ош}$) решений. Точный аналитический расчет этих вероятностей может быть выполнен лишь в простейших частных случаях. В большинстве реальных задач практически единственным методом оценки эффективности распознавания является метод статистического моделирования (математического, натурного и т. п.). Однако, на этапе эскизного проектирования, предварительной оценки, прогноза эффективности, когда необходимо оценить принципиальную возможность функционирования проектируемых алгоритмов, использование даже гибкого математического моделирования приводит к недопустимым затратам машинного времени в связи с чрезвычайно большим количеством анализируемых (перебираемых) параметров. В этих условиях для получения количественных оценок вероятностных характеристик работы системы наиболее целесообразным следует признать использование граничных соотношений Чернова, которые были введены в для случая проверки двух гипотез и в данной работе распространены на произвольное их количество.

При проверке (M+1) гипотез вероятность вынесения ошибочного решения равна:

$$P_{ош} = \sum_{i=1}^{M+1} p_i \sum_{\substack{j=1 \\ j\neq 1}} p(j/i) \qquad (1)$$

где p_i - априорная вероятность i-й гипотезы,

p(j/i)-вероятность вынесения решения в пользу j-й гипотезы в том случае, когда истинной является i-я гипотеза.

Это выражение можно представить в виде:

$$P_{ош} = \sum_{i=1}^{M} \sum_{j=i+1}^{M+1} \left[p_i p(j/i) + p_j p(i/j) \right] \qquad (2)$$

В дальнейшем предполагаем, что решение в пользу того или иного класса принимается с использованием критерия минимума полной вероятности ошибки.

Для верхней границы ошибки (2) при проверке многих гипотез справедливо выражение:

$$P_{\text{ош}} \leq \sum_{i=1}^{\text{M}} \sum_{j=i+1}^{M+1} \left[p_i Ch_{ij}^F + p_j Ch_{ij}^M\right] \quad (3)$$

В последнем выражении $\text{Ch}^{\text{F}}_{\text{ij}}$ и $\text{Ch}^{\text{M}}_{\text{ij}}$ - границы Чернова для вероятностей ложной тревоги и пропуска цели при проверке пары гипотез i и j независимо от остальных гипотез.

Для расчета границ Чернова Ch_{ij}^F и Ch_{ij}^M воспользуемся методикой, основанной на разложении в ряд Эджворта плотности вероятности, которая предполагается близкой к гауссовской. Ограничиваясь двумя первыми членами разложения, имеем:

$$Ch_{ij}^F = Ch_{ij}^{F1} - Ch_{ij}^{F2}\frac{\gamma_3}{6}, \quad (4)$$

$$Ch_{ij}^M = Ch_{ij}^{M1} - Ch_{ij}^{M2}\frac{\gamma_3}{6}, \quad (5)$$

где

$$Ch_{ij}^{F1} = \exp\left[\mu_{ij}(s) - s\dot{\mu}_{ij}(s)\right] I_0\left[s\sqrt{\ddot{\mu}_{ij}(s)}\right], \quad (6)$$

$$Ch_{ij}^{M1} = \exp\left[\mu_{ij}(s) - (1-s)\dot{\mu}_{ij}(s)\right] I_0\left[(1-s)\sqrt{\ddot{\mu}_{ij}(s)}\right], \quad (7)$$

$$Ch_{ij}^{F2} = \exp\left[\mu_{ij}(s) - s\dot{\mu}_{ij}(s)\right]\left\{\left[s\sqrt{\ddot{\mu}_{ij}(s)}\right]^3 I_0\left[s\sqrt{\ddot{\mu}_{ij}(s)}\right] + \frac{1}{(2\pi)^{1/2}}\left[1 - s^2\mu_{ij}(s)\right]\right\},$$

(8)

$$Ch_{ij}^{M2} = \exp\left[\mu_{ij}(s) + (1-s)\ddot{\mu}_{ij}(s)\right]\left\{\left[(1-s)^2\ddot{\mu}_{ij}(s) - 1\right]\frac{1}{(2\pi)^{1/2}} - \left[(1-s)\sqrt{\ddot{\mu}_{ij}(s)}\right]^3 I_0\left[(1-s)\sqrt{\ddot{\mu}_{ij}(s)}\right]\right\}, \quad (9)$$

$$\gamma_3 = \frac{\mu_{ij}^{(3)}(s)}{\left[\sqrt{\ddot{\mu}_{ij}(s)}\right]^3}, \quad (10)$$

$$I(\alpha) = \exp(\alpha^2/2)\frac{1}{(2\pi)^{1/2}}\int_\alpha^\infty \exp\left(-\frac{t^2}{2}\right)dt. \quad (11)$$

Значение аргумента s в (7) – (11) находится путем решения уравнения

$$\dot{\mu}_{ij}(s) = ln\frac{P_i}{P_j}. \quad (12)$$

Как следует из приведённых выражений, для определения верхней и нижней границ вероятности вынесения ошибочного решения (1) требуется знать функцию $\mu_{ij}(s)$ и ее три первые производные для всех возможных пар распознаваемых классов целей.

Для расчета необходимых выражений предположим, что вектор наблюдаемых данных U представляет собой совокупность комплексных гауссовских отсчетов с нулевыми средними значениями. При этом для $\mu_{ij}(s)$ может быть получено следующее выражение:

$$\mu_{ij}(s) = (s-1)ln[|R_i|] + s\,ln\left[|R_j|\right] - ln\left\{\left|\left[sR_j^{-1} - (1-s)R_j^{-1}\right]\right|\right\}. \quad (13)$$

где R_i и R_j -корреляционные матрицы вектора Y по гипотезам i и j соответственно. Для вычисления значений правой части выражения (13) обычно используют теорему Кейли-Гамильтона. Однако, ее непосредственное применение к (13) требует нахождения собственных значений трех различных матриц для каждой пары гипотез. Известно, что процедура поиска собственных значений является достаточно трудоемкой. Для ее упрощения целесообразно разложить эрмитову матрицу R_j на множители по Холецкому:

$$R_j = L_j L_j^*. \tag{14}$$

где L_j - нижняя (левая) треугольная матрица, а символ * обозначает эрмитово сопряжение.

При этом выражение (13) может быть представлено в виде:

$$\mu_{ij}(s) = \sum_k \left[s\, ln\, \lambda_k^{i\,j} - \ln(s\, \lambda_k^{i\,j} + 1 - s)\right], \tag{15}$$

где $\lambda_k^{i\,j}$ -к-ое собственное значение матрицы:

$$K_{ij} = L_j^{-1} R_i \left(L_j^*\right)^{-1}. \tag{16}$$

Искомые производные функции $\mu_{ij}(s)$ имеют вид:

$$\mu_{ij}(s) = \sum_k \left[\ln \lambda_k^{i\,j} - \frac{\lambda_k^{i\,j} - 1}{s\lambda_k^{i\,j} + 1 - s}\right], \tag{17}$$

$$\dot{\mu}_{ij}(s) = \sum_k \left[\frac{\lambda_k^{i\,j} - 1}{s\lambda_k^{i\,j} + 1 - s}\right]^2, \tag{18}$$

$$\ddot{\mu}_{ij}(s) = -2 \sum_k \left[\frac{\lambda_k^{i\,j} - 1}{s\lambda_k^{i\,j} + 1 - s}\right]^3, \tag{19}$$

Из приведенных соотношений следует, что в рассматриваемой постановке граничные значения вероятности ошибки при многоальтернативной проверке гипотез полностью определяются корреляционными матрицами отсчетов вектора наблюдаемых данных по каждому из возможных классов наблюдаемых объектов.

Грачев С.И.
доктор техн. наук, профессор. grachevsi@mail.ru.
Хайруллин А.А.
кандидат физ.-мат. наук.
Хайруллин Аз.А.
аспирант

ДВИЖЕНИЕ СМЕШИВАЮЩИХСЯ ЖИДКОСТЕЙ В ПОРИСТОЙ СРЕДЕ

Используемые сегодня методики гидродинамического исследования скважин часто являются однофазными по своей сути. Такой подход не позволяет определять функций относительных фазовых проницаемостей – важнейшего элемента модели многофазного течения. В исследовании разработана и обоснована методика построения функций относительных фазовых проницаемостей при совместной фильтрации нефти и воды.

Одним из путей изучения механизма вытеснения остается метод физического моделирования как в силу трудностей аналитического и численного исследования, так и из-за отсутствия достаточных сведений об эмпирических функциях относительных фазовых проницаемостей $k_t(s)$ и функции Леверетта J(s), определяющих процесс двухфазной фильтрации. В гидродинамических расчетах используют эмпирические зависимости значений относительной фазовой проницаемости от насыщенности, полученные из экспериментальных данных.

Рассмотрим функцию f(s), называемую функцией распределения потоков фаз или функцией Бакли—Леверетта (или обводненность, фракционирование потока). При этом

$$f(s)=\frac{v_в}{v_в+v_н}=\frac{k_в(s)}{k_в(s)+\dfrac{\mu_в}{\mu_н}k_н(s)}=\frac{1}{1+\dfrac{\mu_в}{\mu_н}\dfrac{k_н(s)}{k_в(s)}}=\frac{1}{1+M},\ (1)$$

$$\text{или } f(s) = v_в / v(t),\ (2)$$

где $\dfrac{\mu_в / k_в(s)}{\mu_н / k_н(s)} = M$ — коэффициент подвижности;

s — водонасыщенность; $v(t) = v_в + v_н$.

Как видно из (1), функция f(s) полностью определяется относительными фазовыми проницаемостями $k_в$ и $k_н$. Введенная функция насыщенности f(s) имеет простой физический смысл. Из (2) следует, что f(s), представляющая отношение скорости фильтрации (или расхода) вытесняющей фазы (воды) и суммарной скорости v (или расхода Q), равна объемной доле воды в суммарном потоке двух фаз.

Функция f(s) играет важную роль при гидродинамических расчетах двухфазных потоков, определяет полноту вытеснения и характер распределения насыщенности по пласту, как и J(s) [1,606; 2,416; 3,287].

Задача повышения нефте- и газоконденсатоотдачи в значительной степени сводится к применению таких воздействий на пласт, которые в конечном счете изменяют вид f(s) в направлении увеличения полноты вытеснения.

Представление эмпирических зависимостей значений относительной фазовой проницаемости от насыщенности (рис. 1) в виде аналитических функций, аппроксимируемых квадратичной параболой, часто используются в практических расчетах. Но такая функция является только вогнутой и не учитывает выпуклости в верхних частях кривых относительных проницаемостей.

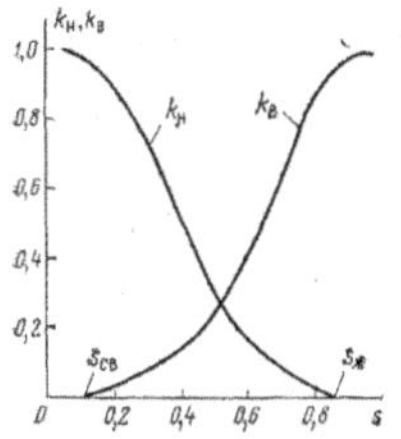

Рис. 1. Графики зависимости $k_н$ и $k_в$ от s.

Для учета таких особенностей поведения $k_в$ и $k_н$ (рис. 1) используем дифференциальное уравнение второго порядка в виде

$$\frac{d^2k_в(s)}{ds^2} = \alpha_в(s_{кв} - s), \ (3)$$

$$\frac{d^2k_н(s)}{ds^2} = -\alpha_н(s_{кн} - s), \ (4)$$

где $\alpha_в$ и $\alpha_н$ — коэффициенты, $s_{кв}$ и $s_{кн}$ — критические значения водонасыщенности для $k_в$ и $k_н$ соответственно.

Так как уравнения (3) и (4) отличаются только знаками, то рассмотрим решение уравнения (3), а второе получается аналогично.

При $s < s_{кв}$ вторая производная положительна и функция $k_в(s)$ будет вогнутой, а при $s > s_{кв}$ вторая производная отрицательна и $k_в(s)$ — выпуклая. При $s = s_{кв}$ вторая производная в (3) равна нулю и в точке $(s_{кв};k_{кв})$ наблюдается перегиб, где $k_{кв} = k_в(s_{кв})$.

В результате интегрирования получаем

$$\frac{dk_в(s)}{ds} = \alpha_в\left(s_{кв}s - \frac{1}{2}s^2\right) + c_1, \ (5)$$

$$k_в(s) = \alpha_в\left(\frac{s_{кв}}{2}s^2 - \frac{1}{6}s^3\right) + c_1 \cdot s + c_2, \ (6)$$

где c_1 и c_2 — постоянные интегрирования.

Для упрощения записи решение (6) перепишем как

$$k_в(s) = A + B \cdot s + C \cdot s^2 - D \cdot s^3, \ (7)$$

где $A = c_2$, $B = c_1$, $C = (\alpha_в \cdot s_{кв})/2$ и $D = \alpha_в/6$. Это кубическая парабола содержит четыре неизвестных — A, B, C и D.

Значения этих неизвестных можно найти из системы четырех уравнений с постоянными коэффициентами по экспериментальным данным зависимости фазовых проницаемостей от водонасыщености. Например, по представленным данным в [3] графики относительных проницаемости по керосину и воде, построенные Левереттом (рис. 2), найдены коэффициенты A, B, C и D в системе уравнений (8) и проведены тренды рис. 3. Сплошным темным треугольником обозначены экспериментальные данные, светлым треугольником — расчетные

$$\begin{cases} k_{в1} = k_в(s_1) = A + B \cdot s_1 + C \cdot s_1^2 - D \cdot s_1^3 \\ k_{в2} = k_в(s_2) = A + B \cdot s_2 + C \cdot s_2^2 - D \cdot s_2^3 \\ k_{в3} = k_в(s_3) = A + B \cdot s_3 + C \cdot s_3^2 - D \cdot s_3^3 \\ k_{в4} = k_в(s_4) = A + B \cdot s_4 + C \cdot s_4^2 - D \cdot s_4^3 \end{cases}, \quad (8)$$

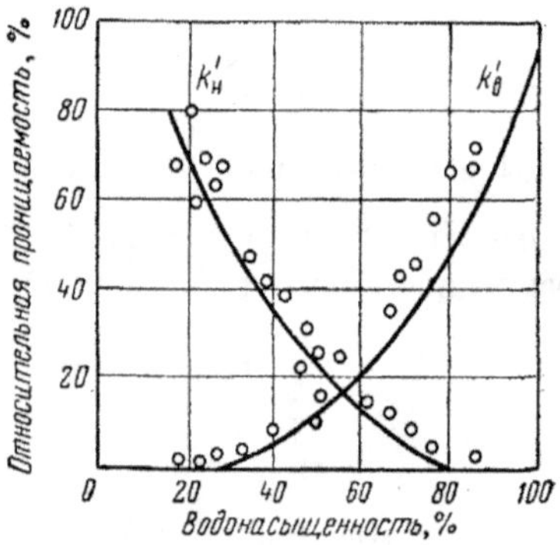

Рис. 2. Зависимость относительных проницаемостей $k_н' = k_н/k$ и $k_в' = k_в/k$ от водонасыщенности порового пространства.

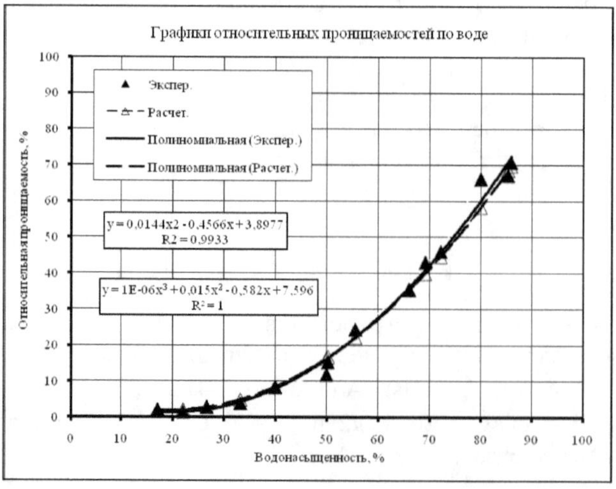

Рис. 3. Зависимость относительных проницаемостей $k_в' = k_в/k$ от водонасыщенности экспериментальные и расчетные.

Из системы (8) найдем методом Гаусса

$$D = \frac{\frac{k_3 - k_1}{(s_3 - s_1)(s_3 - s_2)} - \frac{k_4 - k_1}{(s_4 - s_1)(s_4 - s_2)} - \frac{(k_2 - k_1)(s_4 - s_3)}{(s_3 - s_1)(s_3 - s_2)}}{s_4 + s_3 + 2 \cdot s_2 + 2 \cdot s_1},$$

$$C = \frac{k_3 - k_1}{(s_3 - s_1)(s_3 - s_2)} - \frac{k_2 - k_1}{(s_2 - s_1)(s_3 - s_2)} + D(s_1 + s_2 + s_3), \quad (9)$$

$$B = \frac{k_2 - k_1}{s_2 - s_1} - C(s_1 + s_2) + D(s_1^2 + s_1 s_2 + s_2^2),$$

$$A = k_1 - Bs_1 - Cs_1^2 + Ds_1^3.$$

При сопоставлении графиков на рис. 1 и 2 можно заметить отличия при малой и больших водонасыщенностях. На первом граничные значения гладкие, на втором — неопределенно. Если брать во внимание то, что должны удовлетворяться граничные условия, т.е. рис. 1, тогда при решении уравнения (7) должны положить:

$$\frac{dk_в(s_{св})}{ds} \equiv B + 2C \cdot s_{св} - 3D \cdot s_{св}^2 = \frac{dk_в(1)}{ds} \equiv B + 2C \cdot 1 - 3D \cdot 1^2 = 0, \quad (10)$$

$$k_в(s_{св}) \equiv A + B \cdot s_{св} + C \cdot s_{св}^2 - D \cdot s_{св}^3 = 0, \quad (11)$$

$$k_в(1) \equiv A + B \cdot 1 + C \cdot 1^2 - D \cdot 1^3 = k_2, \; k_2 < 1. \quad (12)$$

Решив систему четырех уравнений (10), (11) и (12), получим:

$$D = \frac{2k_2}{(1 - s_{св})^3}; \quad C = \frac{3(1 + s_{св})}{2} D; \quad B = 3D - 2C; \quad A = \frac{(3 - s_{св})s_{св}^2}{2} D. \quad (13)$$

Варьируя параметрами k_2 и $s_{св}$, можем подобрать (методом наименьших квадратов) функцию (7) наиболее подходящую для описания экспериментальных данных. По данным рис. 3 проведена такая процедура, из которой следует что $s_{св}$ = 0,296 и k_2 = 0, 76, а коэффициенты — A = 0,516043; B = - 3,86846; C = 8,4688; D = 4,356379. Следовательно, $\alpha_в = 6 \cdot D$ = 26,138274; $s_{кв} = (2 \cdot C)/\alpha_в$ = 0,648; c_1= B и c_2 = A.

Уравнения (10) учитывают, что при $s = s_{св}$ и $s = 1$ относительные проницаемости имеют экстремальные значения. Сопоставление данных эксперимента (рис. 2) и расчетных данных с учетом граничных условий показывает достаточно хорошее согласие (рис.4).

Характерная полная расчетная кривая относительной проницаемости по воде в диапазоне $s \in [0;1]$ изображена на рис. 5. Положительная ветвь в интервале от 0 до $s_{св}$ является дополнительным решением, не имеющим физического смысла и полагается равным нулю, как показано на рис.4.

Аналогичные выкладки можно провести для относительной проницаемости по нефти (4). Тогда интегрируя, получим

$$\frac{dk_н(s)}{ds} = \alpha_н\left(\frac{1}{2}s^2 - s_{кн}s\right) + c_1,\ (14)$$

$$k_н(s) = \alpha_н\left(\frac{1}{6}s^3 - \frac{s_{кн}}{2}s^2\right) + c_1 \cdot s + c_2.\ (15)$$

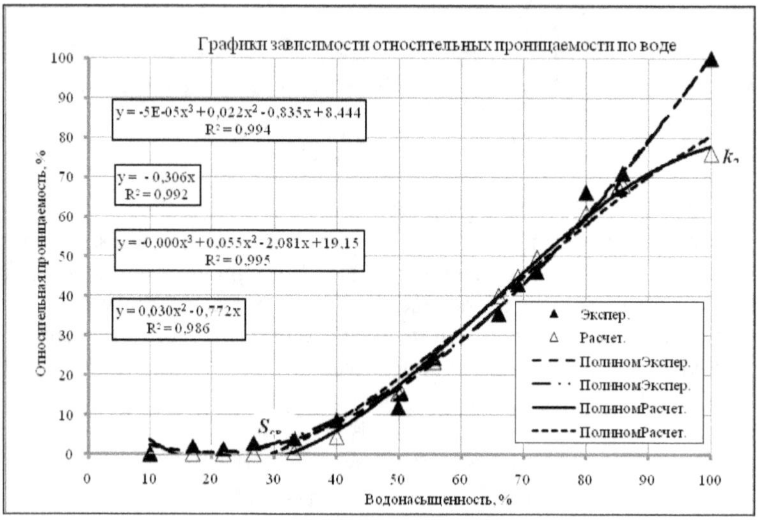

Рис. 4. Сопоставление экспериментальных и расчетных данных относительных проницаемостей по воде.

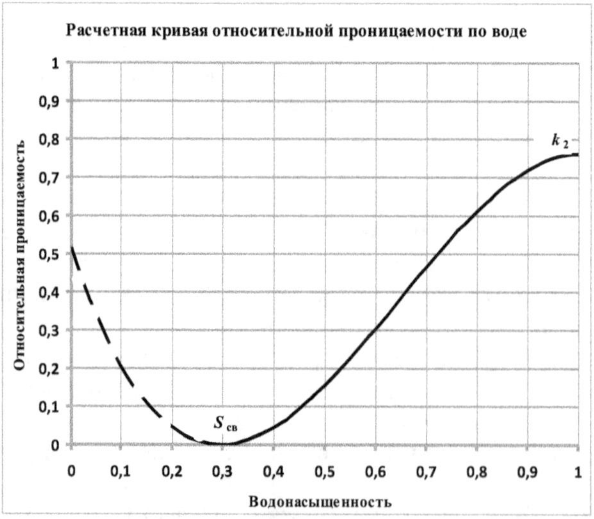

Рис. 5. Расчетная зависимость относительной проницаемости по воде.

Перепишем последнее уравнение в виде

$$k_н(s) = A + B \cdot s - C \cdot s^2 + D \cdot s^3, \quad (16)$$

где $A = c_2$, $B = c_1$, $C = (\alpha_н \cdot s_{кн})/2$ и $D = \alpha_н/6$.

Используя соответствующие граничные условия, получим систему

$$\begin{cases} k_н(s_1) = A + B \cdot s_{он} - C \cdot s_{он}^2 + D \cdot s_{он}^3 = k_{н1} \\ k_н(s_{он}) = A + B \cdot s_{он} - C \cdot s_{он}^2 + D \cdot s_{он}^3 = 0 \\ \dfrac{dk_н(s_1)}{ds} = B - 2C \cdot s_1 + 3D \cdot s_1^2 = 0 \\ \dfrac{dk_н(s_{он})}{ds} = B - 2C \cdot s_{он} + 3D \cdot s_{он}^2 = 0 \end{cases}, \quad (17)$$

которая дает следующие коэффициенты:

$$A = -B \cdot s_{он} + C \cdot s_{он}^2 - D \cdot s_{он}^3; \quad B = 2C \cdot s_1 + 3D \cdot s_1^2;$$
$$C = \frac{3}{2}(s_1 + s_{он})D; \quad D = \frac{2k_1}{(s_{он} - s_1)^3} \quad (18)$$

При выборе значений относительных фазовых проницаемостей учитывалось то, что $k_в$ и $k_н$ меньше единицы и их максимальные значения k_2 и k_1, т.е. фазовые проницаемости меньше абсолютной проницаемости.

На рис.6 представлены результаты экспериментальных и расчетных кривых без учета дополнительных значений, т.е. при $s > s_{он}$ полагаем $k_н = 0$.

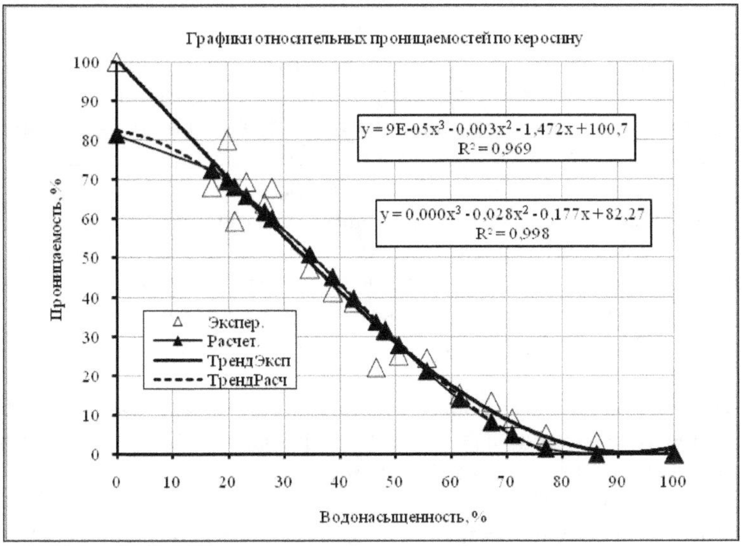

Рис. 6. Сопоставление экспериментальных и расчетных данных относительных проницаемостей по керосину.

Численные значения коэффициентов равны A = 0,813; B = 0; C =3,5065 и D = 2,803, из которых следует что $\alpha = 16{,}818$; $s_{кн} = 0{,}417$ и $k_н = 0{,}4065$.

В результате таких расчетов получаем кривые относительных фазовых проницаемостей и их суммы, представленные на рис. 7.

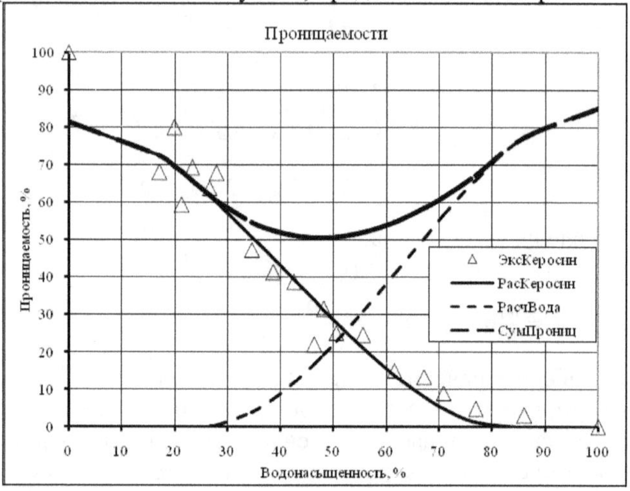

Рис. 7. Совместные графики зависимости расчетных относительных проницаемостей и их суммы от водонасыщенности.

Имеются данные, согласно которым кривые зависимости относительных фазовых проницаемостей от насыщенности с использованием ПАВ указывают на возможность получения относительных фазовых проницаемостей, превышающих единицу, при определенных условиях смачиваемости на границе порода жидкость. Этот эффект объясняют уменьшением фильтрационного сопротивления в двухфазном потоке (по сравнению с однофазным) образованием кольцевой области течения. Когда вода с добавками ПАВ движется в виде пленки по стенкам поровых каналов, а несмачивающая фаза (масло) перемещается в центре канала (скользит по пленке, как по «смазке»). Аналогичные явления замечены в экспериментах по фильтрации газоконденсатных смесей [4,192].

Данные об относительных проницаемостях обычно получают при лабораторных исследованиях кернов. Однако конкретные данные могут отсутствовать, и в этом случае используют различные приближенные формулы, зависящие от процессов, происходящих в пласте. Одни формулы используются для пропитки, другие для дренирования. Имеются также модифицированные уравнения для вытесняющей и вытесняемой фаз, но, несмотря на то, что имеются аппроксимации кубическими полиномами, они являются только вогнутыми.

Таким образом, уравнения (7) и (16) с соответствующими коэффициентами в виде (13) и (18) можем использовать при описании непоршневого вытеснения нефти водой (метод Бакли—Леверетта), которые позволяют не только интерполировать, но и экстраполировать экспериментальные данные относительных фазовых проницаемостей. Эти уравнения удовлетворяют граничным условиям, что особенно важно при моделировании и теоретических исследованиях, связанных с воздействием на продуктивные пласты. Использование аппроксимаций, предложенных в работе, позволит точнее построить гидродинамическую модель и оценить эффективность непоршневого вытеснения нефти растворами поверхностно-активных веществ и процессов заводнения. В результате повысится качество проектной документации по разработке месторождений и, соответственно, их нефтеотдача.

Литература

1. Маскет М. Физические основы технологии добычи нефти. — Москва-Ижевск: Институт компьютерных исследований, 2004.
2. Басниев К. С, Кочина И. Н., Максимов В. М. Подземная гидромеханика: Учебник для вузов. — М.: Недра, 1993.
3. Котяхов Ф. И. Физика нефтяных и газовых коллекторов. М., Недра, 1977.
4. Мирзаджанзаде А.Х., Ахметов И.М., Ковалев А.Г., Физика нефтяного и газового пласта. — Москва-Ижевск: Институт компьютерных исследований, 2005.

Грачев С.И. доктор техн. наук, профессор. grachevsi@mail.ru
Хайруллин А.А. кандидат физ.-мат. наук
Хайруллин Аз.А. аспирант

ТРАНСФОРМАЦИЯ МОДЕЛИ БАКЛИ-ЛЕВЕРЕТТА В МОДЕЛЬ ТИПА РАППОПОРТА-ЛИСА

При рассмотрении процесса вытеснения нефти водой с применением модели Бакли—Леверетта имеется скачек насыщенности на фронте вытесняющей жидкости, который связывают с гиперболической зависимостью насыщенности. Кроме того, появляется неоднозначность при определенной водонасыщенности — имеются две скорости вытеснения при одной и той же водонасыщенности.

Согласно работе [1,488], из профиля насыщенности (рис. 1) видно, что для любого значения x насыщенность становится неоднозначной (имеет три различных значения). Здесь s_0 – начальная водонасыщенность, s_* – «остаточная» водонасыщенность (связанная вода), $s^* = 1 - s_{\text{но}}$ – предельная водонасыщенность, где $s_{\text{но}}$ – остаточная нефтенасыщенность.

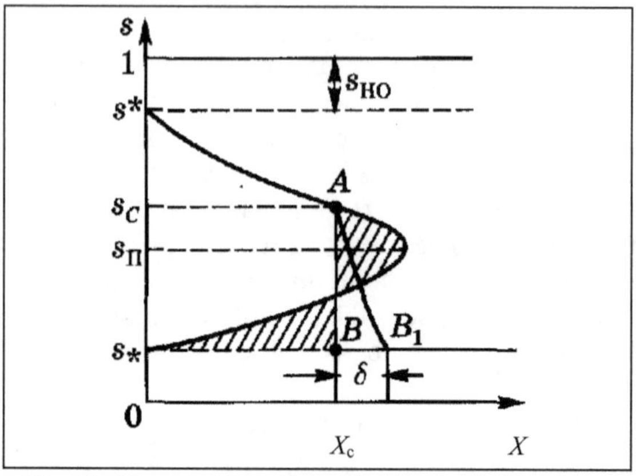

Рис. 1. Схематичный профиль насыщенности

Данная неоднозначность делает невозможной, начиная с этого момента времени, непосредственное применение известного уравнения (1)

$$x(s) = \frac{w}{m} f'(s) \cdot t + x_0, \ (1)$$

где w – скорость фильтрации; m – коэффициент пористости;

f' - производная функции Бакли-Леверетта; t – время.

Для устранения неоднозначности используют различные скачки водонасыщенности и уравнение материального баланса.

Классические модели двухфазной фильтрации, как модели Бакли-Леверетта и Раппопорта-Лиса предполагают зависимость функций фазовых проницаемостей и капиллярного давления только от насыщенности.

Модель Раппопорта-Лиса отличается учетом капиллярного «скачка» давления P_k, которое задается в виде эмпирической функции насыщенности:

$$P_н - P_в = P_k(S) = \alpha_n \cdot \cos\theta \cdot \sqrt{\frac{m}{K}} \cdot J(S), \ (2)$$

где α_n – коэффициент межфазного поверхностного натяжения; θ - статический краевой угол смачивания между жидкостью и породой; $J(S)$ – безразмерная функция Леверетта.

Капиллярные силы оказывают заметное влияние на процесс вытеснения только при малых размерах области фильтрации и низких скоростях движения жидкостей (рис. 2).

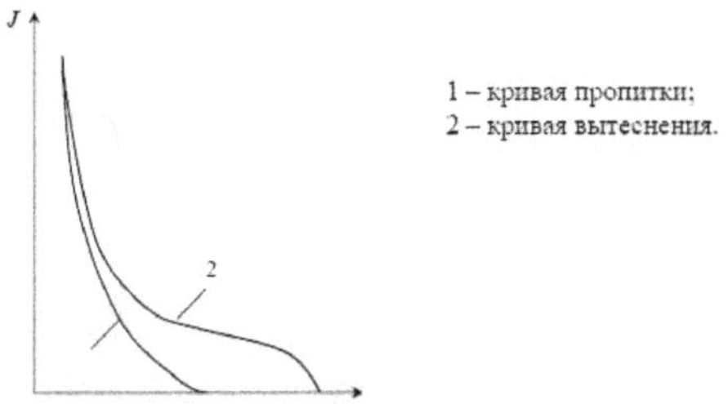

Рис. 2. Изменение функции Леверетта по оси насыщенности

Действие капиллярных сил проявляется в основном вблизи фронта вытеснения, где градиенты насыщенности велики. Эти силы приводят к «размазыванию» фронта вытеснения нефти водой, поэтому при учете капиллярных сил «скачок» насыщенности в модели Раппопорта-Лиса отсутствует, и насыщенность изменяется непрерывно (рис. 3). Распределение насыщенности в стабилизированной зоне соответствует кривой (1) на графике $S(x)$, и, следовательно, не зависит от времени в системе координат ξ (безразмерные независимые переменные: $\xi = \frac{x}{L}$, $\tau = \frac{Vt}{mL}$)

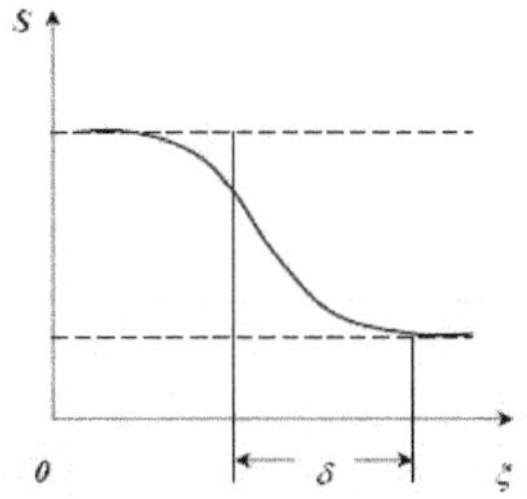

Рис. 3. Стационарное распределение насыщенности.

Таким образом, функция распределения насыщенности, близкой к реальной, должна иметь вид представленной на рис. 3.

Рассмотрим уравнение (1) и рис. 1, на котором $s_П$ точка перегиба функции Бакли-Леверетта f(s), а производная $f'(s_П)$ – имеет максимальное значение, соответственно, вторая производная меняет знак. Учитывая то, что водонасыщенность зависит от координаты x и времени t, т.е. s(x,t), фиксируя время, мы получаем распределение водонасыщености $s(x,t_0)$ или x = x(s):

$$x(s) = \frac{w}{m} f'(s) \cdot t_0, \quad (3)$$

Имея производную функции Бакли—Леверетта f'(s) (рис.4. а), путем поворота ее на 90^0 вправо и отразив снизу вверх, получим зависимость x = x(s) (рис.4. б), причем x с точностью до постоянного множителя совпадает с f'(s).

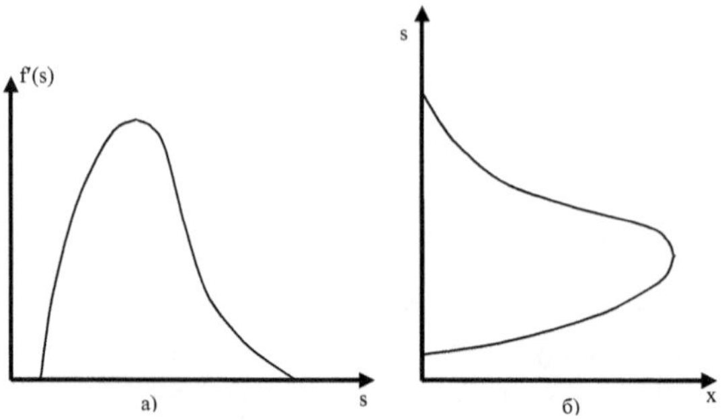

Рис. 4. Сопоставление f'(s) и профиля водонасыщенности.

Положение координаты зависит x(s) зависит от скорости изменения f'(s). В начале оси координат полагаем равным s^*, а на границе вытеснения — s_*. По аналогии с кинематикой в этом случае, параметр s соответствует времени, а движение происходит с переменной скоростью. Вначале скорость растет, достигает максимального значения, затем уменьшается до нуля. Тогда зная полное время движения, можем сказать, что на расстоянии x скорость равнялась v(x), а скорости соответствует f'(s). Схематично это можно представить так (рис. 5):

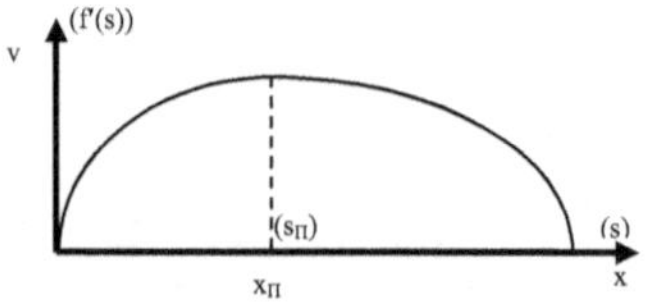

Рис. 5. Аналогия кинематики и распределения водонасыщенности.

Аналогично можно поступить при построении распределения водонасыщенности в приведенных величинах. Верхняя половина ветви остается тем же самым, а нижняя ветвь отображается симметрично координаты $x_п$ (слева на право) рис. 6. В этом случае неоднозначность типа рис. 1 исчезает.

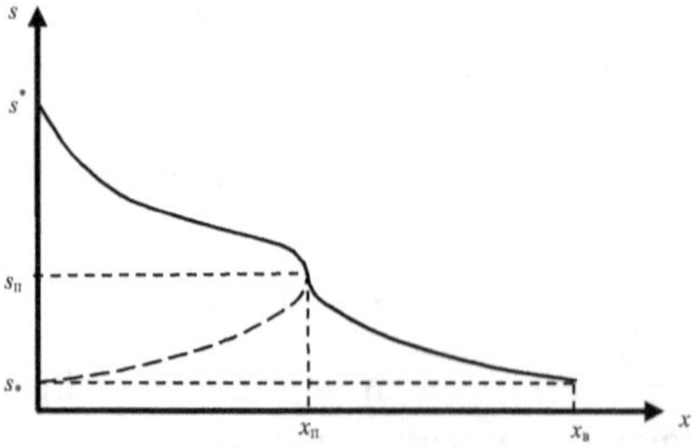

Рис. 6. Схема модифицированного распределения водонасыщенности.

В интервале $s \in [s_*, s_п]$ имеем распределение в гидрофобной (или близкой к гидрофобной) зоне, а при $s \in [s_п, s^*]$ — гидрофильной.

В работе [2,37] предложена аппроксимация относительных фазовых проницаемостей, учитывающая их основные характеристики. По этим данным построена функция Бакли-Леверетта и её производная (рис. 7) для относительной вязкости $\mu_0 \equiv \mu_в/\mu_н = 0{,}5$.

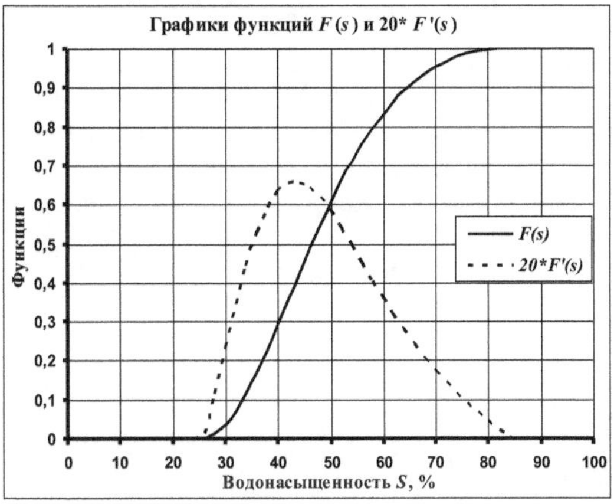

Рис. 7. Функция Бакли–Леверетта и её производная.

В такой интерпретации метод Бакли–Леверетта позволяет избежать скачка водонасыщенности и имеет характер поведения аналогичный методу Раппорта–Лиса (рис. 8). При этом отпадает решение уравнения в частных производных с учетом функции Леверетта $J(S)$ (2).

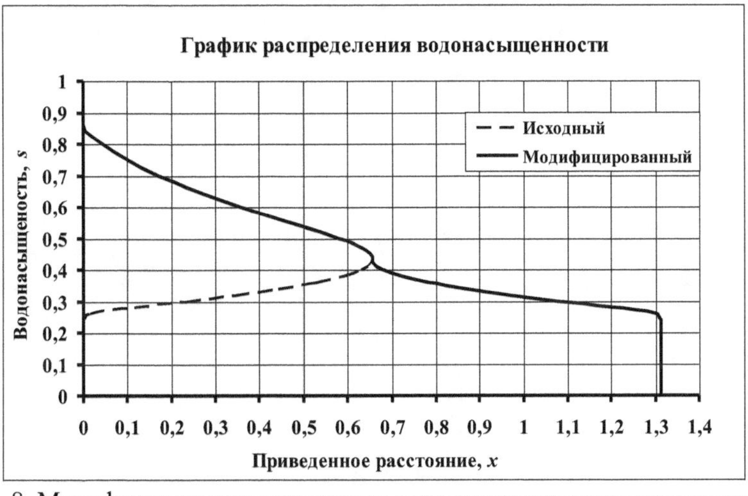

Рис. 8. Модифицированное численное распределение водонасыщенности.

При использовании модифицированного метода Бакли–Леверетта, как и вида (1), необходимо учитывать, что s = s(x,t) и приведенные значения могут относиться как времени, так и координате.

Таким образом, предложенный метод позволит более точно и корректнее описывать процессы вытеснения одной жидкости другой.

Литература

1. Басниев К.С., Дмитриев Н.М., Каневская Р.Д., Максимов В.М. Подземная гидромеханика. – М.-Ижевск: Институт компьютерных исследований, 2006.

2. Грачев С.И., Хайруллин А.А., Хайруллин Аз.А. Аппроксимация относительных фазовых проницаемостей кубической параболой. – Известия вузов «Нефть и газ», №2, 2012.

УДК 62-52

Елисеев С.В.
д.т.н., профессор, директор НОЦ современных технологий,
системного анализа и моделирования Иркутского государственного
университета путей сообщения
eliseev_s@inbox.ru
Паршута Е.А.
соискатель Иркутского государственного
университета путей сообщения
Большаков Р.С.
аспирант Иркутского государственного
университета путей сообщения

ОСОБЕННОСТИ ВИБРОЗАЩИТНОЙ СИСТЕМЫ С ОБЪЕКТОМ ЗАЩИТЫ В ВИДЕ ТВЕРДОГО ТЕЛА. ДИНАМИЧЕСКИЕ РЕАКЦИИ

Предложен метод определения динамических реакций в механических колебательных системах с твердым телом. В основе подхода положены представления о возможности построения структурной схемы эквивалентной в динамическом отношении системы автоматического управления. Показано, что путем преобразований структурной схемы может быть выделена цепь обратной связи относительно рассматриваемого объекта, которая и представляет собой динамическую реакцию. Проведен сравнительный анализ на основе нескольких подходов в получении результатов. Показаны особенности метода при определении динамических реакций в точках твердого тела, контактирующих с упругими элементами системы.

Ключевые слова: метод определения динамических реакций, механические колебательные системы, реакции твердого тела на упругих опорах, структурные интерпретации механических колебательных систем.

Eliseev S.V., Parshuta E.A., Bolshakov R.S.

VIBROPROTECTION SYSTEM FEATURES WITH PROTECTION OBJECT IN VIEW RIGID BODY. DYNAMICAL RESPONSE

The method of definition of dynamical reactions in mechanical oscillation systems with rigid body is offered. Understandings about possibilities of creature of structural analogy schemes in relations with systems of automatic feedback control are used. Transformations of structural schemes for selection of chain of feed-back ties in accordance in examination of object are shown. Such ties represent the dynamical reactions which are looked. Compare analysis with using several approaches are made. Peculiarities of method of definition of dynamical reactions in contacts of rigid body with elastic elements of mechanical oscillation systems are shown.

Key words: method of definition of dynamical reactions, the reactions of rigid body on elastic support, structural transformations of mechanical oscillation systems.

Введение. В теории виброзащиты технических объектов большое распространение получили математические модели, учитывающие инерционные свойства объекта защиты, как твердого тела, обладающего двумя степенями свободы [1]. В таких системах описание движения связано с использованием нескольких систем координат, отражающих каждая специфику динамических взаимодействий элементов. Структурные подходы в исследовании динамики систем с твердыми телами позволяют отметить существенное значение, привносимое рычажными связями в формировании динамического состояния объекта защиты с учетом особого характера связей между парциальными системами. Такие связи называются инерционными и в передаточных функциях межпарциальных связей содержат типовые элементы (или звенья) дифференцирования 2-го порядка [5]. При всей изученности динамических процессов упомянутых систем практически не освещался вопрос об определении динамических реакций, возникающих в местах присоединения к объекту защиты элементов виброзащитной системы, в том числе элементов из расширенного набора звеньев, а также в точках контакта элементов с опорными поверхностями.

В предлагаемой статье рассматриваются методологические основы построения математических моделей виброзащитных систем с твердыми телами, используемых для определения динамических реакций.

I. Общие положения. Постановка задачи исследования. Рассматриваемая система (Рис.1а, б) состоит из твердого тела массой M, имеющего момент инерции относительно центра тяжести I и опирающегося на упругие элементы с жесткостями k_1 и k_2. Система совершает малые колебания относительно положения статического равновесия, силы сопротивления считаются малыми. Внешние возмущения представлены гармоническими силами Q_1 и Q_2, которые приложены по местам крепления упругих элементов, определяемых координатами y_1, y_2, а также кинематическими возмущениями от основания z_1 и z_2. Положение центра тяжести определяется расстояниями l_1 и l_2. Точки контактов упругих элементов обозначены соответственно для k_1 – через A_1 и B_1, а для k_2 – через A_2 и B_2. Координаты центра тяжести и поворота твердого тела обозначены y и φ.

Полагая, что кинетическая и потенциальная энергии системы могут быть записаны в виде

$$T = \frac{1}{2}M\dot{y}^2 + \frac{1}{2}I\dot{\varphi}^2, \qquad (1)$$

$$П = \frac{1}{2}k_1(y_1 - z_1)^2 + \frac{1}{2}k_2(y_2 - z_2)^2, \qquad (2)$$

запишем дифференциальные уравнения движения в системах координат y_1, y_2 (при $z_1 \neq 0, z_2 \neq 0, Q_1 = 0, Q_2 = 0$); используя соотношения $y = ay_1 + by_2$, $\varphi = c(y_2 - y_1)$:

$$\ddot{y}_1(Ma^2 + Ic^2) + k_1 y_1 + \ddot{y}_2(Mab - Ic^2) = k_1 z_1, \qquad (3)$$

$$\ddot{y}_2(Mb^2 + Ic^2) + k_2 y_2 + \ddot{y}_1(Mab - Ic^2) = k_2 z_2, \qquad (4)$$

где $a = \frac{l_2}{l_1 + l_2}$, $b = \frac{l_1}{l_1 + l_2}$, $c = \frac{1}{l_1 + l_2}$.

Расчетная и структурная схемы системы представлены соответственно на рис. 1а, б. Передаточные функции системы при входном воздействии $z_1(t)$ (гармоническая функция), при $z_2 = 0$, $Q_1 = 0, Q_2 = 0$ по координатам y_1 и y_2 могут быть записаны

$$W_1(p) = \frac{\bar{y}_1}{k_1\bar{z}_1} = \frac{[(Mb^2 + Ic^2)p^2 + k_2]}{A_0}, \qquad (5)$$

$$W_2(p) = \frac{\bar{y}_2}{k_1\bar{z}_1} = \frac{(Ic^2 - Mab)p^2}{A_0}; \qquad (6)$$

где $A_0 = [(Ma^2 + Ic^2)p^2 + k_1][(Mb^2 + Ic^2)p^2 + k_2] - [(Ic^2 - Mab)p^2]^2$ – (7)
характеристическое уравнение. Передаточная функция, в общем случае, содержит достаточную информацию для оценки параметров динамического состояния. Вопрос состоит в том, каким образом может быть использован аппарат структурных интерпретаций, основанных на преобразованиях Лапласа для определения динамических реакций в виброзащитной системе при ее взаимодействии с окружением. Отметим, что при получении передаточных функций (5), (6) использованы преобразования Лапласа ($p = j\omega$ – комплексная переменная) [5].

Задача исследования заключается в разработке метода определения динамических реакций, возникающих в точках взаимодействия с объектом защиты (т.т. B_1, B_2) упругих элементов, а также между упругими элементами и опорными поверхностями (т.т. A_1 и A_2).

II. Оценка динамических свойств. Преобразуем передаточную функцию (5) к виду:

$$W_1(p) = \frac{\bar{y}_1}{k_1\bar{z}_1} = \frac{1}{[(Ma^2 + Ic^2)p^2 + k_1]} - \frac{[(Ic^2 - Mab)p^2]^2}{(Mb^2 + Ic^2)p^2 + k_2} \qquad (8)$$

а) б)

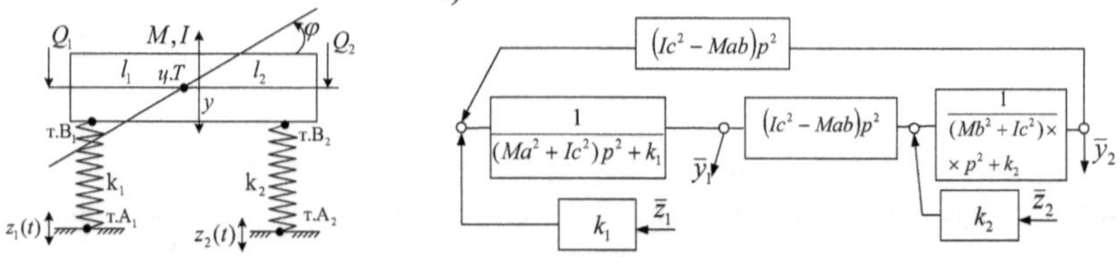

Рис. 1. Расчетная (а) и структурная (б) схемы виброзащитной системы с объектом защиты в виде твердого тела

Используя (8), можно построить структурную схему, как показано на рис. 2а, которая затем преобразуется в схему на рис. 2б.

Структурная схема на рис. 2б содержит обратную отрицательную связь, что, в физическом смысле, можно рассматривать как некоторую пружину, называемую в [6] обобщенной.

а) б)

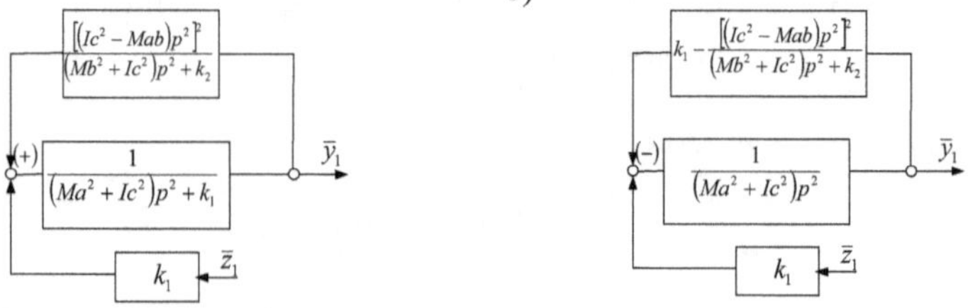

Рис. 2. Структурная схема, соответствующая расчетной схеме на рис. 1: а) обратная связь положительная; б) обратная связь отрицательная

Приведенная жесткость k_{np_1} обобщенной пружины может быть найдена с учетом (8) в виде:

$$k_{np_1}(p)=\frac{k_1\left[\left(Mb^2+Ic^2\right)p^2+k_2\right]-\left[\left(Ic^2-Mab\right)p^2\right]^2}{\left(Mb^2+Ic^2\right)p^2+k_2}. \qquad (9)$$

Из числителя (9) можно построить частотное уравнение:

$$-p^4\left(Ic^2-Mab\right)^2+k_1\left(Mb^2+Ic^2\right)p^2+k_1k_2=0 \qquad (10)$$

или

$$-p^4+p^2\frac{k_1\left(Mb^2+Ic^2\right)}{\left(Ic^2-Mab\right)^2}+\frac{k_1k_2}{\left(Ic^2-Mab\right)^2}=0. \qquad (10')$$

Введем $p=j\omega$, тогда (10') преобразуется к виду:

$$\left(\omega^2\right)^2+\frac{k_1\left(Mb^2+Ic^2\right)}{\left(Ic^2-Mab\right)^2}\omega^2-\frac{k_1k_2}{\left(Ic^2-Mab\right)^2}=0, \qquad (11)$$

откуда

$$\omega_{1,2}^2=\frac{k_1\left(Mb^2+Ic^2\right)}{2\left(Ic^2-Mab\right)^2}\pm\sqrt{\frac{k_1^2\left(Mb^2+Ic^2\right)^2+4\left(Ic^2-Mab\right)^2k_1k_2}{4\left(Ic^2-Mab\right)}} \qquad (12)$$

Из решения (11) следует, что числитель (9) будет иметь, как минимум, одну частоту, на которой $k_{np_1}=0$. Это значит, что звено с передаточной функцией $\frac{1}{(Ma^2+Ic^2)p^2}$ (Рис. 2а) может образовать цепь из последовательно соединенных элементов k_1 и $\frac{1}{(Ma^2+Ic^2)p^2}$, что формирует передаточную функцию вида:

$$W_1^*(p)=\frac{\bar{y}_1}{k_1\bar{z}}=\frac{1}{(Ma^2+Ic^2)p^2}, \qquad (12')$$

отражающую на частоте, определяемой по формуле (12), движение частного вида по координате $\bar{y}_1$. Если смещение точки B_1 принять в виде $\bar{y}_1=W_1(p)\bar{z}_1$, то динамическая реакция в точке A_1 определится по формуле

$$\bar{R}_{A_1}(p)=\frac{\left[(Mb^2+Ic^2)p^2+k_2\right]k_1\cdot k_1\bar{z}_1}{A_0}. \qquad (13)$$

Упругий элемент k_1 (пружина) в данном случае может рассматриваться как виброзащитное устройство (ВЗУ), не содержащее инерционных элементов (по определению). Отметим, что в данной схеме кинематическое воздействие $\bar{z}_1$ с учетом коэффициента жесткости пружины k_1 образует внешнее воздействие, эквивалентное силовому возмущению, равному $k_1\bar{z}_1$. То есть при определенных условиях кинематическое возмущение из т.A_1 может быть перемещено в т. B_1 с учетом параметра жесткости k_1. Такая постановка вопроса получила, в частности, достаточно детальное отражение в работе [5]. В свою очередь, зная $\bar{R}_{A_1}$ и $\bar{z}_1$, можно ввести в рассмотрение передаточную функцию при входном сигнале в виде «силового фактора» $k_1\bar{z}_1$ и выходном сигнале в виде реакции $\bar{R}_{A_1}$, тогда

$$\bar{W}_{R_{A_1}}(p)=\frac{\bar{R}_{A_1}}{k_1\bar{z}_1}=\frac{\left[(Mb^2+Ic^2)p^2+k_2\right]k_1}{A_0}. \qquad (14)$$

Из (14) следует, что динамическая реакция в т. A_1 дважды будет достигать максимума, поскольку из характеристического уравнения $A_0=0$ (7) можно найти две частоты резонанса. Кроме того, при частоте динамического гашения колебаний по координате $\bar{y}_1$

$$\omega_{дин}^2=\frac{k_2}{(Mb^2+Ic^2)} \qquad (15)$$

возможен режим, при котором динамическая реакция будет равна нулю. При этом статическая компонента общей реакции имеет положительно значение. Такой режим называется режимом динамического гашения. То есть равенство динамической реакции нулю совпадает с режимом динамического гашения, при котором координата движения $\bar{y}_1$ становится неподвижной.

Если рассмотреть структурную схему на рис. 2б, то режим динамического гашения соответствует увеличению значения обратной отрицательной связи до ∞. Так как обратная связь (Рис. 2б) соответствует в физическом плане обобщенной пружине, то ее приведенная жесткость (ее можно называть и динамической жесткостью [1,5]) определится выражением (9).

При $k_{np_1} \to \infty$ формируется режим, который соответствует частоте из (15), тогда $y_1 \to 0$. Это вполне согласуется с правилами преобразования соединений звеньев с использованием обратной связи.

III. Динамическая реакция в контакте с объектом защиты. Поскольку найдено значение k_{np_1} через выражение (9), то можно определить реакцию в т. B_1:

$$\begin{aligned}\bar{R}_{B_1} &= k_{np_1}\bar{y}_1 = k_{np_1}\frac{\left[\left(Mb^2+Ic^2\right)p^2+k_2\right]}{A_0}\bar{z}_1 k_1 = \\ &= \frac{\left\{k_1\left[\left(Mb^2+Ic^2\right)p^2+k_2\right]-\left(Ic^2-Mab\right)^2p^4\right\}\bar{z}_1 k_1}{A_0}.\end{aligned} \tag{16}$$

Используя (16), можно определить передаточную функцию при входной силе $k_1 z_1$ и выходном сигнале в виде динамической реакции R_{B_1}:

$$W_{B_1}(p) = \frac{\bar{R}_{B_1}}{k_1\bar{z}_1} = \frac{k_1\left[\left(Mb^2+Ic^2\right)p^2+k_2\right]-\left(Ic^2-Mab\right)^2p^4}{A_0}. \tag{17}$$

При переходе к координате y_2 воспользуемся передаточной функцией (6) и найдем, что

$$W_2'(p) = \frac{\bar{y}_2}{k_1\bar{z}_1} = \frac{\dfrac{p^2\left(Ic^2-Mab\right)}{\left(Ma^2+Ic^2\right)p^2+k_1}}{\left[\left(Mb^2+Ic^2\right)p^2+k_2\right]-\dfrac{\left(Ic^2-Mab\right)^2p^4}{\left(Ma^2+Ic^2\right)p^2+k_1}}. \tag{18}$$

Структурная схема системы по передаточной функции (18) приведена на рис. 3а,б. Схемы отличаются структурами, точнее, отображением пружины k_2 в тех или иных цепях (k_2 может быть помещен в прямой или обратной цепи связи).

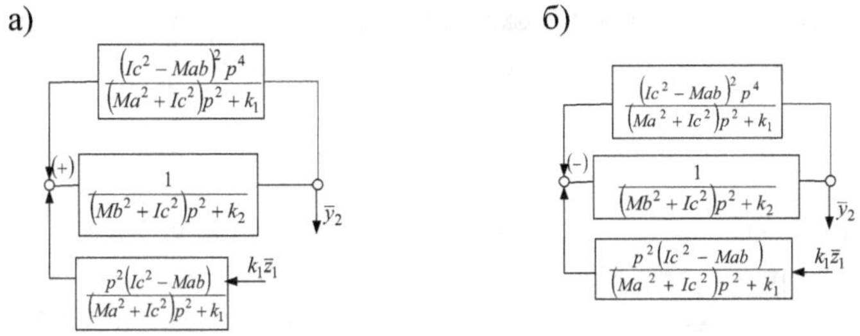

Рис. 3. Структурные схемы, соответствующие расчетной схеме на рис. 1: а) обратная положительная связь; б) обратная отрицательная связь

Используя структурную схему на рис. 3б, определим приведенную жесткость $k_{пр_2}$ упругого элемента (или обобщенной пружины):

$$k_{пр_2}(p)=\frac{k_2\left[(Ma^2+Ic^2)p^2+k_1\right]-\left[(Ic^2-Mab)^2\right]p^4}{(Ma^2+Ic^2)p^2+k_1}. \qquad (19)$$

Приведенная жесткость достигает больших значений на частоте

$$\omega^2_{дин_2}=\frac{k_1}{Ma^2+Ic^2}, \qquad (20)$$

что обеспечивает режим динамического гашения и $\bar{y}_2\to 0$. Вместе с тем, числитель (19) может рассматриваться как частотное уравнение

$$-p^4(Ic^2-Mab)^2+k_2(Ma^2+Ic^2)p^2+k_1k_2=0, \qquad (21)$$

корни которого при подстановке $p=j\omega$ принимают вид

$$\omega^2_{1,2}=\frac{k_2(Ma^2+Ic^2)}{2(Ic^2-Mab)^2}\pm\frac{\sqrt{k_2^2(Ma^2+Ic^2)^2+4k_1k_2(Ic^2-Mab)^2}}{2(Ic^2-Mab)^2} \qquad (22)$$

Один из корней уравнения (21), определяемый из (22), приводит $k_{пр_2}$ к нулевому значению. При этом система в целом становится по отношению к внешнему воздействию цепью, состоящей из последовательно соединенных звеньев, а передаточная функция такой цепи имеет вид:

$$W_2(p)_{посл}=\frac{\bar{y}_2}{k_1\bar{z}}==\frac{p^2(Ic^2-Mab)}{\left[(Ma^2+Ic^2)p^2+k_1\right]\cdot(Mb^2+Ic^2)p^2}, \qquad (23)$$

что отражает частные случаи динамических взаимодействий в системе на рис. 3б. Что касается входного силового воздействия в системе, структурная схема которого приведена на рис. 3б, то можно дать определение эквивалентной силы

$$\bar{Q}_{экв}=k_1\bar{z}_1\frac{p^2(Ic^2-Mab)^2}{(Ma^2+Ic^2)p^2+k_1}. \qquad (24)$$

Отметим, что силовое возмущение $\overline{Q}_{экв}$, будучи приложенным к координате $\overline{y}_2$, (то есть к элементу с массой $\left(Mb^2 + Ic^2\right)$), что позволяет получать частотные характеристики, что и сила $k_1\overline{z}$, приложенная к элементу с массой $\left(Ma^2 + Ic^2\right)$ (по координате $\overline{y}_1$).

Динамическая реакция в точке A_2 (контакт упругого элемента k_2 с опорной поверхностью) определяется

$$\overline{R}_{A_2}(p) = k_2\overline{y}_2 = k_2W_2(pk_1)\overline{z}_1 = \frac{k_2\left(Ic^2 - Mab\right)p^2k_1\overline{z}_1}{A_0}. \qquad (25)$$

При этом передаточная функция при входном воздействии k_1z_1 и выходном – $\overline{R}_{A_2}$ принимает вид:

$$W_{R_{A_2}}(p) = \frac{\overline{R}_{A_2}}{\overline{\overline{k_1z_1}}} = \frac{\left(Ic^2 - Mab\right)p^2k_2}{A_0}, \qquad (26)$$

В свою очередь, динамическая реакция $\overline{R}_{B_2}$, приложенная к объекту защиты в точке B_2, определяется

$$\overline{R}_{B_2} = k_{\text{пр}_2}\overline{y}_2 = \frac{\left\{k_2\left[\left(Ma^2 + Ic^2\right)p^2 + k_1\right] - \left(Ic^2 - Mab\right)^2 p^4\right\}\left(Ic^2 - Mab\right)p^2k_1\overline{z}_1}{\left[\left(Ma^2 + Ic^2\right)p^2 + k_1\right]A_0}. \qquad (27)$$

$$\overline{R}_{B_2} = \frac{k_2\left(Ic^2 - Mab\right)p^2}{A_0}k_1\overline{z}_1 - \frac{\left(Ic^2 - Mab\right)^2 p^4k_1\overline{z}_1\left(Ic^2 - Mab\right)p^2}{\left[\left(Ma^2 + Ic^2\right)p^2 + k_1\right]A_0}. \qquad (28)$$

Найдем передаточную функцию при «входе $k_1\overline{z}_1$ и выходе $\overline{R}_{B_2}$»:

$$W_{R_{B_2}}(p) = \frac{\overline{R}_{B_2}}{\overline{Q}_{2экв}} = \frac{k_2\left[\left(Ma^2 + Ic^2\right)p^2 + k_1\right] - \left(Ic^2 - Mab\right)^2 p^4}{A_0}; \qquad (29)$$

После ряда преобразований получим:

$$W_{R_{B_2}}(p) = \frac{\overline{R}_{B_2}}{k_1\overline{z}_1} = \frac{\left\{k_2\left[\left(Ma^2 + Ic^2\right)p^2 + k_1\right] - \left(Ic^2 - Mab\right)^2 p^4\right\}\left(Ic^2 - Mab\right)p^2}{A_0\left[\left(Ma^2 + Ic^2\right)p^2 + k_1\right]}. \qquad (29')$$

Интересным обстоятельством в выражении (29') является то, что при парциальной собственной частоте $\omega^2_{парц} = \dfrac{k_1}{Ma^2 + Ic^2}$ динамическая реакция $\overline{R}_{B_2}$ принимает бесконечно большое значение, поскольку $\overline{R}_{B_2}$ является одновременно и обратной связью, то такой режим соответствует динамическому гашению колебаний по координате y_2.

При определении передаточной функции использовалась схема на рис. 3б и соотношения между силовыми факторами, определяемые выражением (24).

IV. Сравнение динамических реакций по точкам опоры. Динамические реакции в точках A_1 и A_2 соответственно определяются выражениями (13) и (25):

$$\overline{R}_{A_1} = \frac{1}{A_0}\left[\left(Mb^2 + Ic^2\right)p^2 + k_2\right]\cdot k_1\overline{z}_1, \overline{R}_{A_2} = \frac{k_2}{A_0}\left(Ic^2 - Mab\right)p^2k_1\overline{z}_1.$$

из которых следует, что при внешнем кинематическом воздействии $\overline{z}_1$ реакции на опорной поверхности не равны между собой и разнесены на расстоянии $(l_1 + l_2)$. Это позволяет отметить такое обстоятельство, как формирование по отношению к опорной поверхности вполне определенного момента сил, который может заставить опорную поверхность совершать возвратно-качательные движения.

В свою очередь, в точках объекта защиты B_1 и B_2 также действуют динамические реакции $\overline{R}_{B_1}$ и $\overline{R}_{B_2}$, определяемое соответственно выражениями (16) и (28):

$$\overline{R}_{B_1} = \frac{k_1^2\overline{z}_1}{A_0} = \frac{k_1}{A_0}\begin{Bmatrix}\left[\left(Mb^2 + Ic^2\right)p^2 + k_2\right]k_1 - \\ -\left(Ic^2 - Mab\right)^2 p^4\end{Bmatrix}$$

$$\overline{R}_{B_2} = \frac{k_2k_1\left(Ic^2 - Mab\right)p^2}{A_0}\overline{z}_1 - \frac{\left(Ic^2 - Mab\right)^2 p^4\overline{z}_1\left(Ic^2 - Mab\right)p^2}{\left[\left(Ma^2 + Ic^2\right)p^2 + k_1\right]A_0} =$$

$$= \frac{k_1\overline{z}_1}{A_0}\left[\left(Ic^2 - Mab\right)p^2\right]\times\left[k_2 - \frac{\left(Ic^2 - Mab\right)^2 p^4}{\left(Ma^2 + Ic^2\right)p^2 + k_1}\right].$$

Сравнение $\overline{R}_{B_1}$ и $\overline{R}_{B_2}$ показывает, что динамические реакции, возникающие при действии силы $k_1\overline{z}_1$, вызывают колебательное движение твердого тела, которое являются суммой двух движений: поступательного движения, связанного с движением центра масс, и вращательного движения твердого тела вокруг центра масс. При этом на твердое тело будет действовать упругий момент сил, что может быть отдельно рассмотрено в системе координат y и φ. Вместе с тем знание динамических реакций $\overline{R}_{B_1}$ и $\overline{R}_{B_2}$ дает возможность определить силовые возмущения, возникающие на объекте защиты в виде твердого тела.

V. Получение динамических реакций методом прямого преобразования расчетных схем. Расчетную схему на рис. 1а, представляющую собой твердое тело с двумя степенями свободы, можно, в соответствии с уравнениями (3), (4) изобразить как систему с двумя степенями свободы обычного вида. При этом полагается, что объект защиты состоит из двух материальных точек с массами $\left(Ma^2 + Ic^2\right)$ и $\left(Mb^2 + Ic^2\right)$, связанными между собой невесомым жестким стержнем длиной $(l_1 + l_2)$. Расчетная схема с учетом обсуждаемых особенностей и учетом (3), (4) имеет вид, как показано на рис.4.

С учетом того, что механическая система может рассматриваться состоящей из нескольких типовых элементов, свойства каждого из которых могут описываться передаточными функциями усилительного звена, а также дифференцирующих звеньев первого и второго порядков, как это предлагается в [6], можно преобразовать расчетную схему к виду, как показано на рис. 5.

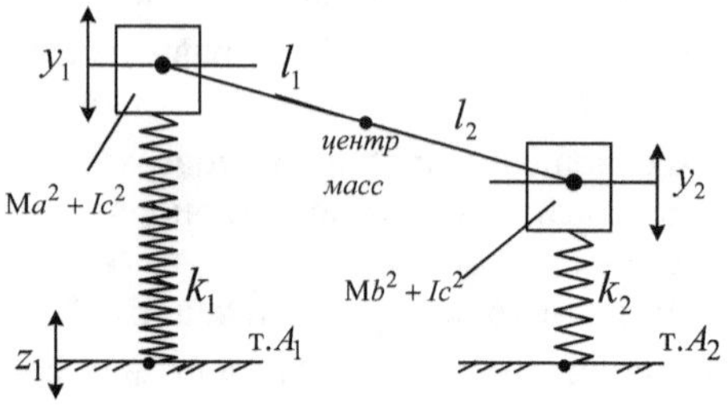

Рис. 4. Расчетная схема исходной системы, приведенной на рис. 1а в виде двух материальных точек, соединенных невесомым стержнем

Для схемы на рис. 5 к массоинерционные элементы Mab и Ic^2 обладают кинетической энергией в относительном движении $(y_2 - y_1)$ и могут рассматриваться как некоторые виртуальные типовые звенья с передаточными функциями дифференцирующего звена второго порядка. В данной схеме эти звенья физически не реализуются как отдельные элементы, но выполняют свои определенные функции. Последнее можно рассматривать как потенциальную возможность создания соответствующих математических и физических эквивалентных моделей колебательных систем с твердым телом. На рис. 5 показано, что расчетная схема на рис. 1а может быть трансформирована в ценную систему с двумя степенями свободы (координаты y_1 и y_2) массоинерционными элементами Ma и Mb, где $a = \dfrac{l_2}{l_1 + l_2}$, $b = \dfrac{l_1}{l_1 + l_2}$. При этом звенья $(-Mab)$ и (Jc^2) являются такими же звеньями, выполняющими функции соединения элементов системы, как и пружины k_1 и k_2. Если составить выражения для кинетической и потенциальной энергий, то обычным путем как и для расчетной схемы на рис. 1а, можно составить уравнения движения и структурные схемы (Рис. 6а, б).

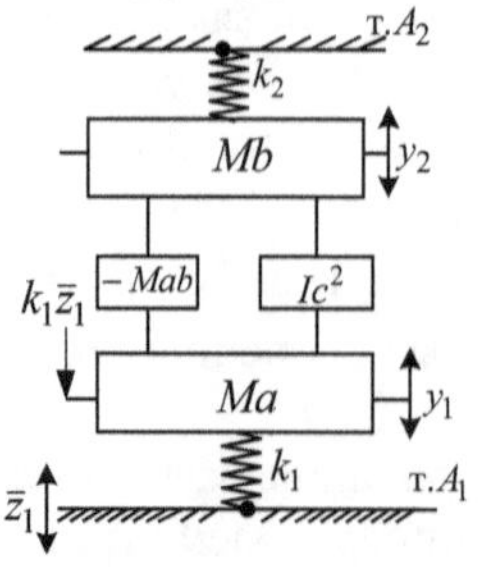

Рис. 5. Расчетная схема, соответствующая схеме на рис. 4 с введенными

условностями обозначения типовых звеньев структурной теории

При этом структурная схема на рис. 6а соответствует расчетной схеме на рис. 5, где массоинерционные элементы обозначены через Map^2 и Mbp^2. Что касается структурной схемы на рис. 6б, то она отличается от схемы на рис. 6а тем, что вместо массоинерционного звена Map^2 используются звенья $\left(Ma^2 + Mab\right)p^2$ и $\left(Mb^2 + Mab\right)p^2$.

а)

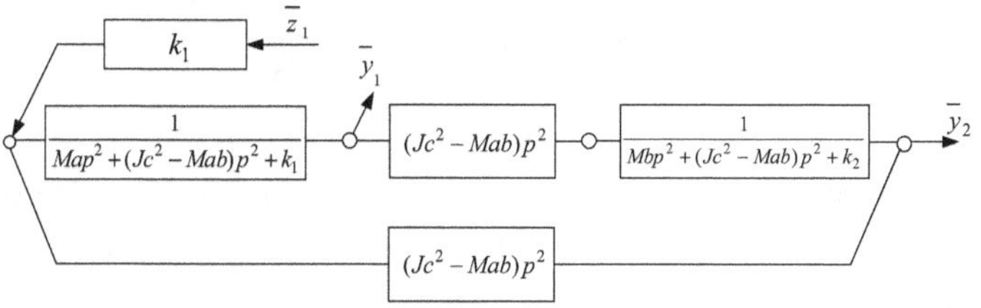

б)

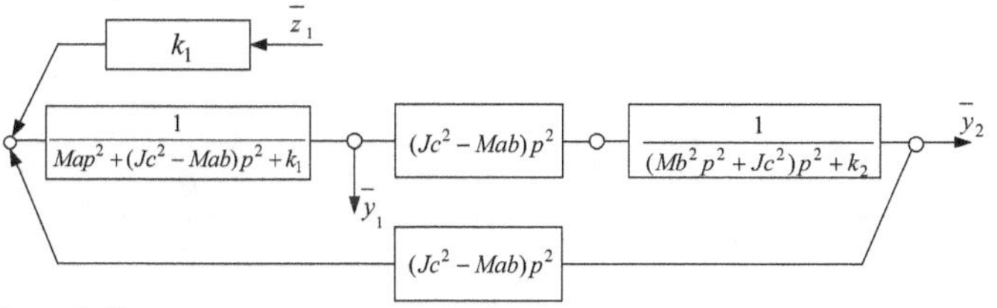

Рис. 6. Структурные схемы, соответствующие эквивалентной расчетной схеме на рис. 5: а) массоинерционный элемент имеет вид Map^2; б) массоинерционный элемент имеет вид $(Map^2 + Mab)p^2$

В обеих структурных схемах характеристическое уравнение имеет один и тот же вид, соответствующий (7):

$$A_0 = (Map^2 + Jc^2p^2 - Mabp^2 + k_1)(Mbp^2 + Jc^2p^2 - Mabp^2 + k_2) -$$
$$- \left[\left(Jc^2 - Mab\right)p^2\right]^2 = \left[\left(Jc^2 - Mab\right)p^2\right]^2 = \left[\left(Ma^2p^2 + Jc^2\right)p^2 + k_1\right]\times$$
$$\times\left[\left(Mb^2 + Jc^2\right)p^2 + k_2\right] - \left[\left(Jc^2 - Mab\right)p^2\right]^2$$

Интерпретации характеристического уравнения нашли применение в построении структурных схем на рис. 3 а, б, где преобразование структурных схем используется для выделения цепей обратных связей, определяющих динамические реакции.

Используя технологию определения приведенных жесткостей обобщенных пружин (как комплексных сопротивлений в теории цепей), можно записать последовательность преобразований, полагая, что схема построения имеет вид, как показано на рис. 7а, б. При этом кинематическое воздействие $\bar{z}_1$ приведено к эквивалентному силовому фактору (рис. 7б), имеющему вид:

$$\overline{Q}_{экв} = k_1 z_1 \frac{p^2(Jc^2 - Mab)}{(Ma^2 + Jc^2)p^2 + k_1}.$$

Определение $\overline{R}_{A_1}$ и $\overline{R}_{A_2}$ не вызывает особых затруднений и производится на основе использования формул, которые могут быть представлены выражениями (30), (31):

$$\overline{\mathrm{R}}_{\mathrm{A}_1} = \overline{y}_1 k_1 = k_1^2 \overline{z}_1 \frac{Mbp^2 + k_2}{A_0}; \quad (30)$$

$$\overline{\mathrm{R}}_{\mathrm{A}_2} = \overline{y}_2 k_2 = k_2 k_1 \overline{z}_1 \frac{\left(Ic^2 - Mb\right)p^2}{A_0}. \quad (31)$$

Что касается динамической реакции в т. B_1, то она может быть обозначена $\overline{R}_{Ma}$, поскольку связана с эквивалентным представлением расчетной схемы на рис. 7а.

а) б)

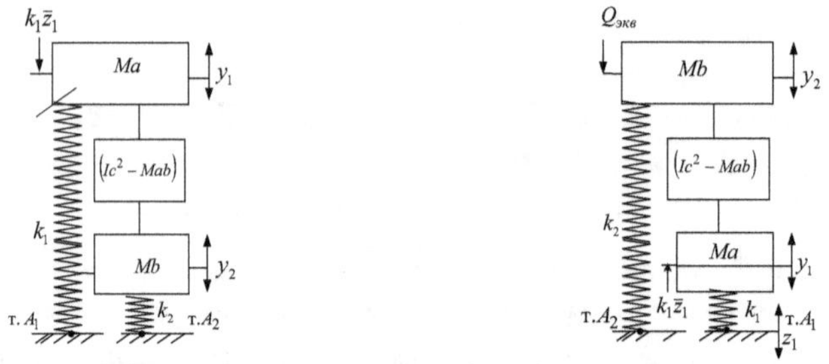

Рис. 7. Принципиальные схемы: а) для определения R_{A_1}, R_{Ma};
б) для определения R_{A_2}, R_{Mb}

$$\overline{R}_{Ma} = \left\{ k_1 + \frac{(Mbp^2 + k_2 + Jc^2p^2 - Jc^2p^2 + Mabp^2 -}{Mbp^2 + \left(Ic^2 - Mab\right)p^2 + k_2} \atop - Mabp^2)\cdot\left(Jc^2 - Mab\right)p^2 \right\} \overline{y}_1 = \quad (32)$$

$$= \left\{ k_1 + \left(Jc^2 - Mab\right)p^2 - \frac{\left[\left(Jc^2 - Mab\right)p^2\right]^2}{\left[\left(Mb^2 + Jc^2\right)p^2 + k_2\right]} \right\} \overline{y}_1,$$

что совпадает с определением $k_{\text{пр}_1}$ по структурной схеме на рис. 2б при условии, что

$$\frac{1}{\left(Ma^2 + Jc^2\right)p^2} = \frac{1}{\left(Ma^2 + Mab - Mab + Jc^2\right)p^2} == \frac{1}{Map^2 + \left(Jc^2 - Mab\right)p^2} \quad (32')$$

Если из (32') часть знаменателя $\left(Jc^2 - Mab\right)p^2$ перенести в цепь обратной связи на рис. 2б, то выражение (32) может быть получено из структурной схемы на рис. 2б. Таким образом, упрощенный подход, основанный на использовании расчетной схемы на рис. 7а, дает такой же результат.

В свою очередь, при определении динамической реакции $\overline{R}_{Mb}$ может быть использована расчетная схема на рис. 7б:

$$\overline{R}_{Mb}=\left\{k_2+\frac{\left(Map^2+k_1\right)\cdot\left(Ic^2-Mab\right)p^2}{Map^2+k_1+Ic^2-Mab}\right\}\overline{y}_2,$$

что приводится аналогично к виду

$$\overline{R}_{Mb}=\left\{k_1+\left(Jc^2-Mab\right)p^2-\frac{\left(Jc^2-Mab\right)p^2}{\left[\left(Ma^2+Jc^2\right)p^2+k_1\right]}\right\}\overline{y}_1 \qquad (33)$$

Таким образом, динамические реакции в системах с твердым телом могут быть найдены на основании общей методики построения приведенных жесткостей с последующим использованием координат перемещения. Структурные интерпретации расчетных схем механических колебательных систем, как было показано выше, могут быть использованы для определения динамических реакций, которые «привязаны» к определенным точкам (т. А или т. В). Однако, структурные схемы могут быть развернуты по отношению к различным массоинерционным элементам. В частности, можно отметить, что выбор массоинерционного элемента предопределяется значением динамической реакции. В этом отношении структурные схемы эквивалентных систем (рис. 6а, б) и рис. 7б показательны в том смысле, что динамические реакции могут быть найдены на виртуальных элементах, а это может оказаться неудобным для конкретных расчетов, хотя эквивалентные расчетные схемы вполне адекватны по математическим моделям. Потому при определении динамических реакций в координатах y_1 и y_2, связанных с точками крепления упругих элементов (это относится и к набору типовых элементов) предпочтение должно быть отдано вариантам отображения свойств массоинерционных элементов, учитывающих сложный характер движения твердого тела.

Заключение. На основе проведенных исследований можно сделать ряд выводов.

1. Динамические реакции в механической колебательной системе, содержащей твердое тело, могут определяться в системе координат y_1 и y_2, связанных с представлениями о возможностях описания движения твердого тела, как системы, состоящей из двух материальных точек, обладающих массами $\left(Ma^2+Ic^2\right)$ и $\left(Mb^2+Ic^2\right)$, соединенных невесомым жестким стержнем длиной l_1+l_2.

2. Метод определения динамических реакций от действия гармонических внешних воздействий основан на определении параметров обратной связи (отрицательной или положительной), сформированной таким образом, чтобы в прямой цепи структурной схемы было выделено звено

соответственно с передаточными функциями $\frac{1}{\left(Mb^2 + Ic^2\right)p^2}$ и $\frac{1}{\left(Ma^2 + Ic^2\right)p^2}$.

3. Динамические реакции в точках контакта с опорными поверхностями, а также динамические реакции, прикладываемые к материальным точкам с виртуальными массами $\left(Ma^2 + Ic^2\right)$ и $\left(Mb^2 + Ic^2\right)$, различаются.

4. Определение реакций $\overline{R}_{B_1}$ и $\overline{R}_{B_2}$ (описание в тексте), то есть динамических реакций, приложенных к твердому телу в точках крепления упругих элементов k_1 и k_2 к объекту защиты, позволяет оценить возможность движения твердого тела и возникающие при этом силовые факторы, которые могут быть приведены к центру масс.

5. Аналогично определение реакций $\overline{R}_{A_1}$ и $\overline{R}_{A_2}$ в точках крепления упругих элементов k_1 и k_2 с опорной поверхностью позволяют определить динамические усилия, передаваемые на основание, которые также могут быть приведены к некоторой силе и моменту сил относительно выбранной точки.

6. Предлагаемый метод позволяет механическую колебательную систему с твердым телом представить эквивалентной в динамическом отношении системой из двух точечных масс Ma и Mb, совершающих движение в структуре цепного типа. Особенностью такой системы является то обстоятельство, что упомянутые приведенные звенья соединяются между собой двумя типовыми элементами Ic^2 и $-Mab$. Эти элементы обладают кинетической энергией в относительном движении $\left(\dot{y}_2 - \dot{y}_1\right)$. Разные знаки перед Ic^2 и $-Mab$ говорят о том, что создаваемые ими силы направлены в противоположные стороны. В этом случае роль упомянутых элементов, по существу, соответствует действию некоторых специфичных пружин.

7. Используя схемы эквивалентного приведения системы с твердым телом к системам цепного типа с материальными точками, можно также получить выражения для определения динамических реакций.

8. Предлагаемые исследования позволяют предположить, что в механических колебательных системах помимо обычных массоинерционных, упругих и демпфирующих элементов, физически существуют (и могут быть реализованы в конкретных конструктивных формах) типовые элементарные звенья с передаточными функциями звена дифференцирования второго порядка (при этом передаточные функции могут иметь разные знаки).

*Исследования проведены в рамках гранта Федеральной целевой программы «Научные и педагогические кадры инновационной России» на

2012 – 2013 г.г. (мероприятие 1.3.2. – естественные науки) № 14.132.21.1362

Литература:

1. Вибрации в технике: справочник в 6 т. Т. 6. Защита машин и оборудования от вибрации / под ред. К.В. Фролова. – М.: Машиностроение. – 1986. – 457 с.
2. Елисеев С.В., Белокобыльский С.В., Лонцих П.А. Изменение динамических свойств механических колебательных систем при выделении сочленений звеньев // Наука и образование: электронное научное издание. 2012. № 04.
3. Белокобыльский С.В., Елисеев С.В., Кашуба В.Б., Ситов И.С. Рычажные связи в механических цепях. Динамические аспекты. // Системы. Методы. Технологии. Братск.: БрГУ. 2012. №2. с.7-16.
4. Хоменко А.П., Елисеев С.В., Ермошенко Ю.В. Системный анализ и математическое моделирование в мехатронике виброзащитных систем. – Иркутск: ИрГУПС. – 2012. – 274 с.
5. Елисеев С.В., Резник Ю.Н., Хоменко А.П., Засядко А.А. Динамический синтез в обобщенных задачах виброзащиты и виброизоляции технических объектов. – Иркутск. -Изд-во Иркутского государственного университета.-2008.-523 с.
6. Елисеев С.В., Резник Ю.Н., Хоменко А.П. Мехатронные подходы в динамике механических колебательных систем. – Новосибирск: Наука. 2011. 394 с.

Оленцевич В.А. - соискатель
Гозбенко В.Е. - д. т. н., профессор
Иркутский государственный университет путей сообщения

ОПРЕДЕЛЕНИЕ ПАРАМЕТРОВ КРЕПЛЕНИЙ ГРУЗА НАПРАВЛЕНЫЕ НА ОБЕСПЕЧЕНИЕ БЕЗОПАСНОСТИ РАБОТЫ ЖЕЛЕЗНОДОРОЖНОЙ ТРАНСПОРТНОЙ СИСТЕМЫ

Подготовка и крепление груза в пункте погрузки является важным моментом в перевозочном процессе, от которого зависит сохранность самого груза, а также безопасность работы всей железнодорожной транспортной системы. Предъявляемый к перевозке груз отправитель должен подготовить таким образом, чтобы в процессе перевозки были обеспечены безопасность движения поездов, сохранность груза и подвижного состава [1]. Процесс приема груза к перевозке можно представить в виде алгоритма (рис. 1).

Анализ отказов [2] показал, что основной причиной нарушения безопасности работы всей железнодорожной транспортной системы и ее подсистем является некачественная подготовка и крепление груза в пункте погрузки. Наступление случаев риска, связанными с неправильной погрузкой и креплением груза приводит к сбоям в работе подсистем: инфраструктуры – порча основных фондов; маневровая – дополнительные маневровые операции по отцепке-прицепке вагона с браком; поездная – неграфиковая остановка или задержка поезда сверх установленных норм; грузовая – дополнительные операции по закрепления груза или его перегруз.

Размещение и крепление грузов в вагонах, контейнерах производится в соответствии с Техническими условиями размещения и крепления грузов в вагонах и контейнерах, Правилами перевозки грузов в специализированных контейнерах на железнодорожном транспорте, Правилами перевозок грузов в универсальных контейнерах на железнодорожном транспорте.

Проведенные вычислительные эксперименты по определению параметров креплений груза направлены на усовершенствование методики действующих Технических условий размещения и крепления груза в вагонах и контейнерах и способствуют обеспечению безопасности движения поездов, сохранной перевозке груза и своевременной доставке груза грузополучателю. Обоснование технологии размещения и крепления груза от воздействия пространственной системы сил может базироваться на классических методах теоретической механики с применением вычислительной среды MathCAD. Алгоритм проведения вычислительных экспериментов по определению сдвига груза и натяжений в элементах креплений рассмотрен в [3].

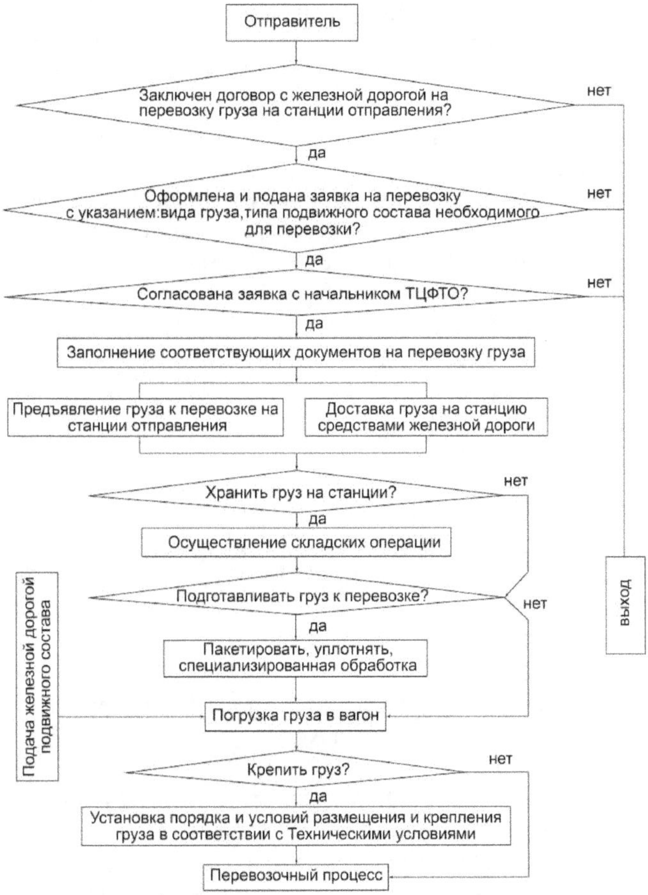

Рис. 1. Алгоритм приема груза к перевозке

Целью работы являлось построение регрессионных зависимостей: эквивалентной жесткости, от угла наклона (λ) главного вектора приложенных сил; величины сдвига груза, от угла наклона главного вектора приложенных сил; величины сдвига груза, от коэффициента продольной динамики вагона ($k_{дх}$); натяжения в креплениях, от длины креплений.

Изучив зависимость эквивалентной жесткости, от угла наклона главного вектора приложенных сил получено, что наилучшей аппроксимацией является:

$$C_{экв} = S_0 + S_1*\lambda + S_2*\lambda^2 + S_3*\lambda^3, \quad (1)$$

Вычисления проводились при значениях угла наклона (λ) от 10^0 до 88^0. Полученное уравнение регрессии будет иметь вид:

$$C_{экв} = 2246 + 16,91*\lambda - 0,569*\lambda^2 + 2,98*10^{-3}*\lambda^3.$$

Коэффициент детерминации (R^2) составляет 0,99999, что говорит об аналитической зависимости между рассматриваемыми величинами. Причем с увеличением угла, эквивалентная жёсткость креплений уменьшается и возможен сдвиг груза относительно пола вагона и натяжения в креплениях.

В связи с этим построены графические зависимости сдвига груза Δs по направлению действия главного вектора, а также полученные при этом сдвиги вдоль Δx и поперёк Δy вагона в зависимости от угла наклона λ силы ΔF относительно продольной оси x (рис. 2).

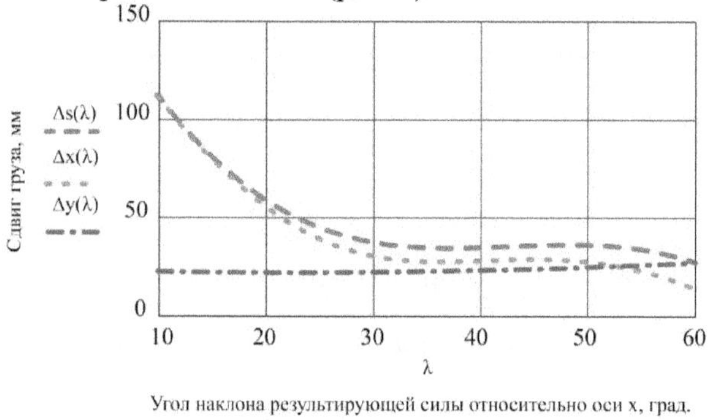

Рис. 2. Графическая зависимость возможного сдвига груза $\Delta s = f(\lambda)$, $\Delta x = f(\lambda)$ и $\Delta y = f(\lambda)$

Из анализа зависимостей следует, что с увеличением угла наклона λ силы ΔF относительно продольной оси x сдвиг груза Δs по направлению действия главного вектора ΔF, а также полученные при этом сдвиги вдоль вагона Δx, уменьшаются, а поперёк Δy вагона – увеличиваются. При этом характер изменения сдвига является нелинейным. Увеличение угла наклона λ силы ΔF относительно продольной оси x равносильно уменьшению коэффициента продольной динамики вагона $k_{дх}$=1,2 при постоянных значениях коэффициентов поперечной и вертикальной динамики вагона – $k_{ду}$ =0,46 и $k_{дz}$ =0,66.

Для зависимости величины сдвига груза, от коэффициента продольной динамики вагона ($k_{дх}$) получено, что наилучшим многочленом является многочлен шестой степени:

$$k_{дх} = S_0 + S_1* k_{дх} + S_2*k_{дх}^2 + S_3*k_{дх}^3 + S_4*k_{дх}^4 + S_5*k_{дх}^5 + S_6*k_{дх}^6, \quad (2)$$

Значение коэффициента продольной динамики вагона изменяли от 0,8 до 1,2 м. Полученное уравнение регрессии будет иметь вид:

$$k_{дх} = -9,041*10^4 + 6,891*10^5* k_{дх} - 2,216*10^6* k_{дх}^2 + 3,906*10^6* k_{дх}^3 - 4,088*10^6* k_{дх}^4 + 2,542*10^6* k_{дх}^5 - 8,71111*10^5* k_{дх}^6 + 1,26984*10^5* k_{дх}^7$$

Коэффициент детерминации (R^2) равен 0,99999.

Анализ полученных данных по нахождению натяжений в креплениях показал, что при заданных значениях коэффициентов $k_{дх}$, $k_{ду}$ и $k_{дz}$ от воздействия пространственных систем сил ΔF натяжения в наиболее пологом по длине элементе крепления длиной 2,66 м достигает 72,44 кН, что в 1,67 раза превышают допустимое значение (44,8 кН) установленное действующими Техническими условиями и может привести к разрыву данного крепления. Такой факт объясняется сдвигом груза на 114 мм по направлению действия результирующих сил.

Также проведен анализ натяжений в креплениях в зависимости от вариации их длины при различных значениях коэффициента продольной динамики вагона. Получено полиномиальное уравнение регрессии второй степени, описывающее натяжения в элементах креплений, в зависимости от варьируемых значений длины креплений:

$$R(l) = -1890 + 1509*l - 290{,}051*l^2.$$

Анализ полученной зависимости показывает, что при заданных исходных данных, если длина креплений превышает 2,3 м при $k_{дх} = 1{,}2$ и при длине крепления равной 2,397 м при $k_{дх} = 1{,}1$, возникает вероятность разрыва креплений. Короткие по длине элементы креплений нагружены значительно меньше, чем длинные крепления. Отсюда вытекает важная для практики рекомендация о том, что для удержания груза от сдвига вдоль вагона следует применять элементы креплений большей длины.

Результаты исследований по нахождению натяжений в элементах креплений, позволили отметить, что по рекомендуемой технологии крепления груза элементы креплений могут выдержать нагрузку, превышающую 17 % массы груза, что больше, чем рекомендуемое значение согласно Технических условий размещения и крепления груза в вагонах и контейнерах. Разработанные практические рекомендации могут быть использованы в железнодорожной транспортной системе для контроля разработанных грузоотправителями технологий размещения и крепления грузов на открытом подвижном составе.

ЛИТЕРАТУРА

1. Гозбенко В.Е., Оленцевич В.А. Повышение безопасности работы железнодорожной транспортной системы на основе автоматизации технологии размещения и крепления груза в вагоне // Известия Транссиба. 2013. № 1(13) – Омск. ОмГУПС. С. 110-116
2. Оленцевич В.А., Гозбенко В.Е. Анализ причин нарушения безопасности работы железнодорожной транспортной системы // Современные технологии. Системный анализ. Моделирование. 2013. № 1 (37) – Иркутск. с. 180–183.
3. Оленцевич В.А., Туранов Х.Т. Моделирование технологии креплений груза в вагоне при воздействии пространственной системы сил // Транспорт Урала. 2010. №. 2. – С. 35–38.

Кисляков М. А.
аспирант, н. с., Владимирский государственный университет имени Александра Григорьевича и Николая Григорьевича Столетовых
kislyakov.maxim@gmail.com

МЕТОД ПОСТРОЕНИЯ БАЗОВОЙ СТРУКТУРЫ СЕНСОРНОЙ СЕТИ С ПРИМЕНЕНИЕМ АЛГОРИТМА *K*-СРЕДНИХ

Сенсорные сети (СС) являются одной из наиболее активно развивающихся технологий на данный момент. Прогресс в данном направлении определен расширением сферы применения таких сетей и появлением доступной компонентной базы. Тем самым, одним из наиболее актуальных вопросов является создание средств автоматизации проектирования СС.

Задача автоматизации определяет необходимость наличия маршрута проектирования, состоящего из ряда проектных процедур. Одной из таких процедур является формирование базовой топологической структуры СС. Цель данной стадии заключается в построении рациональной топологии с обеспечением связности сенсорных узлов. Одним из подходов построения базовой структуры СС является выделение групп узлов сети, объединенных в кластеры. Тем самым процесс формирования структуры сети сводится к задаче кластеризации.

Существует ряд методов, которые могут быть использованы для построения кластерной структуры сети. К их числу относят следующие алгоритмы.

- *групповое размещение транзитных узлов* [1, 18];
- *методы теории графов* [2, 607];
- *генетические алгоритмы* [3, 69];
- *алгоритм k-средних*.

В работе предложен метод кластеризации сенсорной сети на основе алгоритма *k*-средних. Пусть есть множество узлов $Q = \{q_1, \dots, q_n\}$, где n – количество узлов. Тогда кластеризация сводится к разбиению множества Q на k непересекающихся подмножеств.

Каждый элемент множества Q определяется набором координат в трехмерном пространстве, что соответствует пространственному местоположению каждого узла сети. Тогда множество Q может быть однозначно определено множествами $X = \{x_1, \dots, x_n\}$, $Y = \{y_1, \dots, y_n\}$ и $Z = \{z_1, \dots, z_n\}$, где $\{x_i, y_i, z_i\}$ – координаты i-го узла сети.

По одному из условий алгоритма *k*-средних количество кластеров k должно быть известно изначально. Тем самым в сеть необходимо добавить k узлов, случайно распределенных в пространстве. Каждый такой узел будет являться центром масс для соответствующего кластера.

Пусть набор центров кластеров представлен множеством $M=\{m_1,\dots,m_k\}$, тогда их координаты вычисляют по формулам (1).

$$x_{mi}=\frac{\sum_{j\in S_i}x_j}{l(S_i)},\quad y_{mi}=\frac{\sum_{j\in S_i}y_j}{l(S_i)},\quad z_{mi}=\frac{\sum_{j\in S_i}z_j}{l(S_i)},\tag{1}$$

где S_i – массив индексов узлов, входящих в кластер i, $l(S_i)$ – функция расчета количества элементов массива S_i.

Определим множество $D=\{D_1,\dots,D_k\}$, где подмножество D_i определяет массив расстояний между центром масс m_i и узлом q_j в i-ом кластере размерностью S_i. Расстояние между узлом и центром масс вычисляют по формуле (2).

$$d_{ij}=\sqrt{(x_{mi}-x_j)^2+(y_{mi}-y_j)^2+(z_{mi}-z_j)^2},\tag{2}$$

где $i\in\{1,\dots,k\}$, $j\in S_i$.

На основе критерия оптимизации, выраженного формулой (3), вычисляют суммарное квадратичное отклонение узлов сети от центров кластеров. В результате итерационного выполнения алгоритма происходит перераспределение узлов сети и повторный расчет координат центров кластеров в соответствии с формулой (1).

$$\sum_{i=1}^{k}\sum_{j\in S_i}d_{ij}^2\to\min\tag{3}$$

Алгоритм завершается, когда на очередной итерации не происходит изменения состава кластеров. Применительно к СС может быть добавлено условие верхнего предела расстояния между центром масс и узлами кластера. На основе вычисленных центров масс выполняется построение минимально связных структур, где каждый узел кластера соединяют с его центром с учетом радиуса действия узлов СС.

Следующим шагом является построение минимально связной структуры, конечными элементами которой выступают центры кластеров, а центром – узел-координатор с изначально известным местоположением. Результатом работы предложенного метода является структура СС, которая гарантирует не менее одного маршрута передачи данных для каждого из узлов сети. Данный метод может быть применим в системах автоматизированного проектирования СС.

Список литературы

1. Мочалов В. А. Алгоритмы размещения транзитных узлов в сенсорной сети // Информационные технологии. – 2009. – №10. – С.18-23.

2. Кормен Т., Лейзерсон Ч., Ривест Р., Штайн К. Алгоритмы: построение и анализ, 2-е издание // М.: Изд. Дом “Вильямс”. – 2010. – С.1296.

3. Scellato S. Wireless Network Clustering with Genetic Algorithms // University of Catania, Italy. – 2008. – P.69-73.

Баранникова С.А.[1,2], Шляхова Г.В.[1,3], Зуев Л.Б.[1,2]

Баранникова С.А.[1,2], доцент, д-р физ.-мат.наук, [1]Институт физики прочности и материаловедения СО РАН, г. Томск, [2]Национальный исследовательский Томский государственный университет, г. Томск, bsa@ispms.tsc.ru

Шляхова Г.В.[1,3], к.т.н., [1]Институт физики прочности и материаловедения СО РАН, г. Томск, [3]Северский технологический институт – филиал НИЯУ МИФИ, г. Северск, shgv@ispms.tsc.ru

Зуев Л.Б.[1,2], профессор, д-р физ.-мат.наук, [1]Институт физики прочности и материаловедения СО РАН, г. Томск, [2]Национальный исследовательский Томский государственный университет, г. Томск

ИССЛЕДОВАНИЕ ЭЛЕМЕНТОВ СТРУКТУРЫ СВЕРХПРОВОДЯЩЕГО КАБЕЛЯ НА ОСНОВЕ СПЛАВА Nb-Ti

Использования сверхпроводников позволяет решить ряд важных технических проблем в тех областях техники, где применение традиционных электротехнических материалов экономически нецелесообразно или принципиально невозможно. К таким сверхпроводящим кабелям на стадии изготовления предъявляются высокие требования, наиболее важными из которых являются стабильность токовых характеристик, безобрывность сверхпроводящих волокон (жил), их структурная однородность по длине провода и малые отклонения от геометрических размеров поперечного сечения [1, 1617; 2, 1028; 3, 80]. В работе проведен анализ влияния холодной деформации волочением на структуру многожильного сверхпроводника на основе сплава Nb-Ti.

Материалы и методика эксперимента. Многожильный сверхпроводящий кабель на основе сплава Nb-Ti представляет собой трехслойную конструкцию, в которой между медными сердечником и внешней оболочкой располагается промежуточный слой из волокон Nb-Ti, размещенных в медной матрице (композит) (рис. 1).

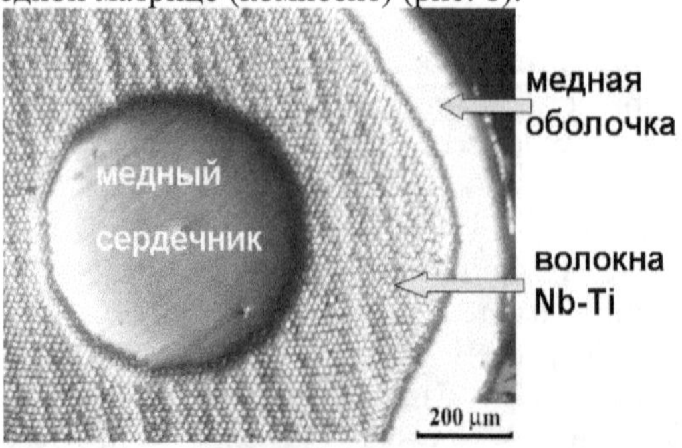

Рис. 1. Поперечное сечение кабеля технических сверхпроводников Nb-Ti на промежуточной стадии волочения при переходе Ø1,3→Ø1,2 мм

Металлография поперечных сечений проводников показала, что в промежуточном слое на границе с медным сердечником проводника жилы Nb-Ti имеют округлую форму со средним диаметром ~10 мкм. В промежуточном слое на границе с медной оболочкой все Nb-Ti волокна приобретают вытянутую форму с диагоналями ~13 и 11 мкм соответственно.

Исследование продольного сверхпроводника на атомно-силовом микроскопе показало, что вокруг волокон Nb-Ti, размещенных в медной матрице, обнаружен диффузионный Nb барьер, который отчетливо проявляется в виде выступов рельефа в зоне сопряжения жилы с матрицей (рис. 2). На профилограмме, построенной методом секущих Nb барьер проявляется в виде высокоамплитудных максимумов шириной до 250…260 нм.

Рис. 2. Ниобиевый барьер вокруг волокон в матрице проводника в продольном сечении в бездефектной области

В результате интенсивной пластической деформации медь в сердечнике приобретает субмикрокристаллическую структуру со средним размером зерен ~800 нм. Сильнее всего медь в сердечнике продеформирована по границе «сердечник - промежуточный слой проводника», где максимальный размер зерна составил ~2120 нм, а минимальный ~310 нм. В промежуточном слое между волокнами в матрице медь представлена равноосными зернами со средним размером ~800 нм. В то же время средний размер зерен меди в оболочке проводника составил ~1050 нм [4, 417].

В ходе микроскопических исследований в промежуточном слое со стороны внутренней поверхности на границе с медным сердечником обнаружен специфический дефект в местах обрыва сверхпроводящих жил (рис. 3).

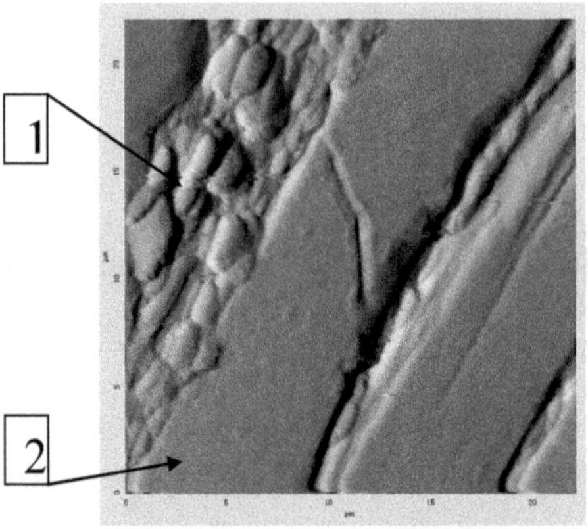

Рис. 3. Обрыв волокна проводника в продольном сечении в исходном состоянии без шлифования в бездефектной области: 1– медная матрица, 2 – волокно Nb-Ti

Выводы. При анализе влияния деформации волочением на структуру многожильного сверхпроводника на основе сплава Nb-Ti обнаружены следующие особенности: 1) обнаружена зона локализации пластической деформации в волокнах Nb-Ti; 2) в результате интенсивной пластической деформации медь в элементах кабеля приобретает субмикрокристаллическую структуру со средним размером: в сердечнике ~800 нм, в промежуточном слое между волокнами в матрице ~800 нм; 3) выявлен диффузионный Nb барьер вокруг волокон Nb-Ti, размещенных в медной матрице, шириной ~ 250 нм в бездефектной области.

Работа выполнена при частичной поддержке гранта Российского фонда фундаментальных исследований по проекту 11-08-00237-а.

Литература:

1. О.В Черный., Г.Ф. Тихинский, Г.Е. Сторожилов и др., Сверхпроводимость: Физика, химия, техника, 4, № 8: 1617 (1991).

2. Kozlenkova N., Vedernikov G., Shikov A. at all. Study on Ic(T, B) for the Nb-Ti Strand Intended for ITER PF Insert Coil // IEEE Trans. Appl. Supercond. - 2004. - V. 14. - No. 2. - P. 1028-1030.

3. Сверхпроводимость: опыт создания высокотехнологичного производства в ОАО «Чепецкий металлургический завод», Нанотехнологии, экология производства, №1: 80 (2009).

4. Л.Б. Зуев, С.А. Баранникова, Г.В. Шляхова, С.В. Колосов // Фундаментальные проблемы современного материаловедения. 2012. – Т. 9. – № 4. – С. 417-421.

Городилов А.Ю.
Пермский государственный национальный исследовательский университет
gora830@yandex.ru

РЕШЕНИЕ ЗАДАЧ ОПТИМИЗАЦИИ С ПОМОЩЬЮ ДВУХУРОВНЕВОГО ГЕНЕТИЧЕСКОГО АЛГОРИТМА

Во многих практических задачах возникает проблема разбиения рассматриваемого в задаче множества объектов, некоторые из которых связаны между собой, на несколько обособленных групп. При этом внутри одной группы связей между объектами должно быть как можно больше, а связей между объектами разных групп, напротив, должно быть как можно меньше. Примеры таких задач могут встретиться в следующих областях: географические карты (выявление экономически обособленных территориальных участков и путей сообщения, выхождение из строя которых нарушит связь между этими участками); видеонаблюдение (при поиске человека в видеоархиве требуется выделить несколько характерных образцов, чтобы только с ними сравнивать изображения из архива); отказоустойчивость программируемых логических интегральных схем (при выходе из строя некоторых элементов требуется найти наиболее компактное подмножество работоспособных элементов).

Все указанные практические задачи могут быть сведены к задаче разбиения множества объектов на непересекающиеся группы, с условием минимизации числа «разрезаемых» связей (то есть связей между объектами, попадающими в разные группы). Полученная задача оптимизации является трудной, эффективных алгоритмов для ее точного решения не известно [1, 362]. Однако на практике часто достаточно найти лишь некоторое решение, близкое к оптимальному. Для таких случаев широкое распространение получили генетические алгоритмы.

Однако разработка генетического алгоритма для каждой конкретной задачи сопряжена со значительными трудозатратами на подбор параметров, обеспечивающих хорошую точность приближенного решения и высокую скорость работы. В общем виде, для произвольной задачи, указать оптимальные параметры генетического алгоритма проблематично. Например, относительно вероятности мутации (рассматриваемой как вероятность мутации каждого бита (гена) хромосомы при бинарном кодировании) в разное время различные исследователи давали различные рекомендации. Так, в [2] приводится значение $p_m=0.001$, в [3, 122] $p_m=0.01$, в [4, 51] приводится диапазон $p_m \in [0.005, 0.01]$. Помимо неоднозначности, недостатком таких подходов является то, что они не учитывают особенности решаемой задачи.

Решить эту проблему можно путем надстройки дополнительного уровня над стандартным генетическим алгоритмом (основным уровнем). Функцией дополнительного уровня будет отслеживание текущего состояния популяции и динамики его изменения, а так же корректировка дальнейшей работы основного уровня на основе анализа этих данных. Таким образом, дополнительный уровень служит интеллектуальной надстройкой генетического алгоритма, обеспечивающей его самоадаптацию к конкретной решаемой задаче.

Дополнительный уровень может быть реализован в виде экспертной системы, позволяющей на каждом шаге эволюции на основе наблюдаемых параметров текущей популяции принимать решение о целесообразности применения того или иного управляющего воздействия. В данной статье рассматривается вариант реализации экспертной системы в виде набора продукционных правил. Правила будут направлены на предотвращение сосредоточения особей в области локального экстремума функции и сокращение количества поколений генетического алгоритма для нахождения оптимального решения.

В качестве наблюдаемых параметров состояния текущей популяции будем использовать следующие.

1. Динамика изменения приспособленности популяции:
   а). изменение средней приспособленности популяции;
   б). изменение приспособленности лучшей особи.
2. Разнообразие особей в популяции.

Продукционные правила будут влиять на эволюцию с помощью двух видов воздействий.

1. Изменение параметров генетического алгоритма:
   а). вероятности скрещивания;
   б). вероятности мутации;
   в). количества особей, отбираемых в качестве родителей;
   г). максимального количества особей в популяции.
2. Применение метода «глобальной катастрофы» – радикальная смена популяции, когда от предыдущего поколения остаются только уникальные особи с положительной приспособленностью.

Заметим также, что дополнительный уровень имеет смысл запускать не на каждом шаге работы основного уровня, а с определенным интервалом.

Предложенный подход был реализован на практике. По времени работы дополнительный уровень не вносит существенного вклада в сложность всего алгоритма.

Сравнивая качество получаемых решений (рис.1), можно заметить, что значения, как правило, близки, но в некоторых случаях двухуровневый генетический алгоритм (ДГА) работает чуть лучше, чем обычный генетический алгоритм (ГА).

На других экспериментах было подтверждено еще одно положительное свойство двухуровневого генетического алгоритма – способность преодолевать локальные минимумы функции.

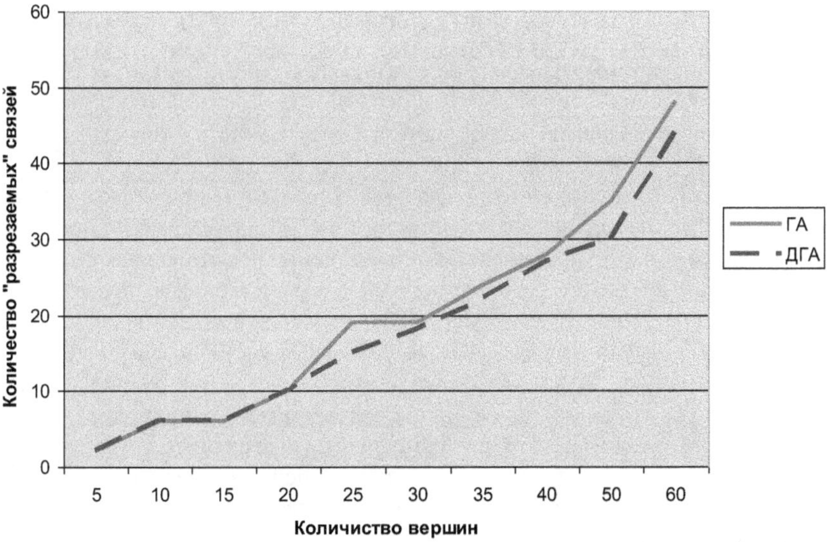

Рис.1. Количество «разрезаемых» ребер в случайно сгенерированных графах различных размеров

Таким образом, экспериментальные данные подтвердили, что наличие дополнительного уровня не только позволяет избежать трудоемкого процесса поиска оптимальных параметров генетического алгоритма, но и приводит к получению более точных решений. Полученные результаты свидетельствуют о перспективности использования дополнительного уровня в генетическом алгоритме для решения других практически важных задач оптимизации.

Список литературы

1. Роберт Седжвик Фундаментальные алгоритмы на C++. Часть 5. Алгоритмы на графах. СПб: ООО «ДиаСофтЮП», 2002.
2. De Jong K. An analysis of the behavior of a class of genetic adaptive systems. Doctoral dissertation. University of Michigan, Ann Arbor, 1975.
3. Grefenstette J.J. Optimization of control parameters for genetic algorithms. IEEE Transactions on Systems, Man, and Cybernetics, 1986.
4. Schaffer J., Caruana R., Eshelman L., Das R. A study of control parame-ters affecting online performance of genetic algorithms for function op-timization. Proceedings of Third International Conference on Genetic Al-gorithms, 1989.

Гудов А.М., Завозкин С. Ю., Балдин С. С.
доцент, к.ф.-м.н., доцент КемГУ; к.т.н., доцент КемГУ; студент КемГУ
good@kemsu.ru, shade@kemsu.ru, fesswood@rambler.ru

ПОДСИСТЕМА АВТОМАТИЧЕСКОГО ИЗВЛЕЧЕНИЯ МЕТАДАННЫХ ИЗ СЛАБОСТРУКТУРИРОВАННЫХ ДОКУМЕНТОВ СИСТЕМЫ ЭЛЕКТРОННОГО ДОКУМЕНТООБОРОТА ВУЗА

Одной из важных задач системы электронного документооборота (СЭД) является интеграция с другими информационными системами на уровне обмена документами. Особую сложность при таком способе интеграции вызывает задача регистрации в СЭД слабоструктурированных документов, что предполагает заполнение метаданных (свойств документов) вручную. Это приводит к существенным временным и стоимостным затратам за счет необходимости выделения одного или нескольких сотрудников на выполнение указанной задачи. Решить эту проблему можно путем автоматического извлечения метаданных из первичных (не имеющих описания посредством метаданных) документов.

В работе предлагается решение задачи классификации электронных документов (ЭД) с использованием аппарата нейронной сети Кохонена [1], которое легло в основу алгоритма автоматического извлечения метаданных из любого электронного документа.

В общем случае алгоритм извлечения метаданных состоит из двух последовательных этапов: классификации входящего документа и извлечения метаданных из документа определенного класса.

На этапе классификации текст документа подается на вход нейронной сети. Во входящем документе выделяются зоны, в общем случае представляющие собой абзац (или совокупность абзацев) текста. При анализе признаков форматирования текста, набора характерных признаков (ключевые слова и фразы) определяются типы зон, на которые можно логически разбить документ. В дальнейшем составляется матрица документа, представляющая собой набор зон различных типов (зоны одинакового типа, следующие друг за другом, объединяются в одну).

Матрица и текст документа подаются на вход другой нейронной сети. В качестве ядра (наиболее типичного представителя) класса используется шаблон документа, описываемый набором зон. Шаблон документа состоит из определяющего признака и матрицы документа. Определяющий признак шаблона представляет собой слово или набор слов, а также их позицию в документе. Матрица документа имеет аналогичную структуру. Для одного класса документа может существовать множество шаблонов, описанных указанным методом [1].

Сигнал, генерируемый сетью, характеризует степень близости входящего документа к определенному шаблону. Таким образом, определяется класс шаблона, который наиболее точно описывает входящий документ.

Если не удалось определить шаблон документа, то создается новый шаблон документа, представляющий собой матрицу и определяющий признак входящего документа.

На этапе извлечения метаданных из документа определенного класса, шаблону входящего документа ставится в соответствие меташаблон. Меташаблон хранит информацию о возможном расположении значений метаданных в документе. Обозначим меташаблон за M_j^i, где i– код наименования документа, j – номер шаблона для i-го наименования документа. В общем случае меташаблон представляет собой:

$$M_j^i = \left\{ z_1 : \begin{pmatrix} m_1^1 & \dots & m_{n_1}^1 \\ c_{11} & \dots & c_{n1} \\ \dots & \dots & \dots \\ c_{1k_1} & \dots & c_{nk_1} \end{pmatrix}; z_2 : \begin{pmatrix} m_1^2 & \dots & m_{n_2}^2 \\ c_{11} & \dots & c_{n1} \\ \dots & \dots & \dots \\ c_{1k_2} & \dots & c_{nk_2} \end{pmatrix}; \dots; z_r : \begin{pmatrix} m_1^r & \dots & m_{n_r}^r \\ c_{11} & \dots & c_{n1} \\ \dots & \dots & \dots \\ c_{1k_r} & \dots & c_{nk_r} \end{pmatrix} \right\}$$

где z_i – обозначение i-ой зоны; m_i^j – код i-ого метаданного, которое должно определяться в зоне z_j; c_{ij} – j-ое ядро, характерное для i-го метаданного, n_i – количество метаданных, которые можно определить в i-ой зоне, k_i – максимальное количество ядер, характеризующих метаданные в i-ой зоне.

Для каждого значения метаданного существует свое ядро $c_a = (k, r, \{s_1, ..., s_v\}, \{f_1, ..., f_u\}, \{R_1, ..., R_n\})$, где a – код класса, k – определяющий признак класса, r – позиция признака в тексте, s_i – ключевые слова, f_i – ключевые фразы; R_i – регулярные выражения.

На вход нейронной сети подается вектор слов зоны документа x^p. Сигнал, генерируемый нейронами слоя Кохонена, характеризует расстояние до ядра класса c_a:

$$\left\| d(x^p, c_a) \right\| = q_1 d_1 + d_2 q_2 + d_3 q_3 + d_4 q_4 + d_5 q_5 .$$

d_1 – величина, определяющая присутствие в документе определяющего признака, отнесенная к числу слов зоны документа:

$$d_1 = \frac{1}{n} \sum_{i=1}^{n} \hat{\delta}(k, x_i),$$

где – k определяющий признак класса, x_i – i-ое слово зоны, n – количество слов в зоне, $\hat{\delta}(a,b) = \begin{cases} 1, & a = b \\ 0, & a \neq b \end{cases}$.

d_2 – величина, определяющая расстояние между позицией определяющего признака в документе и позицией определяющего признака из ядра класса, нормированное к числу слов зоны документа:

$$d_2 = \frac{1}{n}\sum_{i=1}^{n}\hat{\delta}(k, x_i)\left(1 - \frac{|i-r|}{\max(i,r)}\right),$$

где k определяющий признак класса, r – позиция признака в тексте, x_i – i-ое слово зоны, n – количество слов в зоне.

d_3 – количество слов документа, совпавших со словами из ядра класса:

$$d_3 = \sum_{i=1}^{n}\sum_{k=1}^{v}[s_k = x_i]$$

где v количество ключевых слов, s_k – k-ое ключевое слово, x_i – i-ое слово зоны, n – количество слов в зоне.

d_4 – количество фраз документа, совпавших с фразами из ядра класса:

$$d_4 = \sum_{i=1}^{n-m}\sum_{k=1}^{u}\left[f_k = \bigcup_{j=i}^{i+m} x_j\right]$$

где u количество ключевых фраз, f_k – k-ая ключевая фраза, x_j – j-ое слово зоны, n – количество слов в зоне, m – количество слов во фразе.

d_5 – количество слов документа, совпавших с шаблонами регулярных выражений из ядра класса,

$$d_5 = \sum_{i=1}^{n-m}\sum_{i=1}^{u}\left[R_k = \bigcup_{j=i}^{i+m} x_i\right]$$

где u количество регулярных выражений, R_k – k-ое регулярное выражение, x_j – i-ое слово зоны, n – количество слов в зоне, m – количество слов в регулярном выражении.

q_i – весовые коэффициенты, выполняющие условие:

$$q_1 + q_2 + q_3 + q_4 + q_5 = 1.$$

Задача извлечения метаданного состоит в нахождении максимального из сигналов.

$$\left\| d(x^p, c_a) \right\| \to \max .$$

Представленный алгоритм лег в основу подсистемы автоматического извлечения метаданных из слабоструктурированных документов системы электронного документооборота ВУЗа.

После внедрения подсистема позволит уменьшить временные затраты на извлечение метаданных из слабоструктурированного документа, а также увеличить скорость импорта большого числа документов в систему электронного документооборота.

Литература

1. Гудов, А.М. Создание компонента автоматического определения метаданных документа для системы электронного документооборота [Текст] / А.М. Гудов, С.Ю. Завозкин, А.С. Меньшиков // Вестник ТГУ. – 2006. - №16.

Зангиев Т.Т.
доцент, к.т.н., Кубанский государственный технологический университет
Левчук Е.В.
студентка Кубанский государственный технологический университет

ТЕОРИЯ ИГР КАК ИНСТРУМЕНТ ПОСТРОЕНИЯ ПРЕВЕНТИВНОЙ МОДЕЛИ ЗАЩИТЫ

Широкое развитие и повсеместное внедрение информационных технологий практически во все аспекты деятельности современного общества влечет за собой вместе с тем необходимость глубокого и всестороннего учета возникающих при этом угроз ввиду столь же существенного возрастания величины возможного ущерба и масштаба последствий. Поэтому проблема защиты информации является *значимой и актуальной.*

В общем случае система защиты информации содержит в себе организационные, технические и программно-аппаратные средства защиты информации. Организационные средства представляют собой организационно-технические и организационно-правовые мероприятия. Основной частью организационных средств являются меры по защите от угрозы нарушителя, что значительно затрудняет выбор мер по защите. Описание предположений о возможностях нарушителя, которые могут быть использованы для реализации атак, весьма затруднительно в связи с непредсказуемостью его поведения, а обеспечивать защиту, перекрывающую все угрозы, в большинстве случаев экономически нецелесообразно. В условиях неполноты и противоречивости исходной информации целесообразно использовать математические модели теории игр и статистических решений. Поэтому расчет действий нарушителя на основе базовой модели производится с помощью методов теории игр [1].

В основе базовой модели нарушителя использован NIST SP 800-30 [2], как самый полный, детально проработанный стандарт, согласно которому одним из способов идентификации угроз является построение модели нарушителя (пример в таблице 1). При формировании частной модели нарушителя возможно изменение или добавление типов нарушителей в зависимости от целевых функций и конкретной конфигурации информационной системы.

Таблица 1. Пример модели нарушителя

Категория нарушителя	Квалификация, техническая оснащенность	Характер возможных действий	Контрмеры [3]
$Н_1$. Хакер	Знает минимум о техническом оснащении и топологии информационной системы	Неавторизованный доступ к информационной системе с использованием известных уязвимостей ОС	$К_1$. Идентификация и аутентификация
			$К_2$. Логическое управление доступом
			$К_3$. Протоколирование
			$К_4$. Аудит событий

Описав категории нарушителей (H_i), их квалификацию, техническую оснащенность, характер возможных действий и контрмеры (K_i), ввиду непредсказуемости поведения нарушителя, осуществляется переход к построению модели с нечеткими исходными данными. Модель рассматривается как «игра с природой» [4, 174], решение которой возможно получить с использованием алгоритмов теории статистических решений. Вначале определяется возможный выигрыш. За выигрыш принимается вероятность реализации угрозы, причем, чем ниже вероятность, тем соответственно больше выигрыш, который оценивается в условных единицах от 1 до 3. При каждой паре стратегий выигрыш – это эффективность стратегии против угрозы: угроза неосуществима – 3; угроза частично реализуема – 2; угроза реализуема полностью – 1. Затем задается матрица выигрышей, которая преобразуется в матрицу игры путем приведения минимума и максимума выигрыша. Оптимальная стратегия выбирается согласно принципу максимина, которая уточняется с использованием критерия min риска Сэвиджа (для этого составляется матрица риска). Риском [4, 179] игрока названа разность между выигрышем, который был бы получен, если бы были известны условия поведения противника, и выигрышем, который был бы получен, при неизвестных условиях и выборе стратегии.

После определения начальной стратегии поведения, проводится расчет первых десяти шагов итерационного процесса по методу Брауна-Робинсон, который позволяет определить наиболее вероятные угрозы со стороны нарушителей и смешанную стратегию поведения.

Применение смешанной стратегии, определенной как оптимальная, позволит конкретизировать модель защиты и обеспечить приемлемый уровень защищенности от нарушителя, затратив минимум временных и материальных ресурсов.

Список использованной литературы:

1. Зангиев Т.Т., Левчук Е.В./Оптимизация решений по защите ситуационного центра от внутреннего нарушителя: Научный журнал КубГАУ, №83(09), 2012 года, УДК 681.322, http://ej.kubagro.ru/2012/09/pdf/35.pdf
2. NIST SP 800-30 «Risk Management Guide for Information Technology Systems». http://csrc.nist.gov/publications.PubsSPs.html#800-30
3. CRAMM-CCTA «Risk Analysis and Management Method». http://www.cramm.com/downloads/datasheets.htm
4. Вентцель Е.С./Исследование операций: задачи, принципы, методология: учеб. пособие.-5-е изд., стер. – М.:КНОРУС, 2010.

Крутовой Ж.А., к.т.н., проф.*, **Мячикова Н.И.**, к.т.н., доц.**,
Запаренко А.В., асп. *, **Касилова Л.А.,** к.т.н., проф. *,
Сорокопудов В.Н., д.с.-х.н., проф.**
*Харьковский государственный университет питания и торговли,
г. Харьков, Украина
**ФГАОУ ВПО «Белгородский государственный национальный исследовательский университет», г. Белгород, Россия

О МАТЕМАТИЧЕСКОМ МОДЕЛИРОВАНИИ РЕЦЕПТУР МУЧНЫХ ИЗДЕЛИЙ С ВЫСОКИМ СОДЕРЖАНИЕМ ДЕФИЦИТНЫХ НУТРИЕНТОВ

Постановка проблемы в общем виде. Исследования по созданию систем питания, предназначенных для профилактики и лечения заболеваний, возникающих на фоне дефицита кальция, позволяют сделать вывод о том, что наиболее дефицитными нутриентами при условии обеспечения высокого уровня сбалансированного кальция являются селен, фтор и бор. Это обстоятельство обусловливает целесообразность разработки рецептур изделий и рационов питания с высоким содержанием указанных дефицитных нутриентов, в частности фтора.

Отметим, что при создании рецептур изделий для сбалансированного питания должны учитываться следующие факторы: 1) совокупность технологических ограничений, в частности, на содержание ингредиентов в рецептуре, условия обеспечения необходимого содержания влаги в тесте и пр.; 2) соотношения, обеспечивающие сбалансированность нутриентов (например, незаменимых аминокислот); 3) условия обогащения проектируемого изделия рядом нутриентов, особенно дефицитных; 4) критерий оптимальности создаваемой рецептуры изделия и т.д.

Для решения задачи указанного типа целесообразна разработка математических моделей.

Предмет статьи: создание математической модели рецептуры мучного изделия (пирожков с рыбной начинкой), обеспечивающего высокое содержание фтора (не менее 50 % суточной потребности) и характеризующегося высоким уровнем сбалансированности незаменимых аминокислот.

Изложение основного материала исследования. Суточная потребность во фторе составляет 750 мкг. Основной источник фтора – вода, особенно минеральная типа боржоми, много его содержится в морской рыбе, в частности, скумбрии, треске, пикше, значительно меньше – в орехах грецких, ячмене, бобовых. Фтор играет важную роль в метаболизме костной ткани, однако физиологическое его действие на сегодняшний день изучено недостаточно. Известно, что на организм неблагоприятно воздействует как дефицит фтора, так и его переизбыток. В то же время допустимый безопасный уровень содержания этого минерала в суточном рационе составляет 4 мг, что превышает суточную потребность в 5 раз.

В соответствии с современной концепцией проектирования продуктов высокой пищевой и биологической ценности в качестве объектов обогащения целесообразно выбирать в первую очередь те продукты, которые часто потребляются населением и доступны для всех его слоёв. Таким требованиям удовлетворяют, в частности, мучные изделия. Математическая модель проектируемого изделия представлена ниже.

Принятые обозначения:

x_i – неизвестное количество (г) сырья *i-го* вида ;

$Y_1 - Y_4$ – содержание (г) фтора, кремния, витаминов B_2 и B_6 в рецептуре соответственно;

$Y_5 - Y_{14}$ – содержание незаменимых аминокислот соответственно триптофана, лейцина, изолейцина, метионина, фенилаланина, лизина, треонина, валина, аргинина, гистидина (г) в рецептуре;

a_{ij} – содержание (г) нутриента *j-го* вида в 1 г *i-го* ингредиента;

λ_i – содержание воды (г) в 1 г *i-го* ингредиента;

$Y_j^{d.r.}$ – суточная потребность (г) в *j-м* нутриенте;

α_i – коэффициент весомости незаменимой аминокислоты *j-го* вида в функционале сбалансирования этих кислот.

Технологические ограничения:

– на содержание различных видов сырья:

Мука пшеничная 1/с $20 \le x_1 \le 40$ (1)

Мука соевая цельносмолотая $0 \le x_2 \le 4$ (2)

Кефир 3,2% жирности $9 \le x_3 \le 23$ (3)

Сахар $2{,}5 \le x_4 \le 9$ (4)

Дрожжи прессованные $0{,}4 \le x_5 \le 1{,}2$ (5)

Соль поваренная пищевая $0{,}06 \le x_6 \le 0{,}09$ (6)

Яйца куриные $0 \le x_7 \le 11$ (7)

Масло сливочное 72,5% жирности $0{,}6 \le x_8 \le 2$ (8)

Скумбрия атлантическая $25 \le x_9 \le 46$ (9)

Зелень укропа $0{,}6 \le x_{10} \le 2{,}5$ (10)

Лук репчатый $1{,}3 \le x_{11} \le 6{,}5$ (11)

– на содержание соевой муки $x_2 \le 0{,}1 \cdot x_1$ (12)

– на соотношение между содержанием муки и кефира

$$1{,}6 \le \frac{x_1 + x_2}{x_3} \le 2 \quad (13)$$

– на влажность теста

$$0{,}44\sum_{i=1}^{8} x_i \le \sum_{i=1}^{8} \lambda_i \cdot x_i \le 0{,}5\sum_{i=1}^{8} x_i \quad (14)$$

– на содержание начинки

$$1.2\sum_{i=9}^{11} x_i \le \sum_{i=1}^{8} x_i \quad (15)$$

Суммарный вес набора сырья

$$\sum_{i=1}^{11} x_i = 130 \quad (16)$$

Агрегированное ограничение на функционал сбалансированности группы незаменимых аминокислот

$$\sum_{j=5}^{14} \alpha_j \cdot Y_j \ge 0{,}15 \cdot \Phi_{eaa}^{d.r.}, \quad (17)$$

где $\Phi_{eaa}^{d.r.}$,– значение функционала сбалансирования незаменимых аминокислот, соответствующее их суточной потребности:

$$\Phi_{eaa}^{d.r.} = \sum_{j=5}^{14} \alpha_j \cdot Y_j^{d.r.} \quad (18)$$

Условия обогащения изделия дефицитными нутриентами (в процентном отношении к суточной потребности):

- фтором

$$0{,}5 \cdot Y_1^{d.r.} \le \sum_{i=1}^{11} a_{i1} \cdot x_i \le Y_1^{d.r.} \quad (19)$$

- кремнием

$$\sum_{i=1}^{11} a_{i2} \cdot x_i \ge 0{,}1 \cdot Y_2^{d.r.} \quad (20)$$

- витамином B_2

$$\sum_{i=1}^{11} a_{i3} \cdot x_i \ge 0{,}1 \cdot Y_3^{d.r.} \quad (21)$$

- витамином B_6

$$\sum_{i=1}^{11} a_{i4} \cdot x_i \ge 0{,}1 \cdot Y_4^{d.r.} \quad (22)$$

Соотношения для определения величин Y_j

$$Y_j = \sum_{i=1}^{11} a_{ij} \cdot x_i,\; j = \overline{1{,}14}. \quad (23)$$

Целевая функция

$$Z = Y_1 = \sum_{i=1}^{11} a_{i1} \cdot x_i \to \max \quad (24)$$

Математическая формулировка задачи оптимизации содержания ингредиентов в рецептуре мучного изделия состоит в следующем: определить вектор $\vec{X} = (x_1, x_2, \ldots x_{11})$, который максимизирует целевую функцию (24) – содержание фтора в наборе сырья – при условии, что координаты этого вектора удовлетворяют системам неравенств и уравнений (1) – (23).

Отметим, что функционал сбалансирования группы десяти незаменимых аминокислот представляет собой сумму произведений величин содержания этих кислот в проектируемом изделии на коэффициенты их весомости. Последние определены, исходя из научно обоснованных рекомендаций относительно соотношений между незаменимыми аминокислотами, обеспечивающих их сбалансированность.

Решение сформулированной задачи осуществлялось симплексным методом в системе MathCAD. При использовании изделия, изготовленного в соответствии с разработанной рецептурой, ожидаемый уровень удовлетворения суточной потребности в дефицитных нутриентах составляет: фторе – 87,15%; кремнии – 24,63%; витамине B_6 – 27,96%, витамине B_2 – 18,38%. Показатель сбалансированности незаменимых аминокислот составляет 21,86% от функционала сбалансирования незаменимых аминокислот, соответствующего суточной потребности в них.

Таким образом, в результате проведенного исследования разработана математическая модель рецептуры мучного изделия с высоким содержанием фтора, сбалансированными незаменимыми аминокислотами, а также обогащённого кремнием, витаминами B_2 и B_6. Изделие, которое можно изготовить в соответствии с предложенным проектом рецептуры предполагается использовать как элемент систем питания лечебно-профилактического назначения.

Андросик[1)] А.Б., Воробьев[2)] С.А., Мировицкая[3)] С.Д.
[1) 3)] к.т.н., доцент
[2)] к.т.н., профессор
Московский Государственный Открытый Университет
scotchwood@yandex.ru

ИССЛЕДОВАНИЕ ВОЛОКОННЫХ СВЕТОВОДОВ С ПРОФИЛИРОВАННОЙ СЕРДЦЕВИНОЙ РЕФРАКЦИОННЫМ МЕТОДОМ

Процесс неразрушающего измерения геометрооптических характеристик волоконных световодов (ВС) состоит из трех стадий: формирование облучающего пучка, его взаимодействие с объектом измерения и формирование зоны регистрации информационного сигнала. В этой трехзвенной системе можно выделить два динамических звена, которые существенно изменяются при переходе от одного метода контроля к другому. По типу излучающего пучка методы можно разделить на два класса: использующие узкий пучок (по сравнению с геометрическими размерами поперечного сечения объекта) и широкий пучок, размер которого на порядок превышает диаметр измеряемого объекта. Регистрацию информационного сигнала можно осуществлять в двух областях – ближней и дальней зоне плоскости изображения.

Подобная классификация позволяет выделить три группы оптических неразрушающих бесконтактных методов измерения геометрических и оптических характеристик световодов, основанных на зондировании измеряемого объекта:
- узким пучком с регистрацией информационного сигнала в ближней зоне;
- широким пучком с регистрацией сигнала в ближней зоне;
- широким пучком с регистрацией сигнала в дальней зоне.

Высокая актуальность задачи измерения профиля показателя преломления, формы поперечного сечения заготовок и оптических волокон привела к появлению множества разнообразных методов [1, 52] контроля этих параметров. Одними из наиболее перспективных и удобных методов измерения распределения показателя преломления волоконных световодов и заготовок являются методы диаграммы рассеяния в переднюю и заднюю полусферы, т.е. рефракционные методы, не требующие предварительной подготовки образца ВС.

Математическая обработка оптических сигналов, несущих информацию о распределении показателя преломления ВС при его обучении широким или узким (парциальным) пучком сводится к нахождению угла отклонения луча, прошедшего сквозь измеряемую неоднородность. Во всех модификациях метода рассеяния необходимо вычислить зависимость угла отклонения парциального луча от измеряемых параметров ВС.

Волоконные световоды с подвешенной профильной жилой, как и волокна с подвешенной круглой жилой, не имеют граничных источников светопотерь. Их затухание определяется только ослаблением света в материале. Сердцевина и оболочка этих световодов могут быть изготовлены из одного или разных материалов, при этом трубка-оболочка служит лишь для защиты световедущей сердцевины от внешних воздействий, а роль светоизолирующей оболочки выполняет воздух. Обычно сердцевина и защитная оболочка изготавливаются из одного материала, чаще из кварцевого стекла. Профильная жила [2, 37] имеет острые продольные ребра, которыми она крепится или свободно касается внутренней поверхности защитной оболочки. Профиль и показатель преломления сердцевины, длину волны направляемого излучения и условия ввода излучения в сердцевину выбирают таким образом, что электромагнитное поле на краях опорных ребер жилы практически равно нулю. В многомодовом ВС излучение распространяется через сердцевину благодаря полным многократным внутренним отражениям на границе сердцевина – воздух.

За счет подбора размеров и профиля сердцевины, ее показателя преломления, длины волны направляемого излучения и условий возбуждения ВС реализуется одномодовый режим его работы. При этом часть излучения распространяется вне сердцевины, а область эффективного ввода излучения в одномодовую профильную сердцевину может достигать 6 - 1 2 длин волн.

Основным преимуществом световодов с профильной световедущей сердцевиной является то, что средний эффективный показатель преломления изменяется по сечению ВС. Звездообразный профиль сердцевины обеспечивает уменьшение от центра к периферии эффективного показателя преломления, т.е. такие ВС эквиваленты градиентным [3, 146] . При одинаковом числе распространяющихся через ВС мод в силу фокусирующего действия световодов с профильной сердцевиной увеличение длительности светового импульса при многомодовом режиме их работы оказывается меньше, чем в двухслойных круговых многомодовых ВС. Подбором профиля сердцевины можно компенсировать влияние материальной дисперсии на увеличение длительности импульса.

Ниже рассмотрены особенности расчета волоконной структуры, содержащей оболочку и сердцевину с различными показателями преломления. Проанализирована волоконная структура с круглой оболочкой и сердечником в виде трехлепестковой фигуры. Прохождение основных типов лучей через такую фигуру представлено на рис. 1.

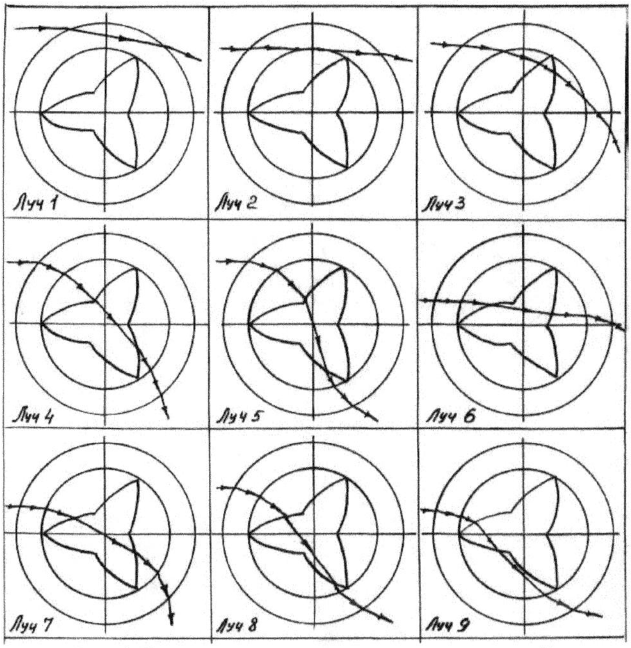

Рис.1 Основные типы зондирующих лучей

В качестве примера приведен расчет основных параметров луча 9, остальные характеристические лучи рассчитываются аналогично.

Определим координаты т. *A* $(X_A;Y_A)$

$$Y_A = Y \quad X_A = -\sqrt{R_1^2 - Y_A^2}$$

Находим длину луча

$$b_0 = R_1 + XA$$

Находим $bN = b_0 \cdot n_0$

Определим углы

$$\alpha = \varepsilon = \mathrm{arctg}\left(\frac{Y_A}{X_A}\right),$$

$$\varepsilon' = \arcsin\left(\frac{n_0}{n_1}\sin(\varepsilon_A)\right), \text{ ãäå}$$

ε' – óãîë ïðåëîìëåíè ÿ(ïî çàêîíó Ñíåëëÿ)

$$\varphi_1 = -\left|\varepsilon'_A - \varepsilon_A\right|$$

Луч выходит через первую оболочку. Решая систему уравнений, находим т. T

$$\begin{cases}(Y_A - Y_T) = tg\varphi_1(X_A - X_T)\\ Y_T^2 + X_T^2 = R_1\end{cases}$$

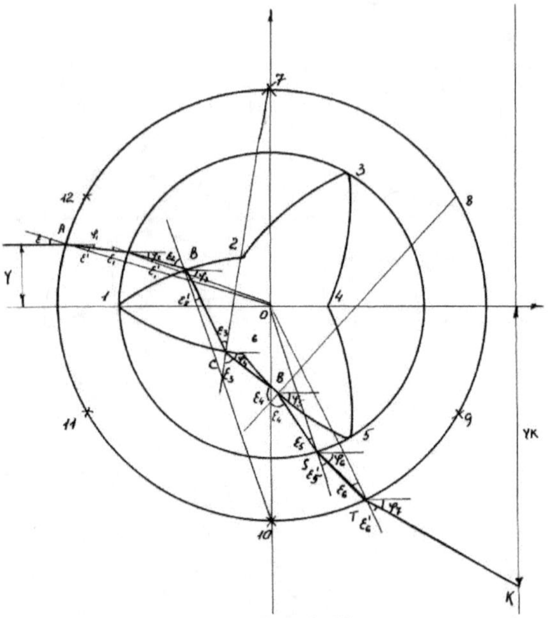

Рис.2. К расчету луча 9

Находим координаты т. $T\ (X_T; Y_T)$

Определим $b_1 = \sqrt{(Y_A - Y_T)^2 + (X_A - X_T)^2}$

Определим $bN = b_1 \cdot n_1$

Далее луч входит во вторую оболочку. Для нахождения координаты точки пересечения $B\ (X_B; Y_B)$ решаем систему уравнений.

$$\begin{cases} (Y_A - Y_B) = tg\varphi_{\acute{R}}(X_A - X_B) \\ Y_B^2 + X_B^2 = R_2^2 \end{cases}$$

Выберем координату т.B по $X_1 < X_2$

т. $B\ (X_B; Y_B)$

Определим $b_1 = \sqrt{(X_A - X_B)^2 + (Y_A - Y_B)^2}$

$$bN = b_1 \cdot n_1$$

Определим углы в т.B

$$\alpha_B = \operatorname{arctg}\left|\frac{Y_B}{X_B}\right|$$

$$\varepsilon_B = |\varphi_B - \alpha_B|$$

$$\varepsilon_B^{'} = \arcsin\left(\frac{n_1}{n_2}\sin(\varepsilon_B)\right)$$

$$\varphi_B = -\left|\varepsilon_B^{'} - \varepsilon_B\right| + \varphi_A$$

Определим углы в точке С

$$\alpha_C = \operatorname{arctg}\left|\frac{Y_{\acute{N}} - Y_{10}}{X_C - X_{10}}\right|$$

$$\varepsilon_C = \left|\varphi_B - \alpha_C\right|$$

$$\varepsilon_C^{'} = \arcsin\left(\frac{n_2}{n_3}\sin(\varepsilon_C)\right)$$

$$\varphi_C = -\left|\varepsilon_C^{'} - \varepsilon_C\right| + \varphi_B$$

Определим координату т.*D* $(X_D; Y_D)$ на дуге 16

$$\begin{cases}(Y_C - Y_D) = tg(\varphi_C)(X_C - X_D) \\ (Y_D - Y_7)^2 + (X_D - X_7)^2 = R_3^2\end{cases}$$

Получим координату т. *D* $(X_D; Y_D)$

$$b_4 = \sqrt{(Y_{\acute{N}} - Y_D)^2 + (X_C - X_D)^2}$$

$$bN_4 = b_n \cdot n_3$$

Далее находим углы в т.*D*

$$\alpha_D = \operatorname{arctg}\left|\frac{Y_D - Y_7}{X_D - X_7}\right|$$

$$\varepsilon_D = \alpha_3 + \varphi_4$$

$$\varepsilon_D' = \arcsin\left(\frac{n_3}{n_2}\sin(\varepsilon_D)\right)$$

$$\varphi_5 = \varphi_4 + \varepsilon_D' - \varepsilon_D$$

Далее луч попадает на дугу 65.

Результаты моделирования представлены на рис.3 для трех типов ВС, где X_1=f(x) – координата, а φ_i=f(x) – угол отклонения зондирующего луча, радиус оболочки r_1=100 мкм, радиус второго кольца r_2= 80мкм, показатель преломления окружающей среды n_0=1,45, показатели преломления световода n_1=1,457, n_2=1, n_3=1457, геометрический параметр трехлепестковой сердцевины а)- h=20мкм, б)- h=30мкм, в) - h=40мкм. Анализ кривых показывает высокую чувствительность метода к изменению геометрического параметра сердцевины.

X_1=f(x)

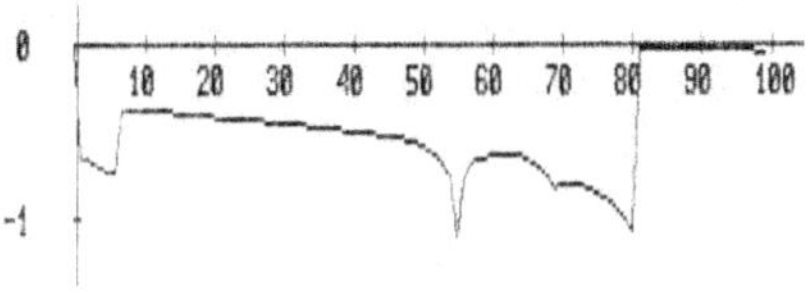

φ_i=f(x)

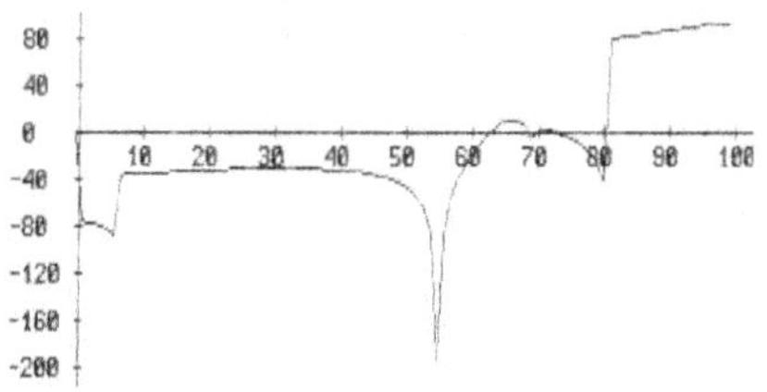

а

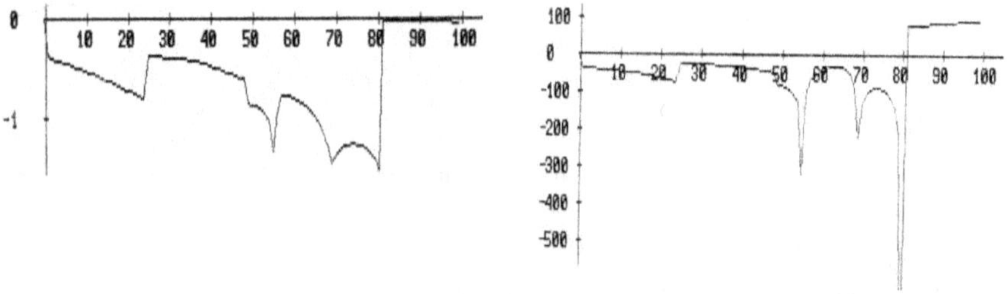

б

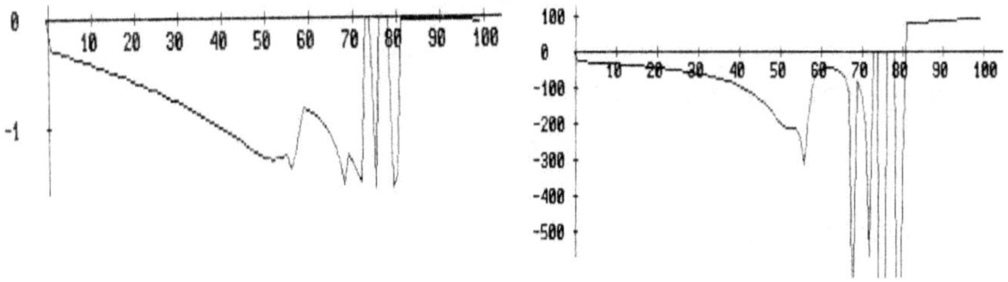

в

Рис.3. Результаты модельных исследований

Итак, в работе рассмотрен модифицированный рефракционный метод исследования геометрических и оптических характеристик световодов с трехлепестковой сердцевиной. На базе разработанной программы проведены расчеты основных параметров и представлены результаты модельных исследований.

Литература

1. Лазарев Л.П., Мировицкая С.Д. Контроль геометрических и оптических параметров волокон.- М.: Радио и связь, 1988.- 280 с.
2. Воробьев С.А., Андросик А.Б., Мировицкая С.Д. Вычислительная фотоника. Основы, задачи, методы анализа.- Lambert Academic Publishing – 2012- 183 с.
3. Андросик А.Б., Воробьев С.А., Мировицкая С.Д. Волноводная и интегральная фотоника.- М.: МГОУ, 2011. 370 с.

Волянский Р.С.[1], Садовой А.В.[2]
[1]к.т.н, доц., [2]д.т.н., проф., Днепродзержинский государственный технический университет, Днепродзержинск

КОРНЕВОЙ МЕТОД ФОРМИРОВАНИЯ НЕЛИНЕЙНОЙ АКТИВАЦИОННОЙ ФУНКЦИИ ОПТИМАЛЬНОГО РЕГУЛЯТОРА ДЛЯ ДИНАМИЧЕСКОГО ОБЪЕКТА 2-ГО ПОРЯДКА

Введение. Современный уровень развития производственных отношений требует постоянного повышения качества выпускаемой продукции и улучшения оказываемых услуг, что невозможно без совершенствования процесса производства. Такому совершенствованию способствует существующая материальная база информационной, преобразовательной и исполнительной техник, которая создает предпосылки для создания и реализации современных законов управления исполнительными устройствами, отдельными технологическими процессами и производством в целом с целью улучшения их технико-экономических показателей. Известно, что существенно улучшить статические и динамические характеристики исполнительных электромеханических систем можно путем использования принципа разрывного управления [1]. Такой тип управления характеризуется возникновением скользящих режимов первого [2] и более высоких порядков [3].

Разрывное управление реализуется путем использования нелинейных активационных функций, которые позволяют представить алгоритм управления в виде

$$U = f(S), \tag{1}$$

где $f(.)$ - нелинейная активационная функция, S - уравнение линии равновесного состояния регулятора.

Известные работы, посвященные синтезу оптимальных систем разрывного управления, посвящены определению алгоритма управления с линейной линией равновесия регулятора [2]

$$S = \sum_{i=0}^{n} V_{in}\eta_i , \tag{2}$$

η_i - координатами возмущенного движения объекта управления.

Использование оптимального управления (1) с линейной линией равновесия в замкнутой системе управления определяет достаточно узкий диапазон возможных движений, приближенных к экспоненциальным. Как следствие такие системы обладают невысоким быстродействием. Поэтому задача расширения диапазона воспроизводимых траекторий путем перехода к нелинейной линии равновесного состояния регулятора

$$S = g(\eta_0, \eta_1, \ldots, \eta_n) \tag{3}$$

и реализации управлений вида

$$U = F(\eta_0, \eta_1, \ldots, \eta_n), \tag{4}$$

где $F(.)$ - активационная функция, зависящая нелинейно от своих аргументов, является актуальной.

Постановка задач исследования. Целью настоящей статьи является формирования нелинейной активационной функции, которая обеспечивает желаемый характер движения электромеханической системы.

Материалы исследования. Рассмотрим замкнутую электромеханическую систему 2-го порядка, возмущенное движение которой описывается следующими уравнениями

$$p\eta_1 = a_{12}\eta_2; \quad p\eta_2 = a_{21}\eta_1 + a_{22}\eta_2 + m_2 U; \quad U = -f(\eta_1, \eta_2). \qquad (5)$$

Представим третье уравнение системы (5) в виде

$$U = -f(\eta_1, \eta_2) = -g_1(|\eta_1|)\eta_1 - g_2(|\eta_1|)\eta_2, \qquad (6)$$

где $g_1(|\eta_1|)$, $g_2(|\eta_1|)$ - положительно определенные функции.

Подставив управление (6) в уравнения (5), запишем свободное движение замкнутой системы (5)

$$p\eta_1 = a_{12}\eta_2; \quad p\eta_2 = (a_{21} - g_1(|\eta_1|))\eta_1 + (a_{22} - g_2(|\eta_1|))\eta_2. \qquad (7)$$

Тогда характеристическое уравнение системы (7) можно записать в виде

$$D(p) = p^2 - (a_{22} - g_2(|\eta_1|))p - a_{12}(a_{21} - g_1(|\eta_1|)) = 0. \qquad (8)$$

Уравнение (8) будем называть *располагаемым характеристическим полином замкнутой системы с нелинейной активационной функцией*.

В работе [4] показано, что для системы 1-го порядка с нелинейной активационной функцией корень характеристического уравнения зависит от отклонения регулируемой переменной. Обобщая этот результат на случай динамических систем произвольного порядка, сформулируем обратное утверждение: **движение корней характеристического уравнения определяет отклонение регулируемой координаты от ее желаемого значения** и, как следствие, определяет остальные координаты возмущенного движения.

Это утверждение для системы (5) позволяет представить *желаемый полином замкнутой системы с нелинейной активационной функцией*. При его записи учтем, что из всего многообразия распределений корней характеристического уравнения отрицательные вещественные значения корней, а следовательно и асимптотическая устойчивость замкнутой системы, гарантируется ограниченным числом полиномов [5]. Поэтому желаемый полином будем искать в виде

$$D'(p) = p^2 - (p_1(|\eta_1|) + p_2(|\eta_1|))p + p_1(|\eta_1|)p_2(|\eta_1|) = 0. \qquad (9)$$

В отличие от характеристических полиномов с постоянным коэффициентами, корни полинома (9) должны подчиняться условиям

$$p - p_1(|\eta_1|) = 0; \; p - p_2(|\eta_1|) = 0 \qquad (10)$$

не вообще, а в каждой точке траектории движения системы (7), т.е условия (10) являются более строгими по сравнению с классическими.

Задав законы движения корней $p_1(|\eta_1|)$ и $p_2(|\eta_1|)$ желаемого характеристического уравнения системы и сравнивая коэффициенты полиномов (8) и (9) при одинаковых степенях p, можно записать следующие зависимости для определения неизвестных функций $g_1(|\eta_1|,|\eta_2|)$, $g_2(|\eta_1|,|\eta_2|)$

$$a_{22} - g_2(|\eta_1|) = p_1(|\eta_1|) + p_2(|\eta_1|); a_{12}(a_{21} - g_1(|\eta_1|)) = -p_1(|\eta_1|)p_2(|\eta_1|). \quad (11)$$

Из выражений (11) однозначно можно найти неизвестные функции $g_1(|\eta_1|,|\eta_2|)$, $g_2(|\eta_1|,|\eta_2|)$

$$g_1(|\eta_1|) = a_{21} + p_1(|\eta_1|)p_2(|\eta_1|)/a_{12}; g_2(|\eta_1|) = a_{22} - p_1(|\eta_1|) - p_2(|\eta_1|). \quad (12)$$

Анализ зависимостей (11) и функций (12) показывает, что для устойчивого движения системы (5) необходимо выполнение следующих неравенств

$$|a_{21}| < |p_1(|\eta_1|)p_2(|\eta_1|)/a_{12}|; \quad |a_{22}| < |p_1(|\eta_1|) + p_2(|\eta_1|)|. \quad (13)$$

Выражения (12) позволяют представить алгоритм оптимального управления (6) в виде

$$U = -(a_{21} + p_1(|\eta_1|)p_2(|\eta_1|)/a_{12})\eta_1 - (a_{22} - p_1(|\eta_1|) - p_2(|\eta_1|))\eta_2. \quad (14)$$

Алгоритм (14) имеет важное методологическое значение поскольку расширяет класс нелинейных активационных функций с одним аргументом на класс нелинейных аддитивных функций нескольких аргументов.

Выводы. Приведенные в работе выкладки показывают, что назначение отрицательных вещественных корней желаемого характеристического полинома, коэффициенты которого определяются возмущенным движением замкнутой системы, позволяет синтезировать оптимальное управление с нелинейной активационной функцией. Вид и параметры активационной функции зависят от желаемых траекторий движения корней характеристического уравнения, на которые должны быть наложены ограничения вида (13), которые определяются структурой и параметрами системы управления.

Литература

1. Уткин В.И. Скользящие режимы и их применение в системах с переменной структурой; М.: Наука, 1974. – 272с.
2. Садовой, А.В. Системы оптимального управления прецизионными электроприводами. А.В. Садовой., Б.В. Сухинин, Ю.В. Сохина; под общ.ред. Садового А.В; К.: ИСИМО, 1996. – 298с.
3. Емельянов С.В. Новые типы обратной связи: Управление при неопределенности. С.В.Емельянов, С.К.Коровин; М.: Наука, 1997. - 352с.
4. Волянский Р.С., Садовой А.В. Динамические параметры систем управления с иррациональной активационной функцией/ Информационные технологии моделирования и управления// Воронеж, Научная книга, 2012. - №5(77). – С. 345-353.
5. Кузовков Н.Т. Модальное управление и наблюдающие устройства; М.: Машиностроение, 1976.-184с.

Садовой А.В.[1], **Алексеев И.А.**[2], **Трикило А.И.**[2], **Бабенко М.В.**[2]
[1]док.тех.наук, [2]канд.тех.наук, Днепродзержинский государственный технический университет, Днепродзержинск

РАСЧЕТ ПАРАМЕТРОВ РЕЗОНАНСНЫХ СВЯЗЕЙ В ТРАНСФОРМАТОРАХ ТЕСЛА ДЛЯ СИСТЕМ ОДНОПРОВОДНОЙ ПЕРЕДАЧИ ЭЛЕКТРИЧЕСКОЙ ЭНЕРГИИ

Введение. Более ста лет назад Никола Тесла опубликовал результаты своих опытов по резонансному методу передачи электрической энергии [1,49; 2, 7].

Первым на территории СНГ однопроводную систему передачи электрической энергии внедрил «Газпром» (Россия) и спонсировал изготовление соответствующей установки мощностью 20 кВт[3, 14].

Постановка задачи. Основной задачей данной работы является разработка методики расчета параметров резонансных трансформаторов для систем однопроводной передачи электрической энергии.

Результаты работы. Авторами предлагается эквивалентная схема трансформатора Тесла представлена на рис. 1. Данная схема характеризуется следующими параметрами: емкость и индуктивность первичной обмотки (L_1, $C1$), емкость и индуктивность вторичной обмотки (L_2, C_2), активные сопротивлений первичной и вторичной обмоток (R_1, R_2), взаимная индуктивность между обмотками ($M_{св}$). В данной эквивалентной схеме вводится понятие взаимной емкости ($C_{св}$), образуемой первичной и вторичной обмотками трансформатора. Данный параметр практически не учитывается в методиках расчета классических трансформаторах, но необходим при расчете резонансного трансформатора, так как учитывает характер резонансных явлений между его первичной и вторичной обмотками. Таким образом, резонансную систему, образованную трансформатором Тесла можно условно разделить на три отдельных резонансных контура: первичная обмотка, вторичная обмотка и резонансный контур связи первичной и вторичной обмоток между собой.

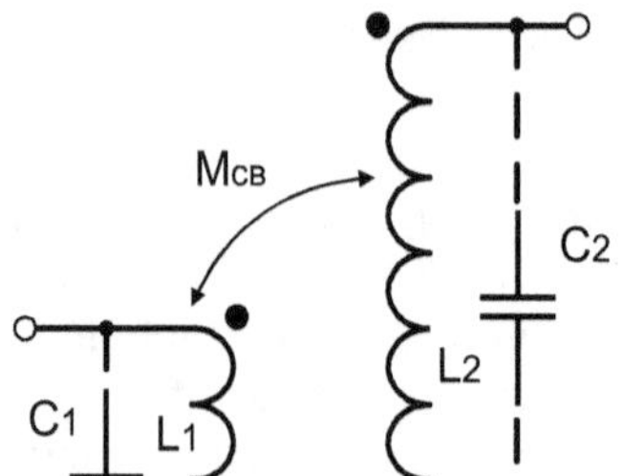

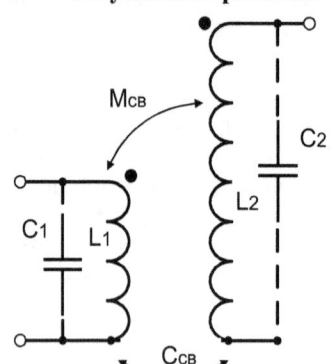

Рисунок 1 - Эквивалентная схема трансформатора Тесла

Предлагается следующая методика расчета параметров резонансного трансформатора (параметры исследуемого трансформатора приведены в табл.1, рабочая частота трансформатора 300 кГц). На первом этапе рассчитываются параметры вторичной и первичной обмоток трансформатора.

Исходя из резонансной частоты работы трансформатора, определяются: количество витков вторичной и первичной обмоток, диаметры обмоточных проводов, индуктивность обмоток, емкость обмоток. По полученным данным уточняются собственные резонансные частоты работы обмоток.

Таблица 1 – Конструктивные параметры трансформатора

Тип обмотки	Диаметр каркаса, *м*	Длина каркаса, *м*	Сечение провода, *мм*^{2}	Количество витков, *шт*
Первичная	0,1	0,3	2	30
Вторичная	0,05	0,75	0,09	3000

На втором этапе производится расчет параметров резонансной связи первичной и вторичной обмоток. При этом обмотки трансформатора условно представляются как однослойные цилиндрические катушки при соосном расположении. Расчет взаимной индуктивности между первичной и вторичной обмотками трансформатора производится по формуле [4, 106]:

$$M_{cв} = \mu_0 \cdot \sum_{k_1=1}^{w_1} \sum_{k_2=1}^{w_2} \int_0^{\pi} \frac{r_2 \cdot r_1 \cdot \cos(\varphi)\, d\varphi}{\sqrt{\left(\dfrac{l_1 - l_2 + (r_1 - r_2) - h_2}{2} - x - h_1 \cdot k_1 + h_2 \cdot k_2\right)^2 +}} \Rightarrow \qquad (1)$$

$$\Rightarrow \frac{}{+ r_1^2 + r_2^2 - 2 \cdot r_1 \cdot r_2 \cdot \cos(\varphi)}, \quad M_{cв} \approx 0{,}000341466\ (Гн)$$

где: r_1 – радиус первичной обмотки, r_2 – радиус вторичной обмотки, h_1 – шаг намотки первичной обмотки, h_2 – шаг намотки вторичной обмотки, l_1 – длина намотки первичной катушки, l_2 – длина намотки вторичной катушки, x – координата положения первичной обмотки.

Для определения значения взаимной емкости воспользуемся эквивалентным представлением взаимной емкости образованной первичной и вторичной обмотками. Представим первичную обмотку как совокупность коаксиальных круговых колец с количеством равным числу витков первичной обмотки, а вторичную как бесконечно длинный прямолинейный провод (рис. 2). Это вполне допустимо в нашем случае если учесть геометрические соотношения первичной и вторичной обмоток.

Тогда, значение эквивалентной емкости можно найти из выражения [5,172]:

$$C_{cв} = \frac{4 \cdot \pi \cdot \varepsilon \cdot \varepsilon_0 \cdot a_1 \cdot n}{\ln \dfrac{2 \cdot R}{a_2}} \qquad (2)$$

где: n – число витков, ε_0 – электрическая постоянная $\left(\varepsilon_0 = \dfrac{1}{36 \cdot \pi} \cdot 10^{-9}\ Ф/м\right)$, ε = 1 – диэлектри-

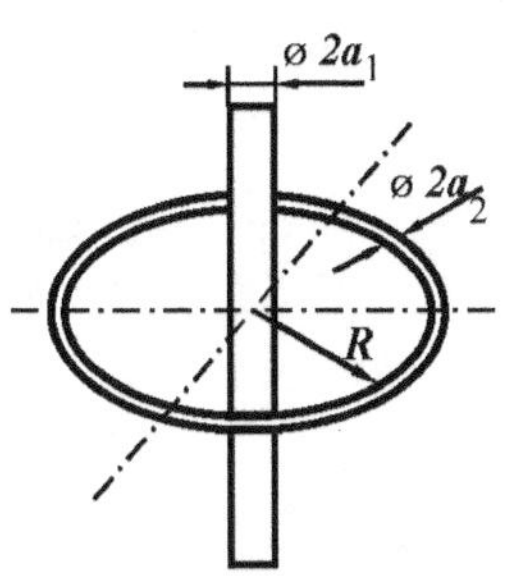

Рисунок 2 – Расчетная модель трансформатора

ческая проницаемость воздуха, a_2 – радиус провода первичной обмотки, a_1 – радиус вторичной обмотки.

Подставив числовые значения, получим:

$$C_{св} \approx 88{,}90179 \cdot 10^{-12} (Ф) \tag{3}$$

Рассчитаем значение резонансной частоты индуктивно-емкостной связи между первичной и вторичной обмотками:

$$f_{св} = \frac{1}{2 \cdot \pi \cdot \sqrt{M_{св} \cdot C_{св}}} \approx 921633 \ (Гц) \tag{4}$$

Из полученного значения резонансной частоты следует, что связь между первичной и вторичной обмотками данной конструкции трансформатора, возможна только на третьей гармонике:

$$f_{св}(3) \approx \frac{921633}{3} = 307221 \ (Гц) \tag{5}$$

Эта особенность приведет к уменьшению минимум в три раза максимальной передаваемой мощности трансформатором и в такое же количество раз принимающим трансформатором. В результате значение максимальной передаваемой мощности системой состоящей из двух идентичных трансформаторов составит:

$$Q' \approx \frac{Q_1}{9} = 62{,}98 \ (Вт) \tag{19}$$

где Q_1 – реактивная мощность первичной обмотки трансформатора.

Полученный результат практически совпадает с данными полученными в ходе экспериментальных исследований.

Выводы:

1. При расчете электрических параметров трансформаторов Тесла для комплексов однопроводной передачи электрической энергии необходимо учитывать параметры резонансного контура связи первичной и вторичной обмоток.
2. Подстройка резонансной частоты связи первичной и вторичной обмоток трансформатора возможна изменением координаты положения первичной обмотки относительно вторичной, т.е. координаты x в выражении (1).

ЛИТЕРАТУРА

1. Тесла Н. Статьи. – Самара: Издательский дом «Агни», 2008. – 584 с.: ил.
2. Тесла Н. Колорадо-Спрингс. Дневники. 1899-1900 – Самара: Издательский дом «Агни», 2008. – 460 с.: ил.
3. Стребков Д.С., Некрасов А.И. Резонансные методы передачи электрической энергии. Под редакцией академика РАСХН Д.С. Стребкова. Издание второе. – Москва: ВИЭСХ, 2006. – 304 с.

4. Немцов М.В., Шамаев Ю.М. Справочник по расчету катушек индуктивности.- М.: Энергоиздат, 1981. – 136 с., ил.
5. Иоссель Ю.Я. и др. Расчет электрической емкости/Ю.Я. Иоссель, Э.С. Кочанов, М.Г. Струнский. – 2-е изд., перераб. и доп.- Л.: Энергоиздат. Ленингр. отд-ние, 1981.-288 с., ил.

Хуббитдинова Н.А.
(к.ф.н., ИИЯЛ УНЦ РАН)

ИНТЕРТЕКСТУАЛЬНОСТЬ СРЕДНЕВЕКОВОЙ ТЮРКСКО-БАШКИРСКОЙ ЛИТЕРАТУРЫ И НАРОДНЫХ ПОСЛОВИЦ И ПОГОВОРОК

Информация в современном обществе становится занимательным и своеобразным литературным приемом раскрытия общего смысла происходящего. Она является способом для познания мира, тем ключом, который открывает духовный мир человека, его желания и стремления. Каким бы новшеством не обладала информация, она диалогична с предыдущим, давно знакомым сообщением.

Как известно, мысль о диалогичности в культуре, искусстве, литературе в частности «стала аксиомой». «Эта особенность находит отражение во внутренней структурной организации произведения (М.М. Бахтин, М. Хайдеггер), в интенциональной направленности художественной деятельности (Г.Г. Гадамер, В.С. Баблер), в ее нацеленности на взаимодействие с отдельной личностью как социокультурными субъектами (М.С. Каган)» [4, 153], а также в интертекстуальности художественного творчества (Ю. Кристева). Информация о древней средневековой тюркской литературе, ее диалогичности с фольклором в современном литературоведческом сообществе может стать ключом для познания художественного наследия тюркских народов, башкир в частности. Потому что диалогичность по-Бахтину, интертекстуальные связи по-Кристевой произведений национальной художественной литературы и устно-поэтического народного творчества продолжает оставаться актуальной и сегодня*. Таковой она была и многие сотни лет тому назад.

В народных пословицах и поговорках «с присущей им лаконичностью и экспрессией выражены устрый ум, природная наблюдательность народа, его принципиальность, глубокая мудрость. В них заключены художественно обобщенный социально-исторический опыт народа, его мировоззрение, соицально-этические идеалы» [1, 539]. «Пословицы, слова оракулов, сказок, эпоса, как правило, передаются лишь устно и, таким образом, ускользают, к сожалению, от нашего познания. В относительно позднее время лишь кое-что записывалось. Если в рукописях какая-либо мысль преподносится как общая сентенция, значит, это могло

---

* Шарипова З.Я. Функции литературных приемов в художественном произведении // Агидель.– 2008. – №6. – С. 139-152 (на башк. яз.); Хуббитдинова Н.А. Интертекстуальность поэзии М. Акмуллы (К 180-летию башкирского просветителя) // Проблемы истории, филологии, культуры. – №3. – Магинтогорск, 2012. – С.185-191; ее же. Интертекстуальная теория в башкирской поэзии // Ватандаш. – 2012. – №10. – С.181-185.

быть пословицей» [2, 297]. Это во многом можно увидеть в средневековой тюркской, а затем и в тюркско-башкирской литературе, которая богата интертекстами на народные афоризмы. Они в авторском творчестве представляют собой общие сентенции.

Кашгарский поэт XI века Юсуф Баласагуни, творчество которого было известно многим тюркским народам, в своей знаменитой книге «Благодатные знания»** наряду с народной мудростью, устным поэтическим творчеством тюркских народов также широко использовал пословицы и поговорки в нравственно-дидактических целях. Они органично вплетены в сюжет повествования и призваны в различных житейских ситуациях выражать глубину мысли и мудрость познаний. Автор по разному прибегает к афористическому жанру, включая его в сюжетную канву: либо напрямую, либо художественно опосредованно. Так, в начале повествования рассуждая о величии и достоинствах Богры-хана, он так и говорит:

110. В народе пословица древняя есть:
«Дар сыну – отцовское имя и честь».
Сын имя и честь получая в награду,
В наследстве стократ обретает отраду…[1, 74]

Ведя речь о достоинстве и пользе языка, Баласагуни среди прочего изрекает:

170. Разумной считается мудрая речь,
А глупая снимет и голову с плеч [1, 79].

Данный раздел, посвященный пользе и вреду языка, впрочем, как и другие поучительные главы сочинения, изобилует интертекстами на мудрые изречения афористического характера, во многом напоминающие тюркские народные пословицы и поговорки, башкирские в том числе: «Неосторожно изрекший речь – скончался не от болезни», «Мало словье смысл обретает, От большего слова беда придет», «За язык ответит голова» и т.д.

Следовательно, Баласагуни в своей поэме «Благодатное знание» показал, как он свободно владеет и применяет в своем творчестве тюркские народные пословицы и поговорки, используя их как напрямую, называя своими именами (т.е. говорит, что это высказываение является пословицей), так и художественно вплетает афористические выражения в саму ткань повествования. Это придает его языку и выразительным средствам изображения образность, аллегоричность, метафоричность, обогащая тем самым поэтику произведения. В поэме XIV века «Гулистан бит-тюрки»* («Гулистан на тюрки») Сайфа Сараи – поэта периода Золотой

** «Кутадгу билиг» - тюркское поэтическое сочинение XI в.
* Речь идет о «Бустане» в переводе С.Сараи на тюрки (1391 г.). – Н.Х.

Орды также отчетливо прослеживается реминисценции на народные пословицы и поговорки.

Сборник хикаятов – историй С.Сараи «содержит фантастические сказки о всевозможных приключениях, к которым присовокуплены забавные истории, вдохнавленные реальной жизнью, легенды и исторические анкдоты» (например, известные сборники «Калила и Димна», «Синдбад-наме» и др.) [3, с. 271]. В нем приводятся жизненные и поучительные истории, в которых также обнаруживаются цитации на пословицы, поговорки о труде, знании, добре и зле и т.д. Здесь народные афоризмы помогают раскрыть основную идею произведения: прослеживается традиционная для эстетики сказок явление, когда народная пословица служит сюжетообразующим мотивом. Подобное, к примеру, можно проследить в башкирских народных сказках типа АТ 654В («Аминбек», «Карбуз», «Шакир»), где в виде мотива выступает известная тюркско-башкирская народная пословица «Для егета (юноши) и семи ремесел мало» (существует вариант «Для егета (юноши) и сорока ремесел мало»). В сборнике С.Сараи приведенная пословица как сюжетообразующий мотив лежит в основе хикаята «О преимуществах довольствования тем, что есть» (другими словами, довольстоваться малым). Когда сын изъявил желание приобрести навыки какого-нибудь ремесла с тем, чтобы поправить свое материальное положение, отец ему отвечает: «Одного желания для того, чтобы разбогатеть мало» и добавляет, мол, для этого необходимо владеть различными ремеслами и знаниями, которыми являются торговля, наука, мелодичный голос, владение каким-нибудь искусством. По его мнению, если не постичь всех этих навыков, то человек так и будет жить бесплодными мечтами – таков основной тезис хикаята. Используя народную мудрость «Егету (т.е. юноши) и 40 ремесел мало», автор в своем произведении мотивирует героя к дальнейшим действиям и решает важную идейно-эстетическую задачу.

Таким образом, на примере произведений Ю. Баласагуни и С. Сараи было устновлено, что в общетюркской и тюркско-башкирской литературе средневековья прослеживаются интертексты на народные пословицы и поговорки. В идейно-художественном отношении они способствовали решению важных идейно-эстетических, этических задач, поэтическому обогащению содержания. В информационно-коммуникативном плане интертекстуальные связи литературного творчества и фольклорных традиций помогали сближению художественного произведения и читательской аудитории.

Использованная литература

1. Баласагуни Ю. Благодатное знание/Пер. С.Н.Иванова, вступит. сл. М.С.Фомкина, примечан. А.Н.Малеховой. Л., 1990.

2. Башкирское народное творчество: Пословицы и поговорки/ Сост., авт. вступит. ст., коммент. Ф.А.Надршина. Уфа: Китап, 2006.

3. Бонбачи А. Тюркские литературы. Введение в историю и стиль//Зарубежная тюркология. М.: Наука, 1986. – С. 191–299.

4. Шильникова О.Г. Литературная критика в современном медиапростарнстве: основные тенденции и перспективы развития // Известия Российского государственного педагогического университета им. А.И. Герцена. 2009. №118. – С.153-158.

Панасенко Е.А.
Национальный исследовательский
Томский политехнический университет
аспирант

ИССЛЕДОВАНИЕ НАУЧНОЙ МЕТАФОРЫ В IT-ДИСКУРСЕ

На протяжении всей истории исследования метафоры ее изучение постепенно переместилось из филологии в философию и далее в науковедение, где отмечается важная роль научной метафоры. Интерес, расширение сферы ее изучения захватили разные области знания, в том числе психологию, нейронауки, герменевтику, лингвистику, теорию информации. Становясь ключом к пониманию основ мышления и процессов создания ментальных представлений о мире, метафоры помогают создать язык для осознания и описания новых явлений. Стремительное развитие науки во многих ее областях стимулирует активный процесс терминообразования. Массовое рождение новых понятий, обусловленное новыми открытиями, требует все новых языковых ресурсов для их языкового обличия и одновременно предъявляет высокие требования к когнитивным возможностям и способностям специалистов.

Метафора в науке не только средство выражения, но еще и важное орудие мышления [1]. Когда ученый открывает ранее неизвестное явление, то есть когда он создает новое понятие, он должен его назвать. Поскольку совершенно новое слово ничего не говорило бы носителям языка, он вынужден пользоваться существующим лексиконом, в котором за каждым словом уже закреплено значение. Чтобы быть понятым, ученый выбирает, такое слово, значение которого способно навести на новое понятие. Термин приобретает новое значение через посредство и при помощи старого, которое за ним сохраняется. Это и есть метафора.

Р. Хоффман, автор ряда исследований о метафоре, писал: «Метафора исключительно практична. ... Она может быть применена в качестве орудия описания и объяснения в любой сфере: в психотерапевтических беседах и в разговорах между пилотами авиалиний, в ритуальных танцах и в языке программирования, в художественном воспитании и в квантовой механике. Метафора, где бы она нам ни встретилась, всегда обогащает понимание человеческих действий, знаний и языка» [4, 327].

Информационные технологии на сегодняшний день являются неотъемлемой частью технологических процессов. Информационные технологии относительно быстро развиваются и становятся частью деятельности множества людей, учреждений и организаций, тем самым внедряя в нашу жизнь все новые предметы и услуги, а соответственно обогащая наш лексикон новыми словами и понятиями.

Исходным материалом для изучения метафоры в данной сфере послужил ряд научных статей из международного журнала «Программные продукты и системы»: научные статьи в области информационных технологий» [2]. Центральными понятиями и наиболее часто употребимыми концептами стали «КОМПЬЮТЕР», «ИНТЕРНЕТ», «ПРОГРАММНОЕ ОБЕСПЕЧЕНИЕ», «ТЕХНОЛОГИИ», «ИНФОРМАЦИЯ», «РЕСУРСЫ». Анализ показал, что большинство метафор в данной предметной области заимствовано из обыденного языка. Наиболее часто моделируются представления о компьютере. Рассмотрим функционирующие в данной сфере модели:

1. «КОМПЬЮТЕР – ЭТО ЧЕЛОВЕК»:

...это связано с массовым появлением и применением суперкомпьютерной техники с исключительными техническими характеристиками по скорости вычислений и гигантскому ***объему памяти****...*

Память – это *способность сохранять и воспроизводить в сознании прежние впечатления* (здесь и далее толкование лексических единиц приводится по [3]). Данная способность присуща живому разумному существу, соответственно это случай переноса свойств и качеств живого объекта на неживой - компьютер (у которого отсутствует сознание и впечатления он не способен воспроизводить). Таким образом, мы получаем модель КОМПЬЮТЕРНАЯ ПАМЯТЬ – ЭТО ПАМЯТЬ ЧЕЛОВЕКА.

В то же время, память компьютера обладает новыми свойствами, присущими объектам-вместилищам: емкостью, объемом.

Расширению спектра применения компьютерной техники способствует развитие Интернета с высокой пропускной способностью его каналов и сверхбольшой ***емкостью памяти*** *серверов Всемирной сети.*

2. «КОМПЬЮТЕР – ЭТО ИНСТРУМЕНТ/ОРУДИЕ»:

... что Интернет в состоянии удовлетворить потребности пользователей в генерировании и ***обработке данных*** *в широком диапазоне.*

Поскольку значение глагола *обрабатывать - подвергнуть выделке, отделке в процессе изготовления*, то мы предполагаем, что данные предстают перед нами в образе объекта, который видоизменяют, совершенствуют при помощи такого инструмента как компьютер.

3. «КОМПЬЮТЕР – ЭТО ОПОРА»:

Хорошо развитая аппаратная платформа обусловливает развитие ПО для ***компьютерной поддержки*** *научных исследований и прикладного проектирования.*

Поддержать означает *придержав, не дать упасть кому-либо, чему-либо.* В данном контексте на компьютер переносится значение и свойства опоры, которая окажет поддержку исследованиям и проектированию.

4. «КОМПЬЮТЕР – ЭТО УЧИТЕЛЬ»:
Обучающие системы, основанные на концепции Электронный учитель, имеют ряд сложностей.
Электронный – прилагательное, образованное от слова *электрон* и имеющее отношение к ЭВМ. Таким образом, учитель и компьютер как бы меняются ролями: учитель становится компьютером, а компьютер – учителем.

При изучении относительно нового направления в информационных технологиях - «облачных технологий / вычислений» (Cloud Computing), была выделена модель «КОМПЬЮТЕР – ЭТО ОБЛАКО»:
*...**облачные технологии** в компьютерном моделировании научных и инженерных задач...*
*Среди парадигм развития современных информационных технологий можно выделить направление, получившее название **облачные вычисления**...*
Значение глагола *вычислять - произведя действия над числами, найти искомое, высчитать.* А т.к. компьютер – это электронная вычислительная машина, то перед нами модель: КОМПЬЮТЕР – ЭТО ОБЛАКО. Облачные технологии – это сеть, которая связывает компьютеры между собой словно облака в небе. Т. о., могут появляться все новые и новые «облака» в сети, которые будут взаимосвязаны неким одним сервером. Почему же *облако*? Облака находятся высоко в небе, т.е. они удалены от нас. По этому же подобию удаленности складывается некая компьютерная сеть, которая предоставляет своим пользователям удаленный доступ к определенным ресурсам.

Одно из центральных мест в данной предметной области занимает понятие «ИНФОРМАЦИЯ», которое также часто моделируется метафорически.
1. «ИНФОРМАЦИЯ – ЭТО ВОДА»:
*... организация вычислений и **информационные потоки**....*
*Эта технология имеет существенно больше направлений движения **потоков информации**...*
*Научно-технический процесс в любой стране имеет определенные ниши закрытых тематик, по которым **утечка информации** крайне нежелательна.*
Поток – стремительно текущая река, ручей. В данных контекстах абстрактное понятие «информация» становится такой субстанцией как «вода», перенимая на себя все ее свойства, включая движение.
2. «ИНФОРМАЦИЯ – ЭТО ПИЩА»:
*Этот феномен объясняется тем, что человек лучше **усваивает информацию** с твердых копий...*

Поскольку *усваивать* означает *сделать своим, присущим себе, привычным для себя что-л. новое, постороннее, чужое; поглощая, всасывая, переработать в себе (об организме, желудке и т. п.),* то информация ассоциируется с пищей, неким продуктом питания, над которым можно совершить такое действие.

3. «ИНФОРМАЦИЯ» - ЭТО БЕЗЗАЩИТНОЕ СУЩЕСТВО»:

Для проектов также могут быть выбраны любые настройки приватности, что позволит обеспечить ***защиту информации****.*

Защищать - это *оградить от посягательства, нападения, неприязненных или враждебных действий и т. п.* Информация из абстрактного понятия переходит в конкретный объект, нуждающийся в защите от посягательств.

В ходе анализа был выявлен (наряду с вышеупомянутыми метафорами) еще один пример часто используемых в информационных технологиях метафорических моделей на основе понятия «ИНТЕРНЕТ». Рассмотрим некоторые примеры:

1. «ИНТЕРНЕТ - ЭТО СЕТЬ»:

Концепция ***облачных вычислений*** *основана на уверенности в том, что* ***сеть Интернет*** *в состоянии удовлетворить…*

Это широко употребляемая в этой сфере метафора. Свойства сети (значение уже оговаривалось выше) переходят на такое понятие как Интернет (от англ. Internet), обозначая систему объединенных компьютерных сетей. Часто система ассоциируется с паутиной, в центре которой находится паук, стремящийся завладеть в свои сети все новыми жертвами.

2. «ИНТЕРНЕТ – ЭТО ТЕРРИТОРИЯ»:

В Интернете ***создается*** *особая* ***площадка*** *– Центр компьютерного моделирования.*

Рассмотрим значения лексических единиц «площадка» и «создавать». Первая означает *небольшой ровный участок земли. Создавать* – это *возникнуть, появиться*. Исходя из нашего случая, возникновение небольшого участка земли в Интернете. Таким образом, Интернет – это некая территория, на которой можно создавать «участки».

3. «ИНТЕРНЕТ – ЭТО СООРУЖЕНИЕ»:

На базе Интернета *создаются международные учебные проекты…*

В первоначальном значении *база* - это *нижняя, более широкая часть колонны или столба; основание, подножие; основа, основание чего-л., то главное, на чем зиждется что-л.* В данной модели Интернет «субстанциируется» в образе колонны или столба, принимая на себя функции этого сооружения.

Таким образом, на основе проведенного анализа можно сделать выводы, что IT-дискурс очень богат метафорическими моделями, большинство из которых настолько укоренились в нашем повседневном лексиконе, что их употребление является для нас обыденным. Понятие

«КОМПЬЮТЕР» часто персонифицируется и наделяется способностями человека «мыслить», «обрабатывать информацию», «двигаться» и т.д. Абстрактное понятие «ИНФОРМАЦИЯ» используется в онтологических метафорах, превращаясь из абстракции в субстанцию. Интенсивно развивающийся в последнее время Интернет также активно моделируется метафорически, тем более что в самом понятии уже заложен метафоричный смысл (ИнтерНЕТ – от англ. net, что означает «сеть»).

Литература:

1. Лакофф Дж., Джонсон М. Метафоры, которыми мы живем. Под редакцией и с предисловием А.Н. Баранова. – М.: Едиториал УРСС, 2004.
2. Международный журнал «Программные продукты и системы». http://www.swsys.ru/
3. Словарь русского языка: В 4–х т./ АН СССР, Ин–т рус. языка. – 3–е изд. стереотип. – М.: Рус. язык, 1985–1988.– Т.1–4.
4. Hoffman R. Some implications of metaphor for philosophy and psychology of science. - In: The ubiquity of metaphor. Amsterdam, 1985, p. 327.

Семёнова Е.В.
м.н.с. сектора лексикографии Института гуманитарных исследований и проблем малочисленных народов Севера СО РАН
Адрес электронной почты: sevskn@mail.ru

ТРАКТОВКА ОМОНИМИИ И ОМОНИМОВ В ОТЕЧЕСТВЕННОЙ ЛИНГВИСТИЧЕСКОЙ ЛИТЕРАТУРЕ

Поскольку в лингвистической литературе существует множество формулировок терминов "омонимия" и "омонимы", порой даже противоречащих друг другу, мы в своей статье кратко изложим из них наиболее устоявшиеся и четкие.

Выяснение понятия омонима тесно связано с исследованием структурно-семантических типов омонимии в разных языках и раскрытием общих основ и признаков омонимии как характерного явления лексического строя языка. Прежде чем приступать к анализу омонимов и к дифференциации разных их типов, следует уяснить понятие омонима и отграничить его от ряда смежных явлений, с которыми это понятие нередко смешивается [1, 299]. В русистике омонимия обычно рассматривается наряду с такими смежными явлениями как омофония, омография, омоформия и паронимия – одним из компонентов «особого словообразовательного типа языковой системы» [2, 8]. Тем не менее, в последнее время появляются словари омонимов, где отражается широкий спектр омографов (3, 2007) или рассматриваются омоформы отдельно от омонимов (4, 2008).

Многие авторитетные лингвисты в силу необходимости разграничения омофонии как более широкого языкового понятия и лексической омонимии выдвинули основной дифференциальный критерий. Итак, при трактовке омонимии исследователи по русистике и тюркологии, в основном придерживаются точки зрения В.В.Виноградова. Термин "омонимия" он предлагает применять *к разным словам, к разным лексическим единицам, совпадающим по звуковой структуре во всех своих формах*. В связи с этим считает, что с омонимией нельзя смешивать разнообразные типы омофонии, охватывающей *все виды подобозвучий, единозвучий и созвучий – и в целых конструкциях, и в сцеплениях слов и частей, в отдельных отрезках речи, в отдельных морфемах, даже в смежных звукосочетаниях* [1, 297]. Омофония гораздо более широкое понятие, чем омонимия. В целом созвучия и подобозвучия относятся к экстралингвистическим ситуациям, а на внутрилингвистическом уровне они указывают на омофоничные отношения в языковой системе.

В.В.Виноградов трактует омонимы (в отличие от омоформ) как "*разные по своей семантической структуре, а иногда и по морфологическому составу, но тождественные по звуковому строю во всех своих формах слова*" [1: 299]. Для обозначения понятия омонимов традиционно за основу берется определение О.С.Ахмановой, что *омонимы (равнозвучащие слова) – две (или более) разные языковые единицы, совпавшие по звучанию (т. е. в плане выражения)*. По ее формулировке лексические ("полные") омонимы – это слова, "*у которых все составляющие их морфемы полностью совпадают по звучанию, совершенно расходясь по значению*" (5: 2010, 287).

Концепция В.В.Виноградова была заложена в основу лексикологической теории Н.М.Шанского, который, в свою очередь, считает омонимами *слова, имеющие совершенно различные значения, которые совпадают между собой как в звучании, так и на письме во всех (или в ряде) им присущих грамматических формах* [6, 43]. Вслед за этим было выработано четкое определение омонимов в трактовке М.И.Фоминой: "*слова, одинаковые по фонетическому оформлению, произношению и написанию, но совершенно разные по значению, называются омонимами*" (7, 37). Лексическими омонимами она предлагает называть "*два или более разных по значению слова, совпадающие в написании, произношении и грамматическом оформлении*" [8, 55-56].

Рассматривая формальную сторону омонимических категорий, большинство ученых (Л.А.Булаховский, А.Н.Гвоздев, В.В.Виноградов, А.И.Смирницкий, О.С.Ахманова и др.), трактуют омонимы как *слова, совпадающие по звуковой оболочке, но различающиеся по значению*. При данном определении омонимических единиц вне поля зрения остается сущность графической стороны омонимов, т. е. вопрос об их написании. Некоторые исследователи предлагают считать омонимами *слова, одинаковые как по своему фонетическому составу (звучанию), так и по графической форме (написанию) при их различной семантике* (И.В.Арнольд, Н.М.Шанский, М.И.Фомина). Как видно, в трактовке формальной стороны омонимии исследователи применяют два различных подхода, придерживаясь только звуковой или и звуковой, и графической стороны омонимичных единиц. Многие воспринимают первую точку зрения на сущность омонимов, считая роль звукового образа слова первостепенной. Тем не менее, ряд ученых письменную речь относят бесспорно к числу лингвистических явлений, подлежащих рассмотрению наряду с устной речью [9, 70; 10, 36].

В лингвистическом словаре термин "омонимия" представляет собой *звуковое совпадение языковых единиц, значения которых не связаны друг с другом* [11, 344]. Из этого видно, что в трудах ученых при трактовке омонимии принимается во внимание в основном звуковое совпадение слов.

В современной русистике и тюркологии весомую значимость имеет трактовка омонимов Л.В.Малаховского. Можно считать общепринятым положение о том, что признаки омонимии на уровне лексем и на уровне словоформ различны, поэтому дать единое для обоих этих уровней трактовку омонимов невозможно. На этом основании Л.В.Малаховский выдвигает наиболее развернутую формулировку, определяя омонимы как *слова одного и того же языка в один и тот же период его существования, тождественные друг другу хотя бы в одном из компонентов плана выражения, т.е. совпадающие по звучанию и/или по написанию во всех или некоторых грамматических формах (и во всех или некоторых фонетических и графических вариантах) и при этом различающиеся хотя бы по одному из компонентов плана содержания – лексической и/или грамматической семантике.* Также он дает трактовку омоформ, представляя их как *словоформы, тождественные друг другу по звучанию и/или по написанию и различающиеся по лексической семантике и/или по частным категориальным грамматическим признакам* [12: 2009, 56].

В современной лингвистической литературе существуют толкования, отражающие сущность омонимов и омоформ более определенно и точно. К примеру, по мнению Ю.Н.Гребеневой, омонимы – это *разные слова, совпадающие по написанию и произношению во всех или более чем в четырех формах,* а омоформы – *разные формы сопоставляемых слов или одного и того же слова, совпадающие по написанию и произношению.* Омоним – обобщающий термин, представляющий наличие группы омоформ, которая может быть сопоставлена с соответствующей группой омоформ другого слова. Омоформа – это частный термин, употребляемый при сопоставлении конкретной словоформы с соответствующей конкретной словоформой другого слова [4, 3-5].

На основании вышеизложенного можно резюмировать, что в отечественной лингвистической литературе определения омонимии имеют неодинаковую трактовку. На наш взгляд, трактовка омонимов Л.В.Малаховского, основанная на теоретических изысканиях В.В.Виноградова, О.С.Ахмановой и других ученых, является более точной и полной по формулировке.

Литература

1. Виноградов В.В. Исследования по русской грамматике. Избранные труды. Москва: Наука, 1975. – 560 с.
2. Вишнякова О.В. Паронимы в русском языке. – Москва: Высшая школа, 1974. – 192 с.
3. Ефремова Т.Ф. Толковый словарь омонимов русского языка: 20 000 рядов омографов: 80 000 словарных статей: 100 000 семантических единиц. – Москва: Мир энциклопедий Аванта+, 2007. – 1406, [2] с.
4. Гребенева Ю.Н. Словарь омонимов и омоформ русского языка. (От А до Я). – Москва: Айрис-Пресс, 2008. – 352 с.

5. Ахманова О.С. Словарь лингвистических терминов. – Москва: Советская энциклопедия, 1966. – 607 с. / Изд. 5-е. – Москва: Книжный дом «ЛИБРОКОМ», 2010. – 576 с.

6. Шанский Н.М. Лексикология современного русского языка. Изд. 2-е, испр. – Москва: Просвещение, 1972. – 327 с.

7. Фомина М.И. Лексика современного русского языка. М., 1973 – 154 с.

8. Фомина М.И. Современный русский язык. Лексикология. Москва: «Высшая школа», 1983 – 335 с.

9. Леонтьев А.А. Некоторые вопросы лингвистической теории письма // Вопросы общего языкознания. – Москва, 1964. – С. 70-79.

10. Амирова Т.А. К истории и теории графемики. – Москва, 1977.

11. Лингвистический энциклопедический словарь. – Москва: Советская энциклопедия, 1990. – 686 с.

12. Малаховский Л.В. Теория лексической и грамматической омонимии. – Ленинград, 1990. – 238 с. / Отв. ред.: Р.Г.Пиотровский; вступ. ст. Н.Л.Еремия. Изд. 2-е, доп. – Москва: Книжный дом «ЛИБРОКОМ», 2009. – 248 с.

Нелунов А.Г.
с.н.с., к.ф.н. ИГИиПМНС СО РАН

ФРАЗЕОЛОГИЗМЫ ЯКУТСКОГО ЯЗЫКА, СВЯЗАННЫЕ С ПРОМЫСЛОВЫМ КУЛЬТОМ

Якуты считают, что удача в охоте зависит от благосклонности Баай Байаная - духа, покровительствующего охотникам и рыболовам. Всякая удача на охоте обязательно приписывается ему. По виду он "тунгусообразный, но бородатый, обросший седыми или рыжими, иногда черными, волосами; проживает на востоке, но только большею частью на земле в лесах; он очень богат, особенно мехами, почему носит эпитет *баай барыылаах*" [1, 341]. Однако Н.А. Виташевский отметил, что якуты представляли себе Баай Байаная иногда в виде зверя величиною с годовалого теленка: ноги у него двухкопытные, как у коровы, голова собачья, глаза до чрезвычайности маленькие и длинные отвислые уши; шерсть на нем сероседая [2, 38].

Баай Байанай, по представлениям якутов, имел братьев и сестер и от их воли зависела удача в охоте.

А.Е. Кулаковский писал, что "Байанаю нравится, когда охотник бывает рад его дарам, потому стараются угодить ему, прикидываясь чрезмерно обрадованными. Например, когда самострелом убивают кабаргу, уже издали кричат: "Какую громадную добычу послал мне Байанай!" С такими возгласами, с причитаниями охотник подходит к зверю, удивляется его величине (хотя к крупным зверям она не относится. – А.Н.) и идет доставать себе рычаг для поднятия зверя. Рычаг достает себе умышленно маленький и хрупкий, чтобы он ломался при малом усилии" [3, 34]. Отсюда и возникла общеизвестная поговорка *бүүчээн төһүүтүгэр дылы* ‘словно рычаг для кабарги’, которую употребляют, когда увидят вещь или орудие, не соответствующее своему назначению вследствие малых своих размеров.

Фразеологизмы, связанные с Байанаем в якутском языке имеются, например: *байанайдаах булчут* ‘удачливый охотник или рыболов’, *букв.* ‘имеющий Байаная охотник’. *Баһылаас эдэригэр байанайдаах булчут эбитэ үһү.* Н. Лугинов. ‘Говорят, Василий в молодости был очень удачливым охотником’.

Байанай биэрдэ ‘иметь хорошую, богатую добычу’, *букв.* ‘Байанай дал’; *байанайдаах киһи* ‘счастливый охотник или рыболов’, *букв.* ‘имеющий Байаная человек’.

Существует эвфемический фразеологизм *дьоло оонньоото* ‘неожиданно большая удача на охоте’, *букв.* ‘счастье его играло’, который употребляется обычно по отношению к старым охотникам. *Оҕонньор дьоло оонньоон, куобаҕын туһаҕыттан кыһыл саһылы ылла.* "ХС".

‘Старик наткнулся на неожиданно большую удачу – в петлю на зайцев попалась красная лиса’.

По поверью: *байанай* – дух, покровительствующий охотникам и рыбакам, перед смертью старого охотника как бы на прощание щедро одаривает его своим богатством.

Охотник считался "нечистым" (*кирдээх*), если недавно умер кто-либо из его близких родственников. Ему бесполезно было идти на охоту. От этого поверья возникло фразеологическое выражение *кирдээх киһи* ‘человек, в семействе которого кто-либо умер’. *Букв.* ‘грязный человек’. По поверью, если, например, такой человек пойдет рыбачить, то рыба перестает ловиться, т.е. "грязному человеку" нельзя идти охотиться и рыбачить.

Аналогично и происхождение фразеологической единицы *булт ханар* ‘перестать промышляться, перестать добываться’ (об охоте).

Өлбүттээх ыалга сырыттахха, булт ханар, кириигиир. Саха сэһ. I. ‘Если посещаешь семью, где кто-либо умер, дичь и зверь перестают промышляться’.

По поверью якутов: в определенных случаях (напр., когда умирает человек или рожает женщина) дичь и зверь перестают промышляться. По суеверным представлениям, в результате осквернения чем-либо охотничьи снасти, оружия утрачивают местность в поимке и поражении добычи. *Ср.: булдун туппат* ‘утрачивать меткость в поимке, поражении добычи (об охотничьей снасти, оружии)’. *Ити бултуур сэби дьахтар атыллаатаҕына, булдун туппат диэни истибэккин дуо?* А. Аччыгыйа. ‘Разве не слышал о том, что если женщина перешагивает охотничьи снасти, то они утрачивают меткость в поимке’.

По понятиям якутов успех в охоте во многом зависел от соблюдения табу слов. Они верили, что звери слышат и понимают человеческую речь, поэтому выработали даже особый охотничий язык. Это касается особенно охотничьих терминов типа: *кыталык* ‘ружье’, *букв.* ‘стерх’, *кырдьаҕас букв.* ‘старина’ или *тыатааҕы букв.* ‘таежный’ о медведе, *кутуруктаах* ‘волк’ *букв.* ‘хвостатый’ и т. д.

Приведем некоторые эвфемические фразеологизмы, связанные с промысловым культом: *кыталыгы иччилээ* ‘заряжать ружье’. *Тукаам, кыталыккын иччилээ эрэ.* ‘Голубчик, заряжайка свое ружье’.

Үрэр кыталык ‘кремневое ружье’. *Букв.* ‘лаящий стерх’. *Үрэр кыталыккын илдьэ бар.* ‘Захвати с собой кремневое ружье’.

И, наконец, приведем еще один интересный фразеологизм: *ыытар кыырдым, тэбэр мохсоҕолум* – так говорит патрон о своем любимом слуге или сыне. *Букв.* пускаемый мой кречет, бьющий мой сокол.

Данный фразеологизм дает информацию по двум аспектам. Во-первых, он показывает, какие способы охоты были у якутов. Судя по прямому смыслу данного выражения древние якуты знали соколиную охоту [3, 202], которая давно забыта. Во-вторых, приведенная фразеологическая единица четко указывает южное прроисхождение якутов.

Литература

1. *Пекарский Э.К.* Словарь якутского языка. – Т. I. – [б.м.], 1959.
2. *Виташевский Н.А.* Материалы для изучения шаманства у якутов // Записки Сибирского отдела РГО по этнографии. – Иркутск, 1890. – Т. II. – Вып. 2.
3. *Кулаковский А.Е.* Научные труды. – Якутск, 1979.

Тараканов А.В.
аспирант кафедры философии Самарского государственного аэрокосмического университета имени С.П. Королёва
tarakanov.alek@mail.ru

ХРИСТИАНСКАЯ И МАССОВАЯ КУЛЬТУРА В ПАРАДИГМЕ СОВРЕМЕННОГО ОБЩЕСТВА

Появление христианства обозначило основные вехи развития культуры и цивилизации человека. Именно христианство определило внутренние отношения, потребности человека, развитие прав личности и разносторонний уклад жизни. Христианская культура дала определение высокой морали личности в обществе, однако, утверждая принципы равенства, не стало эгалитарным. Личность, несущая в себе не только христианскую веру, но и свободу стремиться к самоограничению: быть свободной, но злоупотреблять ей. Порыв корысти и страсти по христианским принципам это есть рабство заключенное внешней приманкой. Именно этот принцип христианской веры стал фундаментом развития высокодуховной личности с внутренним осознанием прав и обязанностей. Христианское воззрение влечёт человеческую личность к познанию не только религиозного характера, но и высокой духовной сущности бытия. "Бог, - говорит ап. Павел, - произвел людей для того, чтобы они искали Бога, не ощутят ли Его и не найдут ли" (Деян. 17:27). Ибо "невидимое Его, вечная сила Его и Божество - от создания мира чрез рассматривание творений видимы" (Рим. 1:20).

Этот принцип познания соотносится и к философскому закону сущности бытия. Однако здесь необходимо сделать разграничение в понимании невежества и содержания самой веры. Человек не идеален, но тяга к саморазвитию и самосовершенствованию всегда была основой христианской веры. Именно в христианскую эпоху стала развиваться наука во всех сферах деятельности, так как разграничение познания недозволенного от дозволенного немыслимо по своей сути. Божие дело во благо человечеству - есть Божий промысел. Стремление христианского человека к вечной жизни, через средства познания - стремится построить свои принципы на высшем уровне существования общественной и культурной жизни со всеми её атрибутами: наукой, искусством; нормами общественности: порядок и свобода и благосостояние.

Вера является частью культуры, поэтому мы попытаемся определить парадигму христианской культуры с доминирующей – массовой культурой.

Массовая культура современного общества – это живой организм многогранного социального пространства, в котором задействовано множество элементов социальной жизни: культура, образование, политика, экономика, производство, технология, что в целом даёт основу «культурных координат» человеческого бытия. Все эти элементы являются важнейшим условием развития общественной структуры её культурного, религиозного мышления - ценность которых возрастает в результате развития технологических форм производства, глобализации и духовной нищеты. Массовая культура сегодня занимает определённую иерархию не только в системе веры, но и человеческих ценностей. А вот массового человека определяют два типа непродуктивных для общества характера из четырёх выделенных Э. Фроммом - рыночный и пассивный. Где «рыночный человек» - это тот, кто видит в себе самом товар, не имея чувства самоидентичности, оценивает себя в зависимости от своей успешности, не имея лица» [1, 186-190]. Данная автором выдержка характеризует социальную атмосферу и ценности, позиционирующие массовой культурой. Что даёт право охарактеризовать её как атрибут, в котором чувства и эмоции вызываются только для того, чтобы подчеркнуть свою значимость в обществе. Человек в обществе состоящим из атрибутов массовой культуры - всего лишь манипулятор, действия которого продиктованы решением собственных, порой не всегда ценностных задач, как личного, так и общего характера. Он наивен и управляем, и только в общей массе себе подобных он приобретает душу человека нового времени.

Массовый человек сегодня является особым элементов в реальной действительности он уже не «множество неразвитых, но способных к развитию отдельных существ; «масса» с самого начала подчинена иной структуре – нормирующему закону, образцом для которого служит функционирование машины. Таковы даже самые высокоразвитые индивиды массы. Более того, именно они отчётливо сознают этот свой характер, именно они формируют этос и стиль массы»[2, 268].

Таким образом, явление массовой культуры это признак современной культурной парадигмы сочленённой с многовековой архаичностью христианской культуры неся в себе свойства высокой духовной основы для современного прагматичного человека. Можно говорить, что культура развивалась вне христианской веры под руководством людей отошедших от христианства, но нельзя отрицать тот факт человеческой истории, что основная мораль христианской культуры изначально была заложена в её основе. Массовая культура меркнет перед христианской, высоко духовной, морально обоснованной культурой и может быть, поэтому элементы использования масскультом идей христианской культуры вызывает общественный резонанс. Здесь можно привести пример с группой «Pussy Riot» и её панк молебном в храме Христа Спасителя в 2012 году. Данный факт вызвал негодование, в обществе, разделив его на два лагеря «За» и «Против».

Подводя итог вышесказанному можно сделать вывод: именно христианская культура в своём формировании создала «материал», свойства которого и породили высокую духовную основу культуры, как для человека, так и общества в целом. В этой основе человек открывает для себя окружающую действительность в полной гармоничной основе, созидая лучшие ценности, заложенные в природе человеческого бытия.

Литература:

1. Фромм Э. Психоанализ и Этика. книжное издание // Э. Фромм., Москва., 1993. С. 186-190.
2. Гвардини Р. Конец Нового времени//Феномен человека: Антология. М., 1993. С. 268.

Р.А.Султангареева
Главный научный сотрудник, старший научный сотрудник ИИЯЛ УНЦ РАН
Статья публикуется при поддержке Гранта РГНФ №12-14-02018

КУЛЬТ ПРИРОДЫ КАК ПРИНЦИП ГАРМОНИЗАЦИИ МИРА У БАШКИР

Тенгрианство как первичная форма религиозного мировосприятия и норма гармоничного поведения человека составляется из концептов: 1) осмысление живой сути Природы (отношения с хозяевами, духами лесов, воды, огня и т.д.); 2)ответственность за достойный образ жизни в Природе (соблюдение норм запретов и дозволений); 3) осознание органического единства с Природой и её покровительства (ритуалы жертвоприношений, благопожеланий, силовых и художественных состязаний). Древнейшее мировоззрение является как «разумный образ жизни человека в природе, и его корни восходят к эпохе мезолита и палеолита» [1,8], из чего следует, что о какой-либо религиозной, философской или конфессиональной функции тенгрианства – учения о человеке в живой Природе быть не может. Особенности идентификации первобытным человеком себя с живыми движениями внешнего мира, реальные отношения к живому организму-Природе и формы свободы от религиозных канонов отображены в башкирском обрядовом фольклоре. В эволюции обрядности вплоть применительно до современности различаются две группы экоцентристского наследия: 1) фольклор жизненно-бытового и человековедческого; 2) природоведческого плана.

Жанры обрядового фольклора на уровне архаичных кодовых информаций сохранили мелос, способы, язык, этикет действ человека в Природе. Мифоритуальные тексты- многовековые законы бытия, исконно экологические принципы образа жизни башкира, формировали концепт спасительной идеологии Природы. Небесные светила, стихии, объекты Природы не очеловечивались, как принято квалифицировать в фольклоре, а осознавались изначально живыми. Входя в лоно Природы, человек включался в ее ритмы и характер, согласовывал будущность , умолял, регулировал время, посвящал жертвоприношения, оперируя специальным Словом , действом. Слово как живое орудие в специальной ритуальной среде, имеет магизм и формульность ,потому способно направлять движение Солнца: (Тетя, Солнце, выйди, выйди!) или уход невзгод, болезней: «Уйдите болезни, на закат солнца, на течение воды!».

Покровительство Природы, разделяемой на влиятельные сферы, соответствующие её стихиям,обеспечивается символичными «очеловеченными»именами хозяев: « Ямғытдин» от слова «ямғыр»- дождь; «Селля апай»-(сестра Селля, летняя жара), « Ерэнхакал» – (Рыжая борода- хозяин сферы земной почвы), «Хыуган хакал» - (Холодная борода). С течением времени сферы приобретают исламские имена: имя Котдус – со старого арабского означает «очень дорогой, святой»[2, 121], в контексте обращения к земле акцентирует глубоко поклонческое, обережное отношение.

В народном осознании Природа – мир доверия и долгов человека , потому для общения с этим миром допускалось умелое применение сакрального языка ,знание которого свидетельствовало о грамотности.Если вопреки народным запретам на набирание воды после заката обстоятельства вынуждали делать это, то специальная формула обращения к воде снимала напряжение. Обращения подразумевают и приветствие, и мольбу- прощение, и умилостивление духа воды: (Хозяин Воды, дай долю-воду мне! Гость на Акбузате прибыл. Вода нужна для самовара!). Такому важному гостю хозяин воды будет «благосклонен».

Волевой и эмоционально-сильный дух проецируется в выразительном звукоидеале обращений: ритмы соответствуют биению сердца и твердой поступи (шагам, прыжкам, уверенным волеизлияниям, например: «Дождь, лей, лей-лей! Будем мы здоровы все !».. Созерцательно-чувственная интерпретация Природы фольклоризуется в поэтические договоры («Пусть черный ворон съест (кашу), Нам придет счастье, благополучие!) Заклички произносят на празднике «Каргатуй»- Вороний праздник. Сверка поступков через отношение к природе имела такую силу и значимость, что «сочетание человеческой жизни с жизнью природы, единство их ритма, общий язык для явлений Природы и событий человеческой жизни» [3, 375] представляет нам первородно, изначально неразделимую связь двух сфер: человеческой и природной. Договорные и равноправные со стихиями отношения призывают помощь Земли: « Земля! Силы дай! Семьдесят телег ржи дай!»,проецируют великодушие Человека: «Сиротам дай, вдовам дай, больным дай!», покаяние перед новым периодом жизни и обновление, связываемые с циклами луны: « Увидела месяц с души просветлением, Встретила с знанием, дареным верою!» [4,159].

Одно из знаменательнейших явлений природы – первый гром воспринимается в метафорическом облике разбуженного от зимнего сна Тенгри, скакавшего по небосводу на коне.Ритуал материализует миф: зазывая коня(Небо), кричали «Корайт!»,подражали ржанию , взмахивали и бренчали уздечками , вожжами, глядя на небо , затем ударяли ими об землю [там же, 160].Так « приручивали» мифического коня, а значит, «обеспечивали » благой приход небес, допуская театрализацию мировых процессов Природы. Обряд, находящийся на грани шаманской пляски и естественного радостного приветствия «голоса Тэнгри» восходит «к состоянию мистического прозрения и тесно связан с магией слов» [5, 309]. В том контексте , что«тринадцатым у башкир был бог боевого коня»[6, 99-

100]. возгласы « корайт» действуют как ритуальные сигналы представителю иного мира – божественному коню [7, 337]. Но в активной встрече быстрого коня проецируются и тенгрианского плана воззрения к «началу всего, Небу – как Единому Богу, активной силе, источнику благ и жизни» [8, 128]. Возглас «корайт» полифункционален (применяется в призываниях силы духа человека, счастья дома , земли, жизни) и согласуется с верованиями о «курейт»как благополучном северном ветре.Последующие обливания водой мужчин символизируют акт плодородия (семяизвержения Неба-отца). Так, «два мира существуют для того, чтобы в совершенном, абсолютном мире был строгий порядок, порядок процветания, порядок бессмертия» [9, 134]. Природное начало в человеке неистребимо и жизнеспособно на редкость и « плодоносит это древо постоянно, а сладчайший плод его – обрядоверие, приверженность к ритуалу, соблюдению иногда совершению непонятных священных традиций и обрядов [10, 308]. Природоведческое и поклонческое начала человеческого сознания – суть принципы и нормы экологического миропонимания, являются необходимо важными учениями в воспроизводстве духовности Человека XXI.

Использованная литература

1. Языки мира. Тюркские языки. Институт языкознания. – М. т.II. 1996, с.8
2. Арабско-татарско-русский словарь. – Казань, 1965. с.121
3. Бахтин М. М. Вопросы литературы и эстетики. – М., 1975, с.375
4. Башкирское народное творчество. Обрядовый фольклор. Сост.,авт.вступ.ст и коммент.Р.А.Султангареева, А.М.Сулейманов.-Уфа, 2010-556с.
5. Захарова А. Е. Архаическая ритуально-обрядовая символика народа Саха. – Н.-ск, 2004. с.155 (309 с.)
6. Юсупов Р. М. Этнология башкир на рубеже тысячелетий (демография, история, этнонимия) // Проблемы этногенеза и этнической истории башкирского народа. – Уфа, 2006, с.99-100
7. Сальманова Л. К. Возглас корайт в призываниях кот у башкир ////Матер.межд.научно-практ.конф . «Урал-Алтай: через века в будущее»-.. Уфа, 2005. – с.337
8. Аюпов Н.А. Тэнгрианство / Эпическое наследие и проблемы сохранения для будущих поколений – Якутск, 2007. – С. 128.
9. Сахилтарова Н. В. О натурфилософии бурят // Эпическое наследие и духовная культура народов Евразии: истоки и современность – Якутск, 2007.с 134 .
10. Муравьева Н. В. Размышляя о Г. Гарсиа Маркесе и Рубене Дарно // Праздник в ибероамериканской культуре. - М., 2002. – с.308

Белавина М.Ю.
магистр 2 курса, Санкт-Петербургский государственный технологический университет растительных полимеров (mar23091990@yandex.ru)
Дягилева А.Б.
доцент, д. х. н., профессор, Санкт-Петербургский государственный технологический университет растительных полимеров (abdiag@mail.ru)
Соколов М.А.
главный Специалист, к.ф-м. н., Научно-производственное предприятие Буревестник, Санкт-Петербург, Россия

ЭМИССИОННО-СПЕКТРАЛЬНЫЙ МЕТОД АНАЛИЗА В ТЕХНОЛОГИИ КОНТРОЛЯ ВОДНЫХ ПОТОКОВ СОВРЕМЕННОГО ПРЕДПРИЯТИЯ

Существенное ухудшение качества воды в водоисточниках, износ коммунального и очистного оборудования, которое провоцирует вторичное загрязнение водных потоков, заставляет наиболее широко использовать специально подготовленную воду для технологических процессов, а бутилированную воду в качестве питьевой воды. В технологии водоподготовки и очистки оборотной воды активно используются химические реагенты, которые также могут являться источниками вторичного загрязнения. Они также подлежат контролю для обеспечения качества продукции. По химическому составу качество воды в природных водоисточниках существенно варьируется. Жесткость и наличие растворенных металлов является важным критерием для разработки технологических регламентов основного производства для получения конечного продукта. Питьевая вода и продукты на ее основе сегодня занимает существенный сегмент рынка, который постоянно расширяется. Эта тенденция будет сохраняться в связи с ухудшением воды в водоисточниках. Следует отметить, что качество бутилированной воды также имеет существенные различия, которые определяются технологией ее получения. Декларированное качество на товарных знаках достаточно часто не в полном объеме соответствует истине.

В общем случае питьевой является бутилированная вода, которая подвергнута очистке и часто искусственно обогащена минералами. Происхождение воды в виде сырья может быть любым: из артезианской скважины, из поверхностного источника или из систем коммунального водоснабжения. Минерализация таких вод составляет около 0,5 г/дм^3. Для ежедневного употребления для питьевых целей наиболее подходит минеральная столовая вода, которая в своем составе содержит макро и микроэлементы необходимые для регулирования обменных процессов в организме. Эти воды добываются из природных источников. В качестве примера можно привести хорошо известные бренды «Ессентуки №17» и «Боржоми».

Минеральную воду в зависимости от ее происхождения принято делить на три группы: столовые воды с минерализацией не более 1 г/дм^3; лечебно-столовые воды с минерализацией от 1 до 10 г/дм^3; лечебные воды с минерализацией от 10 г/дм^3 и выше.

Кроме этих вод выделяется группа искусственно минерализованной воды. Она формируется на основе обыкновенной питьевой воды, которая имеет добавки активных элементов, специального набора минеральных солей и газов, которые подбираются в соответствии качеству природных минеральных водах и являются ее аналогами.

Существует тесная связь между химическим составом воды, составом пород и гидрологическими условиями их залегания. По территории распространения минеральные воды разнообразны по качеству, и их, как правило, разделяют на три большие группы: гидрокарбонатно-кальциевых и магниевых холодных и теплых вод, газирующих CO_2; натриевых вод переменного анионного состава, термальных, слабо минерализованных, газирующих азотом; соленых вод сильно минерализованных, обычно холодных, практически без газовых или газирующих азотом.

Таким образом, следует отметить, что для вод, как природного происхождения, так и для искусственно подготовленных вод имеется свой индивидуальный «штрих-код», который позволяет её идентифицировать, разработать систему производственного контроля и подготовки её к последующей целевой реализации. В случае использования воды как товарного продукта для питьевых целей это позволит обеспечить защищенность производителей от фальсификации и, таким образом, повысить конкурентоспособность товара.

При эксплуатации систем оборотного водообеспечения технологических циклов необходим непрерывный контроль потока, который является элементом обеспечения надежности и безопасности технологического процесса. Для этих целей может быть использовано современное аналитическое оборудование типа ЭМИС-2. Этот анализатор предназначен для измерения массовой концентрации ионов различных элементов в водных средах в потоке. Принцип его действия основан на методе возбуждения эмиссионного излучения атомов определяемых химических элементов с помощью локального электрического разряда в анализируемой воде, с последующим анализом спектров зарегистрированного излучения. Интенсивность излучения эмиссионных линий того или иного элемента пропорциональна его массовой концентрации в анализируемой воде [1, 1144].

Существенным преимуществом приборов нового поколения используемых в системах контроля воды является то, что возможно получение информации в режиме on-line. Программный интерфейс прибора “ЭМИС” позволяет оценивать химический состав анализируемой жидкости, а также выводить на экран интересующие химические элементы, которые являются наиболее репрезентативными при осуществлении процессов водоочистки и водоподготовки.

Спектры образцов воды являются своеобразным «штрих-кодом», который позволяет паспортизовать происхождение и качество воды как природного, так и техногенного происхождения. Как показали наши исследования, проведенные на достаточно большой выборке бутилированной воды, производители и поставщики этого продукта не всегда указывают все компоненты, которые могут оказать воздействие на потребителя при целевом использовании. Содержание не декларированных примесей воды могут оказывать как негативное, так позитивное воздействие на здоровье человека, однако по суммарному эффекту это следует отнести к категории риска воздействий и выражается мерой заболеваемости.

В качестве примера на рис.1. приведен спектр сравнения образца известного бренда минеральной воды с дистиллированной водой.

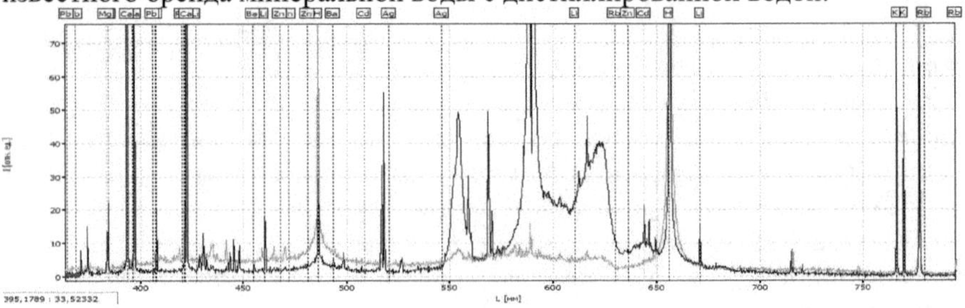

Рис.1. Спектр сравнения образца воды природного происхождения и дистиллированной водой.

Как и следовало ожидать, данный спектр показывает существенные различия по минеральному составу. Наличие в образце таких элементов как Mg, Ca, Rb, Li, Cd, Ba, Sr свидетельствует о ее природном происхождении и соответствует источнику из провинции углекислых вод областей молодой (неогеновой и четвертичной) магматической деятельности. Другие образцы исследуемой воды существенно отличаются по качественному составу от выше представленного образца. Анализ спектров сравнения этих образцов рис.2. свидетельствует о том, что не все минеральные воды имеют природное происхождение и спектры проявляются в четкие линии характерные для введенных минеральных компонентов. Следует отметить, что в ряде образцов обнаружены следы серебра, это свидетельствует о том, что в технологии подготовки воды имел место контакт воды с серебром, так как наличие данного элемента производителем на этикетке не указано, хотя факт присутствия серебра следует оценивать как фактор, улучшающий потребительские свойства качества воды.

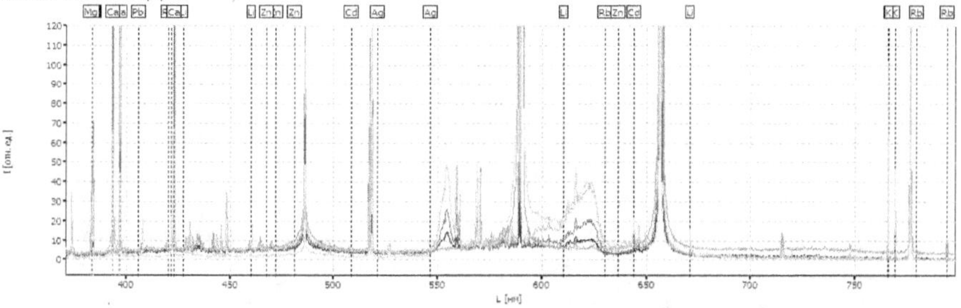

Рис.2. Спектр сравнения образцов воды природного происхождения и искусственно подготовленных вод.

Использование инструментального метода анализа позволит установить нормы соответствия качества воды, определить ее индивидуальный «штрих-код» и таким образом идентифицировать источник происхождения. Что касается оборотных систем, то использование данного вида контрольно-измерительной техники позволит повысить надежность и работоспособность оборотных систем, что является требованием по реализации снижения техногенного риска при эксплуатации энергетических систем и котлового оборудования. Качественные характеристики потоков сопряжены с технологическими решениями регулирования концентрации химических компонентов в системе. Получение данной информации и предоставление ее как для внутреннего пользования, так и для обеспечения дистанционного доступа неограниченного круга лиц к информации о водном потоке предприятия будет способствовать реализации постановления Правительства РФ №6 [2, 2]. Это обстоятельство выводит предприятие на новый уровень развития. В условиях современных рыночных отношений при отсутствии контроля и предоставлении неполной информации предприятие попадает в зону риска. Это связано с тем, что могут быть предъявлены иски за некачественный товарный продукт. Поэтому предприятия должны предусмотреть внедрение инновационных дистанционных систем контроля, которые в полной мере обеспечат требования законодательства.

Литература:

1. Журнал аналитической химии,2010, том 65, №11. М.А. Соколов, И.А. Брытов. Локальный электрический разряд в жидкости как источник атомизации и возбуждения для атомно-эмиссионной спектрометрии.
2. Постановление Правительства РФ от 17.01.2013 N 6 "О стандартах раскрытия информации в сфере водоснабжения и водоотведения"

Петропавловский И.А.
д.т.н., профессор*;
Почиталкина И.А.
к.т.н., доцент*;
Федотов П.С.
аспирант*
*Российский химико-технологический университет имени Д.И. Менделеева

ИЗУЧЕНИЕ КИНЕТИКИ СОЛЯНО- И АЗОТНОКИСЛОТНОГО РАЗЛОЖЕНИЯ ФОСФОРИТНОЙ МУКИ ПОЛПИНСКОГО МЕСТОРОЖДЕНИЯ ИОНОМЕТРИЧЕСКИМ МЕТОДОМ**

Решая актуальную проблему вовлечения в переработку бедного фосфатного сырья следует, прежде всего, использовать для их разложения сильные кислоты (HCl, HNO_3), позволяющие по определенным технологиям [1-3] получать кондиционные удобрительные продукты. В то же время бедные фосфаты – это сырье с высоким содержанием примесей и его поведение при кислотном разложении, а также показатели процесса в значительной мере зависят от качества и количества примесей. К основным примесям в фосфатных рудах относятся карбонатные и различные глинистые минералы, кварц и др.

В настоящей работе в качестве фосфатного сырья для изучения кинетики кислотного разложения была выбрана фосфоритная мука Полпинского месторождения (ФМПМ), имеющая следующий химический состав, масс. %: P_2O_5 – 15,30; CaO – 24,87; MgO – 0,48; Fe_2O_3 – 2,97; CO_2 – 5,00; н.о. – 37,9. Исходя из промышленных условий, в опытах использовали муку, измельченную до размера частиц не более 0,180 мм.

Разложение сырья проводили соляной и азотной кислотами концентрацией 0,1 моль/л при избытке 110% от стехиометрической нормы, рассчитанной на сумму CaO и MgO в интервале температур 10-50°С при соблюдении одинакового гидродинамического режима. Избыток кислоты позволял поддерживать постоянное значение ионной силы и коэффициента активности иона водорода в исследуемой системе.

Для изучения кинетики кислотного разложения применяли ионометрический метод контроля протекания процесса, заключающийся в определении активности иона водорода в реакционном объеме с помощью стеклянного электрода (ЭСЛ-43-07СР). Значения активности иона водорода были пересчитаны в значения концентрации иона водорода разлагающей кислоты с учетом ее избытка. На основании полученных данных были построены графические зависимости изменения концентрации иона водорода от времени процесса при различных температурах (рис. 1, 2).

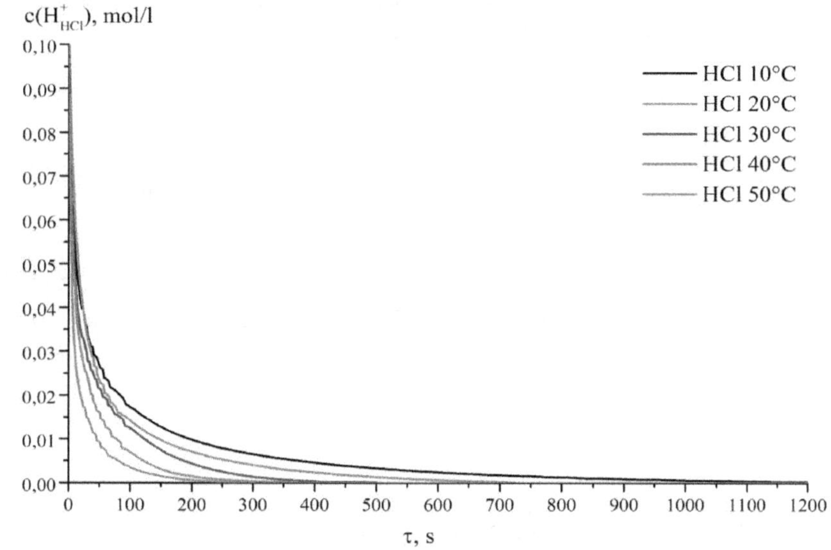

Рис. 1. Зависимость концентрации иона водорода HCl от времени процесса

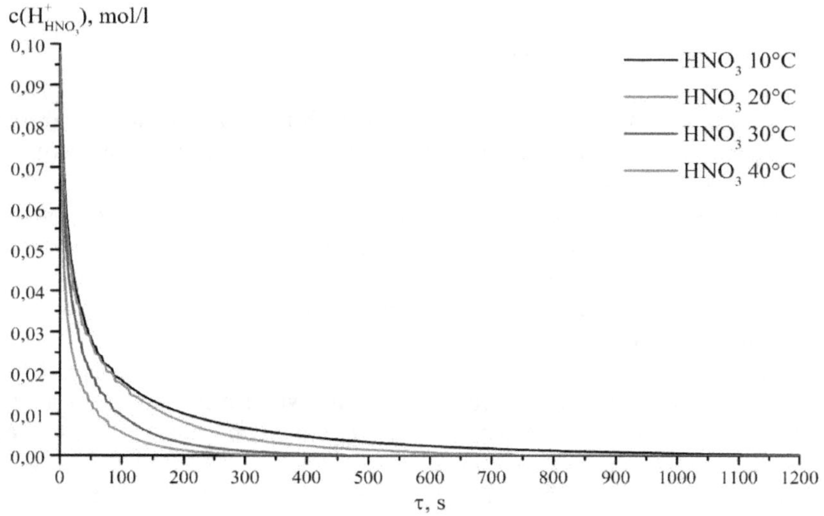

Рис. 2. Зависимость концентрации иона водорода HNO_3 от времени процесса

Графическим методом по тангенсу угла наклона кривых в начальный момент времени были определены значения констант истинных скоростей химической реакции при различных температурах, а затем, по уравнению Аррениуса, значения истинной энергии активации (рис. 3).

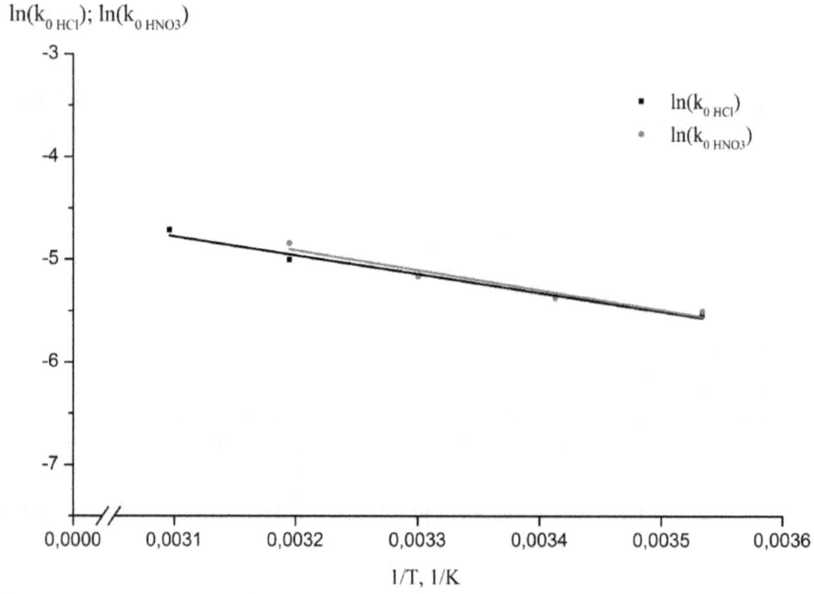

Рис. 3. Зависимость $\ln(k_{0\ HCl})$ и $\ln(k_{0\ HNO_3})$ от 1/T

Истинная энергия активации для процесса солянокислотного разложения составила 15,14 кДж/моль, для процесса азотнокислотного разложения – 15,84 кДж/моль.

В начальный период времени, продолжительность которого в зависимости от температуры составляет от 40 до 230 с, процесс протекает во внешнекинетической области. Скорость процесса разложения лимитируется скоростью реакции на поверхности частиц фосфорита. Затем в результате снижения активности иона водорода в реакционном объеме, появления оболочки SiO_2 на поверхности разлагаемых частиц фосфата и повышения концентрации продуктов реакции вблизи поверхности частиц фосфорита процесс переходит в диффузионную область. Скорость процесса лимитируется скоростью диффузии ионов водорода к поверхности частиц фосфорита, что соответствует 1 порядку реакции (рис. 4). Аналогичные зависимости получены для процесса азотнокислотного разложения ФМПМ.

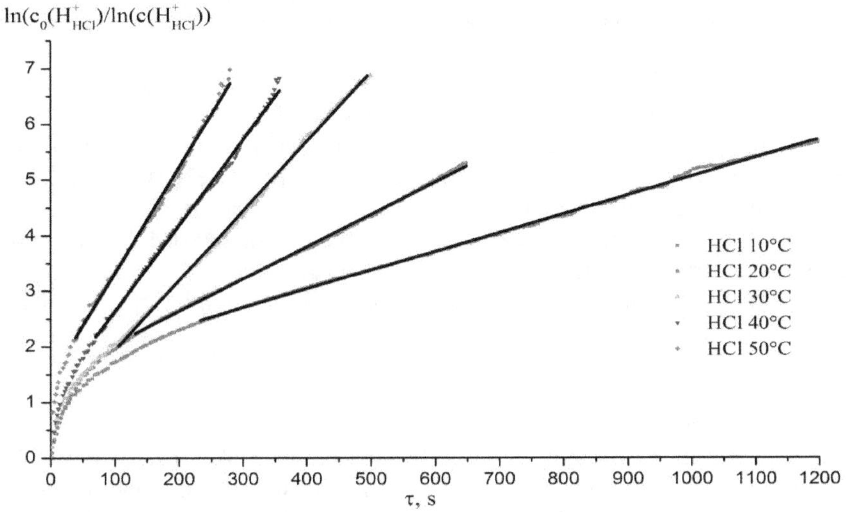

Рис. 4. Зависимость отношения $\ln(c_0(H^+_{HCl})/\ln(c(H^+_{HCl}))$ от времени

По тангенсу угла наклона линейных участков в координатах реакции 1-го порядка были определены значения констант скорости химической реакции для процесса протекающего в диффузионной области при различных температурах, а затем, по уравнению Аррениуса, значения энергии активации (рис. 5).

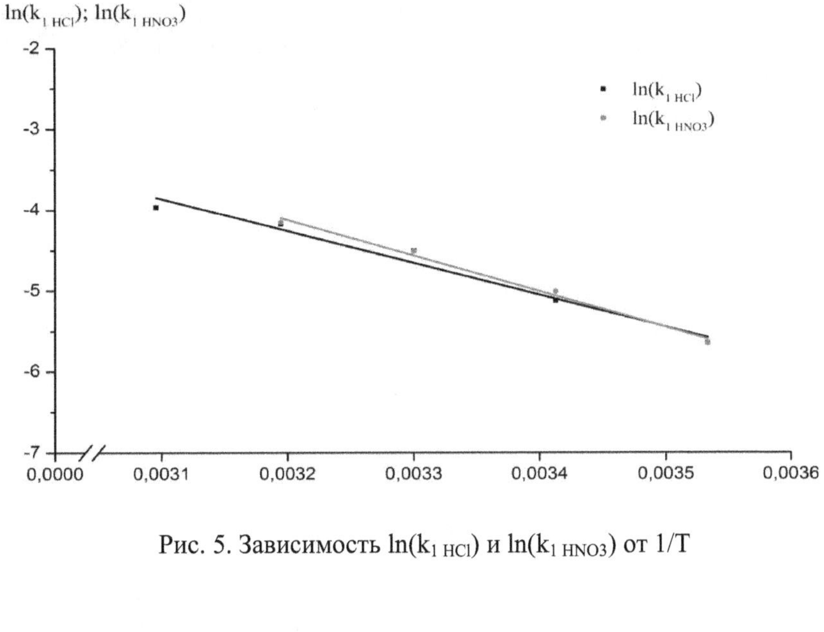

Рис. 5. Зависимость $\ln(k_{1\ HCl})$ и $\ln(k_{1\ HNO3})$ от 1/T

Значения энергии активации для процессов солянокислотного и азотнокислотного разложения близки и составляют соответственно 32,88 и 36,72 кДж/моль.

Повышение температуры приводит к увеличению скорости процесса как во внешнекинетической, так и в диффузионной областях.

Коэффициент разложения фосфатного сырья, рассчитанный по отношению содержания P_2O_5 в твердом остатке после разложения и в исходном сырье для всех опытов составляет приблизительно 99%, что свидетельствует о высокой реакционной способности ФМПМ в отношении соляной и азотной кислот.

**Работа выполнена в рамках федеральной целевой программы (НИР № 3.5400.2011).

Литература:

1. Петропавловский И. А., Почиталкина И.А., Киселев В. Г., Кондаков Д.Ф., Свешникова Л.Б. Оценка возможности обогащения и химической переработки некондиционного фосфатного сырья на основе исследования химического и минералогического состава // Химическая промышленность сегодня. 2012. № 4. С. 5-8.

2. Почиталкина И.А., Петропавловский И.А., Федотов П.С., Ряшко А.И. Методы изучения кинетики кислотного разложения фосфатного сырья / Сб. тр. Междун. науч.-практич. конференции: Фосфатное сырье: производство и переработка. 2012, с. 92-95

3. Петропавловский И.А., Почиталкина И.А., Киселев В.Г., Ахназарова С. Л., Мырзахметова Б. Б. Получение монокальцийфосфата из бедного фосфатного сырья жидкофазным рециркуляционным способом // Химическая технология. 2012, № 8, с. 453-457.

Попова Г.В.
профессор, доктор химических наук, РХТУ им. Д.И. Менделеева,
galina@muctr.ru
Бобров М.Ф.
доцент, кандидат химических наук, РХТУ им. Д.И. Менделеева
Ванцян М.А.
старший научный сотрудник, кандидат химических наук, РХТУ им. Д.И. Менделеева
Барачевский В.А.
доцент, кандидат физико-математических наук, Центр фотохимии РАН

СИСТЕМАТИКА, ИНФОРМАТИКА, ПРОГРАММИРОВАНИЕ КАК ОСНОВНЫЕ ИНСТРУМЕНТЫ ИННОВАЦИОННОЙ НАУКИ НА ПРИМЕРЕ СОЗДАНИЯ НАНОРАЗМЕРНЫХ ГИБРИДНЫХ МАТЕРИАЛОВ ДЛЯ ИНФОРМАЦИОННОЙ ИНДУСТРИИ

Неуклонный прогресс развития информационного общества основан на долгосрочном прогнозе технологического развития (форсайт) с обозначением текущих приоритетных направлений науки и техники, при котором информационная индустрия выходит на первое место.

Инновационные подходы к созданию новых типов материалов, включая наноразмерные, базируются на первичной систематике, информатике и дальнейшем программировании процессов получения и свойств конечной целевой продукции. Требования современного рынка материалов нового поколения, в частности, наноразмерных органическо-неорганических гибридов, приводят к подходам, позволяющим существенно сократить технологический и препаративный циклы конечных продуктов и снизить их товарную стоимость. Анализ опубликованных данных по новаторским материаловедческим разработкам мировых фирм, компаний, научно – образовательных центров показывает, что общая инновационная стратегия основывается на коммерческом партнерстве, а также компьютерном моделировании и вычислительных методах, применяемым уже на ранних стадиях. Учитывая сложность разработки и получения перспективных гибридных материалов, компьютерное моделирование позволяет успешно решать ряд задач по организации их синтеза и прогнозированию возможных продуктов, что позволяет значительно сэкономить время и затраты на первичные лабораторные исследования изучаемых систем. При этом специфика химического синтеза предусматривает как необходимое условие, компьютерный предсинтез промежуточных и целевых соединений на стадии получения предшественников реальных материалов.

Предлагаемая методология включает прежде всего, наличие компонентной базы или строительных блоков, из которых можно составлять оптимальные структуры как в различных программных пакетах, так и в условиях реального эксперимента [1, 258].

Учитывая постоянно растущую потребность информационного общества в новых знаниях, а также производстве технических средств, методов, технологий для повышения качества образования и научных исследований, нами осуществлена разработка принципов создания компонентной базы для гибридных наноматериалов с оптической сенсорикой, рис 1, в частности, для конструирования мультифункционального хемочипа, пригодного для инсталляции в различные ИТ- устройства.

После выбора компонентов, проведения сравнительной характеристики их свойств, моделирования и \ или программирования структур и процессов, надо установить соответствие общей программируемой системы (предшественника молекулярного гибридного материала) требуемым техническим характеристикам.

Комплекс методов вычислительной химии, включающий полуэмпирическую, неэмпирическую квантовую химию, квантово-топологический анализ электронной плотности с привлечением баз структурных данных применялся для компьютерного моделирования архитектуры молекул и молекулярных ансамблей, внутри- и межмолекулярных взаимодействий в фоточувствительных наноразмерных органическо-неорганических гибридах.

Полученные в результате расчетов компьютерные модели молекулярных гибридов позволят значительно сэкономить затраты на первичные лабораторные исследования изучаемых систем.

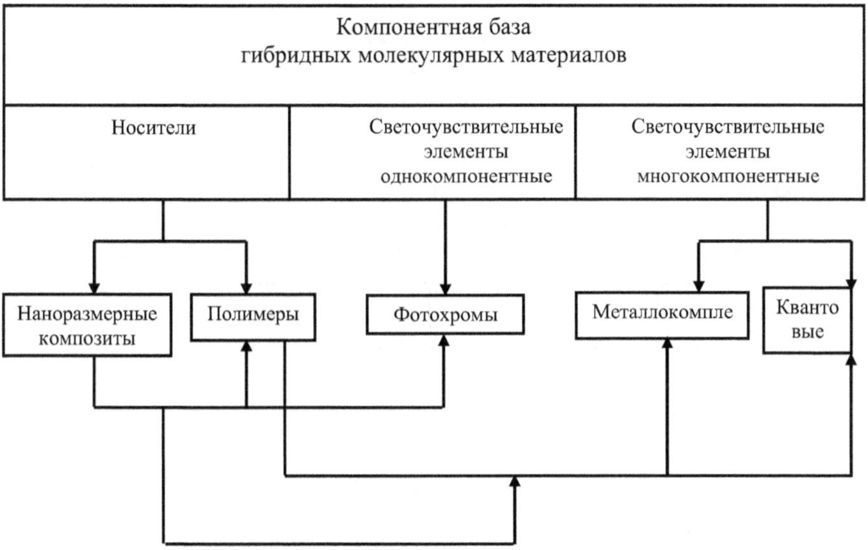

Рис. 1. Структура компонентной базы.

Существует, по крайней мере, два исходных варианта на стартовом этапе разработки: а) идея без предварительной истории продукта исследования, б) идея об улучшении или модификации существующей истории предмета исследования. В любом случае эффективность реализации будет зависеть от уровня знаний, которыми владеет исследователь, т е или от разрозненных известных фактов, или от систематики (коллекции) опубликованных РИД, или от общей тематической ИБД [2, 528]. Ознакомление с публикациями или анализ литературных данных позволит выделить узловые точки плана будущих экспериментов, однако только глубокая информационная проработка приведет к экономии времени, ресурсов, общей эффективности в решении поставленной задачи.

Под молекулярными гибридами подразумеваются структуры, состоящие по меньшей мере из двух фрагментов - органической и неорганической природы. Оптическая сенсорика заключается в оптическом отклике общей системы (смарт-системы) на слабые внешние факторы, т. е. на изменение микросреды. Поэтому важно правильно выбрать светочувствительные элементы, которые могут дополнительно вводиться в органическо-неорганический ансамбль или могут уже содержаться в исходных фрагментах. Требуемые технические показатели, которые необходимо достичь, например, быстродействие, реверсивность, стабильность в экстремальных условиях, а также определенные диапазоны изменения электронных свойств системы (люминесценция, цветность, деструкция) являются заданными параметрами при программировании и моделировании структур, процессов, свойств.

В случае, если задача поставлена для систем, функционирующих в нанорамерных шкалах размерность\время, появляется новая парадигма о динамике целевой системы, ее супрамолекулярной природе, иерархическом построении, что и будет решающим фактором при программируемой управляемой работе гибридного материала [3, 782]. Примерная схема экспериментальных исследований приведена на рис. 2.

Рис. 2. Схема экспериментальных исследований.

Работа поддержана Минобрнауки РФ, ФЦП «Исследования и разработки по приоритетным направлениям развития научно-технологического комплекса России на 2007-2013 годы», Госзадание.

Литература

1-Experimental design for combinatorial and high throughput materials development /Ed. Cawse J.N.- Hoboken: J. Wiley & Sons, Inc., 2002.- 258 p.

2-Пирогов В.Ю. Информационные системы и базы данных. Организация и проектирование.- Санкт-Петербург: БХВ-Петербург, 2009.- 528 с.

3-The Supramolecular Chemistry of Organic–Inorganic Hybrid Materials / Eds. Rurack K., Martınez-Manez R.- Hoboken: J. Wiley & Sons, Inc., 2010.- 782 p.

Кареткин Б. А.
Российский химико-технологический университет имени Д.И.Менделеева, Москва, e-mail: boris.karetkin@gmail.com
Шакир И. В.
кандидат технических наук, доцент, Российский химико-технологический университет имени Д.И.Менделеева, Москва, e-mail: irina_shakir@mail.ru
Прудсков Б. М.
доктор химических наук, профессор, Российский химико-технологический университет имени Д.И.Менделеева, Москва, e-mail: bmp@muctr.ru
Малков А. В.
доктор технических наук, профессор, Российский химико-технологический университет имени Д.И.Менделеева, Москва, e-mail: malkov@muctr.ru
Панфилов В. И.
доктор технических наук, профессор, Российский химико-технологический университет имени Д.И.Менделеева, Москва, e-mail: vip@muctr.ru

^{13}С-ЯМР ИССЛЕДОВАНИЕ ФРУКТАНОВ, ПОЛУЧЕННЫХ ПУТЕМ УЛЬТРАЗВУКОВОЙ ЭКСТРАКЦИИ ИЗ КЛУБНЕЙ ТОПИНАМБУРА

Фруктаны – группа запасных веществ растений, основными представителями которых можно назвать инулин и фруктоолигосахариды (ФОС). Инулин представляет собой полисахарид, содержащий до 65 остатков фруктозы, соединенных 2→1-β-гликозидными связями, для гидролиза которых требуется отсутствующий у человека фермент – инулиназа, и концевым остатком глюкозы, образующей с остатком фруктозы 1→2-α-гликозидную связь. Имеются сведения, что инулин цикория также содержит небольшое количество 2→6-β-гликозидных связей [1, 1147]. ФОС состоят из 2-10 остатков фруктозы, организованных аналогичным образом. ФОС и инулин являются наиболее широко изученными пребиотиками. К пребиотикам относят компоненты питания, которые не перевариваются и не всасываются в тонком кишечнике, но положительно влияют на здоровье хозяина, селективно стимулируя рост и/или активность одного или ограниченного числа микроорганизмов кишечника [2, 1405]. В ряде работ показано, что инулин и ФОС способствуют росту бифидо- и лактобактерий как in vitro, так и при исследовании на живых объектах in vivo [2, 2399; 3, 6152; 4, 6533].

Одним из перспективных источников инулина является топинамбур, имеющий ряд агротехнических преимуществ при выращивании на территории России. В нашей стране получены сорта топинамбура с высокой урожайностью в нечерноземной полосе, например, в условиях Верхневолжья сорт «Скороспелка» дает урожай до 35 т/га. Урожай клубней в южной полосе России может составлять до 50 т/га. Клубни топинамбура при сборе урожая в начале октября содержат до 12-15 % инулина и ФОС.

В ранее проведенных исследованиях нами проведена оптимизация процесса водной экстракции фруктанов из клубней топинамбура с помощью неконтактной ультразвуковой обработки и удаления пигментных примесей. В данной работе качество полученного продукта оценено с помощью ^{13}С-ЯМР- спектрометрии.

Для получения ЯМР спектра фруктаны экстрагировали из клубней топинамбура в оптимальных условиях. Клубни предварительно мыли, измельчали на терке до частиц размером 3-5 мм, что соответствует измельчению на роторных свеклорезках. Экстракцию проводили водой при гидромодуле 12, pH экстрагента 6.0, температуре 65 °С, в течение 15 мин. [5,62]. Полученный экстракт после отделения жома подвергали ультрафильтрации через мембрану УПМ-20, фильтрат обрабатывали активированным углем марки ОУ-А. Полученный раствор замораживали до температуры -20 °С и лиофилизировали. В качестве образца для сравнения брали инулин (Merck, США). Данные ^{13}С-ЯМР получены на спектрометре “BRUKER CXP- 200” (50,3 MHz) в растворе H_2O с добавкой D6-ДМСО в качестве внутреннего стандарта при температуре 298 К.

^{13}С-ЯМР спектр стандартного образца, в качестве которого был выбран инулин фирмы “Merck”, и опытного образца (очищенного от пигментных примесей экстракта) приведен на рисунке 1. При анализе спектров учитывали, что у поли- и олигосахаридов химические сдвиги атомов углерода мономеров, находящихся «внутри» полимерной цепи, и атомов терминальных мономеров различаются [1, 1151]. Химические сдвиги атомов углерода стандартного и опытного образцов являются характерными для фруктанов. При сравнении спектров видно, что полученный экстракт характеризуется рядом сигналов, отсутствующих на спектре инулина. Эти сигналы соответствуют химическим сдвигам терминальных атомов углерода D-фруктофуранозы и D-глюкопиранозы, причем сигналы последней отличаются меньшей интенсивностью, что говорит о меньшем содержании в образце данного вещества по сравнению с фруктозой. Наличие упомянутых сигналов в спектре опытного образца, предположительно, является следствием частичной деполимеризации фруктанов. Авторами [1,1150] показано, что по интенсивности сигналов химических сдвигов может быть определена с приемлемой точностью степень полимеризации фруктанов. Очевидно, что полного гидролиза фруктанов в опытном образце не происходит, т.к. интенсивность сигналов атомов углерода терминальных остатков фруктозы и, особенно, глюкозы сравнимо ниже, чем остатков фруктозы внутри цепи. Таким образом, в полученном образце содержатся в основном ФОС.

Необходимо отметить, что преобладание в опытном образце ФОС может быть следствием не только воздействия ультразвука, но и изначального состава клубней, поскольку степень полимеризации фруктанов зависит от условий выращивания топинамбура. Также необходимо учесть, что стандартный образец представляет собой фракцию фруктанов высокой степени очистки, в то время как в пищевой промышленности в качестве пребиотиков – компонентов функционального питания - успешно используют как высокомолекулярный инулин, так и олигофруктаны со средней степенью полимеризации от 5 до 9, не подвергнутые фракционированию. Таким образом, полученный описанным способом продукт может быть непосредственно использован в качестве источника фруктанов или подвергнут дальнейшей переработке с целью выделения фракций инулина и ФОС.

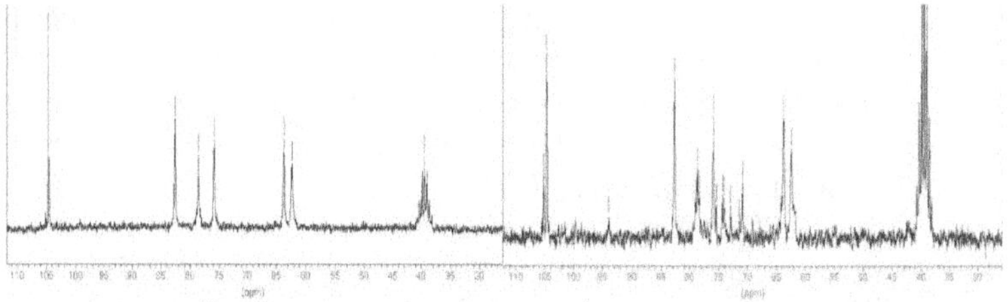

Рисунок 1. ^{13}С-ЯМР спектры стандартного образца инулина (Merck, США) – (слева) и фруктанов, полученных из клубней топинамбура ультразвуковой экстракцией – (справа).

Работа выполнена при поддержке Министерства образования и науки РФ, ГК 16.552.11.7046, ГК 10.7114.2013

Литература

1. *Wack M., Blaschek W.* Determination of the structure and degree of polymerisation of fructans from *Echinacea purpurea* roots//Carbohydrate Research. 2006. V. 341. № 9. P. 1147–1153

2. *Gibson G., Roberfroid M.B.* Dietary modulation of the human colonic microflora – introducing the concept of prebiotics//J. Nutr. 1995. V. 125. P. 1402–1412

3. *Su P., Henriksson1 A., Mitchell H.* Prebiotics enhance survival and prolong the retention period of specific probiotic inocula in an in vivo murine model//Journal of Applied Microbiology. 2007. V. 103. P. 2392–2400

4. *Rossi M., Corradini C., Amaretti A., Nicolini M., Pompei A., Zanoni S., Matteuzzi D.* Fermentation of Fructooligosaccharides and Inulin by Bifidobacteria: a Comparative Study of Pure and Fecal Cultures// J. of Applied and Environmental Microbiology. 2005, V. 71, № 10, P. 6150–6158

5. *Кареткин Б.А., Шакир И.В., Панфилов В.И.*//Интенсификация процесса получения инулина из клубней топинамбура с использованием ультразвука. Материалы Четвертого Московского международного конгресса «Биотехнология: состояние и перспективы развития». М.:ЗАО «Экспо-биохим-технологии», РХТУ им. Д.И, Менделеева, 2007 - часть 2, с. 62.].

Зайченко Д.М.
студент РХТУ им. Д.И.Менделеева
Дровосеков А.Б.
к.х.н., научный сотрудник ИФХЭ РАН

ВЛИЯНИЕ ПРОЦЕНТНОГО СООТНОШЕНИЯ МЕТАЛЛОВ В ОСАЖДАЕМОМ СПЛАВЕ NI-RE НА МОРФОЛОГИЮ ПОВЕРХНОСТИ И ЕГО КАТАЛИТИЧЕСКИЕ СВОЙСТВА

Морфология поверхности исследовалась на сканирующем электронном микроскопе JSMU3 с анализатором WINEDS (Германия).

Однородность фазового состава и морфологии глубинных и поверхностных слоев осадков оценивали по подобию контраста и морфологии поверхности на изображениях, зафиксированных в различных режимах - во вторичных электронах, изображение в которых наиболее чувствительно к топографическим деталям строения поверхности осадков, и отраженных электронах, изображение в которых чувствительно к порядковому номеру элемента в осадке. Химический состав осадков оценивали методом локального энергодисперсионного анализа. Определялись следующие элементы: Ni, Re.

Для работы были использованы рабочие электроды размером 1х2,5 см (общая площадь поверхности 5 $см^2$), покрытые сплавами никеля с рением, никелем, а также платинированная платина (видимая площадь поверхности 5 $см^2$). Платину платинировали в растворе содержащем 10 г/л H_2PtCl_6, при i_k=6 $мА/см^2$, время осаждения черни 30 мин [3].

Вспомогательным электродом служила платиновая пластина с площадью поверхности 10 $см^2$. Анодное пространство было отделено от катодного мембраной, задерживающей кислород в анодном пространстве. Электродом сравнения служил хлоридсеребряный электрод с электролитическим ключом.

В электрохимическую ячейку наливали 1 н раствор NaOH, помещали в него электроды и в течение 15-20 мин при температуре 20°С через раствор пропускали водород для удаления растворенного в нем кислорода. Водород получали в генераторе водорода ГВЧ-6.

Далее производили измерения ЭДС электрохимической цепи рабочий электрод (РЭ) – электрод сравнения (ЭС) в заданном диапазоне плотности тока РЭ, не прерывая тока водорода. При каждом значении силы тока измерения повторяли с интервалами 5-7 мин до тех пор, пока ЭДС цепи РЭ - ЭС не будет постоянной в пределах 2-3 мВ [2].

В данном исследовании использовался электролит следующего состава: $NiSO_4 \cdot 7H_2O$ – 56 г/л, $KReO_4$ – 0-8,75 г/л, $C_6H_8O_7$ – 66 г/л, pH – 1,5-8, t э-та – 20-90 ^oC, $i_к$ – 2,5-15 А/дм^2.

Получаемые данные, связанные с морфологией, напрямую указывали на важность процентного соотношения металлов в сплаве при формировании структуры поверхности:

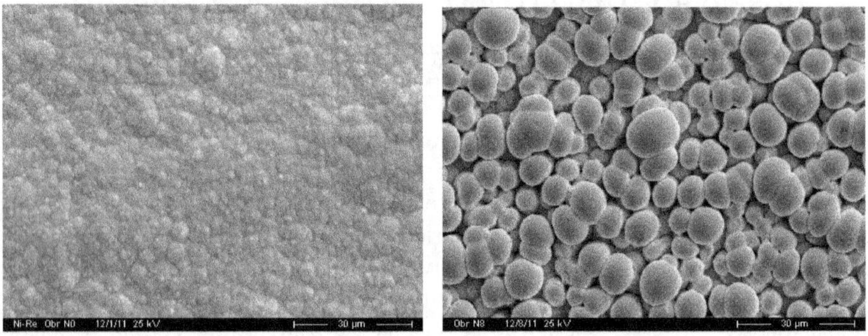

а б

Рис. 1. Морфология поверхности сплава Ni-Re (1000-кратное увеличение) при осаждении из различных по концентрации перрената электролитов, мМ: а – 0 (0%Re), б – 10 (90%Re).

Максимум включения Re приходился на 90 % масс., что так же соответствовало глобулярной структуре поверхности с наивысшей действительной площадью.

Измеренные данные по перенапряжению выделения водорода показали, что данный сплав максимально приближается по своим каталитическим параметрам к платинированной платине.

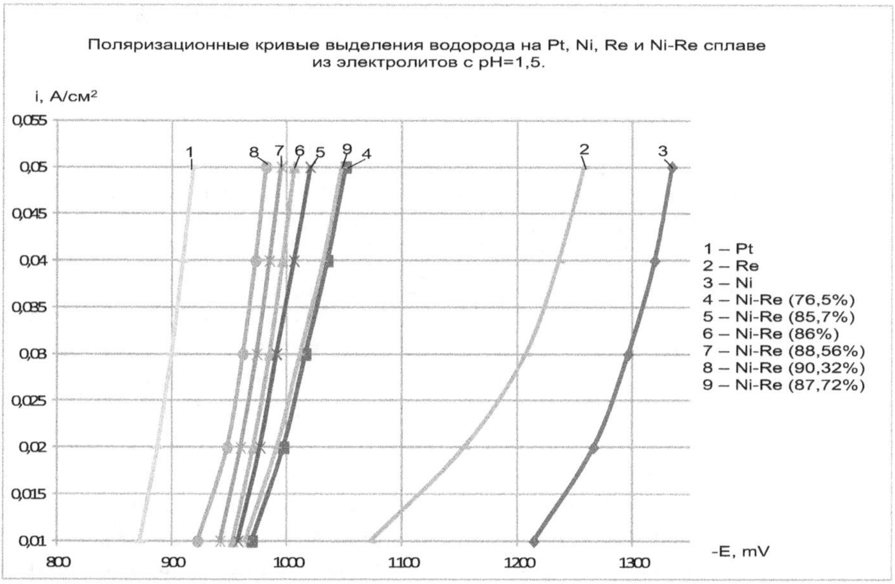

Рис. 2 Поляризационные кривые выделения водорода на покрытиях Ni-Re, полученных из электролитов с pH=1,5

Таким образом, в процессе исследования проведен химический анализ состава сплава; получены катодные кривые выделения водорода для разного содержания рения в сплаве; получены данные по морфологии поверхности сплава в зависимости от содержания рения.

Исследования показали, что различные вариации состава электролита и условий осаждения сплава влияют не только на процентное соотношение, но и на морфологию поверхности, которая в свою очередь влияет на каталитические свойства покрытия. Согласно полученным данным, можно говорить о способности данного сплава конкурировать по своим каталитическим качествам с платинированной платиной при содержании рения приблизительно 90% масс.

Тем не менее, перспективы внедрения сплава в промышленное производство для защиты деталей при высоких температурах в агрессивной среде, не смотря на его хорошие характеристики, достаточно сильно затруднено ввиду дороговизны рения, который стоит дороже серебра и золота. Использование сплава как каталитически активной поверхности в таких процессах как электролиз воды, например, дело, если и осуществимое, то способное быть реализованным не в ближайшее время. Поэтому работы связанные с изучением сплава носят больше познавательный характер и являются на сегодняшний день планомерным накоплением данных, касающихся данной тематики.

Список используемой литературы

1. Ажогин Ф.Ф. Гальванотехника: Справочн. изд. – М.:Металлургия, 736с. , 1987.
2. Буданова В. В., Воробьева Н. К. Практикум по физической химии. М.: Наука – 1986 – 352с.
3. Дамаскин Б. Б., Петрий О. А., Подловченко Б. И. и др. Практикум по теоретической электрохимии под ред. Б. Б. Дамаскина М.: Высшая школа – 1991 – 288с.
4. Писаренко В.В. Справочник химика-лаборанта. Справ. Пособие для проф. - техн. учеб. заведений. Изд. 2-е перераб. и доп. М., «Высш. Школа», 1974.
5. Перельман В.И. Краткий справочник химика под ред. проф. Некрасова Б.В., гос. науч. – тех из-во хим. лит., М., 1948.
6. Суворова О.А. Диссертация на соискание ученой степени доктора химических наук. Электроосаждение рения из водных растворов.- М: 486с., 1962.

УДК 338.2

Черных А.Б.
к.с.н., доцент кафедры «Менеджмент» ИрГУПС
Елисеев С.В.
аспирант ИрГТУ

КЛАСТЕРНЫЕ ОБРАЗОВАНИЯ – ВОЗМОЖНЫЕ НАПРАВЛЕНИЯ МОДЕРНИЗАЦИИ ЭКОНОМИКИ РОССИИ

Аннотация. *В статье рассматриваются основные положения концепции возможного направления социально-экономического развития Росиии. Показано, что модернизация экономики и компенсация социально-экономических диспропорций в Росиии возможна с помощью использования принципиально новых форм экономического взаимодействия, которыми может стать эволюционировавшая кластераная система. В статье проанализированы достоинства и недостатки современных корпоративных систем и современных кластерных образований, действующих в социально-экономических и политических условиях Российской Федерации. Проведено сравнение по основным параметрам корпораций и кластеров, как двух социально-экономических систем, с позиции адекватности вызовам современного рынка глобальной конкуренции. Кратко рассмотрен мировой опыт применения кластерных образований.*

Ключевые слова: *кластер, корпорация, экономико-политическая система, социально-экономические диспропорции, конкуренция, рынок глобальной конкуренции.*

Chernih A.B., Eliseev S.V.

CLUSTERED FORMATION - POSSIBLE DIRECTIONS OF RUSSIAN ECONOMY MODERNIZATION

Abstract. *Main regulations of possible direction socio-economic development Russia concept are considered. Is shown that economy modernization and compensation of socio-economic disproportions in Russia is possible with help of using in principle of new forms of economic interactions which can become evolved clustered system. Merits and demerits of modern corporate systems and modern clustered formation which is function in socio-economic and socio-political conditions of Russian Federation are analyzed. Comparison on main parameters of corporations and clusters as two socio-economic systems with position of challenges modern market global competition* *adequacy is conducted. World experience of clustered formation application is considered concisely.*

Key words: *cluster, corporation, economic-political system, socio-economic disproportions, competition, global competition market.*

Введение. Комплексное осмысление современного состояния и уровня экономико-политического развития России связано с необходимостью понимания причинного механизма сохранения существующих до сих пор на территории страны болезненных региональных социально-экономических диспропорций. Надо признать, что состояние развития малого и среднего бизнеса России непропорционально современным запросам экономической системы, как самого государства, так и мирового экономического сообщества в целом. Не является секретом, что на территории России до сих пор отсутствует заметный прогресс в развитии высокотехнологичных производств, повсеместна слабость производственной и социальной инфраструктуры и т.д.

Россия, как и ранее, продолжает стоять перед необходимостью комплексного переструктурирования системы инструментов экономико-полического регулирования через создание новых, особых финансовых и нефинансовых институтов, которые позволяли бы компенсировать указанные недостатки и позволяли бы поддеживать и стимулировать инновации, механизмы несырьевого экспорта, эффективность использования ресурсов и проч.

Из-за глубокого, длившегося десятилетия кризиса, Россия вступила в мировую экономическую гонку с потерей некоторых позиций. Ключевые мероприятия государственной политики на сегодняшний день направлены на создание политических и экономических инструментов управления огромной, универсальной по своей сути, экономической ситемой, осложнённой большим географической охватом. Несомненно, все это имеет свои преимущества и недостатки, а задача, стоящая перед нашим государством - действительно амбициозная.

I. До сего момента для поддержания и развития тех областей государственной экономики, где бизнес в среднесрочной и краткосрочной перспективе не может получить быстрого оборота вложенных средств и стремится отказаться от трудноокупаемых инвестиций, действительно привлекательной казалась «Правовая модель государственной корпорации» как системы, наполняемой практически любым содержанием, структуры потенциально способной реализовать самые различные цели, функции и задачи, в том числе концентрации больших ресуров, и тем самым, обеспечивать собственную стабильность на динамичном высококонкурентном рынке. Использование госкорпораций сегодня достаточно обширно и оправдано, от реализации отдельных госпроектов до управления целыми отраслями или группами компаний: «Государственная корпорация по строительству олимпийских объектов и развитию города Сочи как горноклиматического курорта», «Государственная корпорация — Фонд содействия реформированию жилищно-коммунального хозяйства», «Ростехнологии», «Росатом», «Объединённая судостроительная компания» и т.д., - функционируют в рыночных условиях, но о результатах их деятельности всё ещё рано говорить.

Корпорации по типу своего функционирования, даже государственная, всегда предполагает некое финансовохозяйственное управление, цели которого вступают в противоречие с общегосударственными задачами. Невозможно сбрасывать со счетов вполне вероятные риски «размывания» национальной правовой системы или ухудшения качества управления самой корпорацией. Корпорация как сложная многоуровневая структура, имеющая множество взаимозависимых функциональных подсистем и элементов, в своём управлении достаточно бюрократична, малоподвижна и непластична. Испытывая мощнейшее внешнее воздействие глобального рынка информационной конкуренции, при необходимости внедрения нововведений, изменений, приспособления к конкурентным вызовам, корпорация требует вовлечения и эксплуатации огромного количества ресурсов как натуральных, так и человеческих. Не всегда эти ресурсы могут быть использованы с достаточной эффективностью.

Корпорация представляет собой огромную социо-, финансово-хозяйственную систему открытого типа. Вступают в силу законы развития систем и при управлении корпорацией нельзя не принимать во внимание знания о жизненном цикле системы, неизбежно вынужденной качественно меняться, подвергаясь постоянной «бомбардировке» со стороны внешних воздействий мировой экономической среды.

Кроме того, «ахиллесовой пятой» любой государственной корпорации становится её зависимость от политической конъюнктуры и иных объективных факторов и обстоятельств.

II. Как хозяйстующие субъекты, российские корпорации сегодня испытывают настоятельную потребность в перерождении, изменении, в то же время, не являясь единственной структурой, которую можно использовать для достижения экономических целей. Инновационные процессы в нашей стране носят достаточно динамичный характер, требуется некая пластичная финансово-правовая структура, способная быстро, исходя из актуальных задач, приспосабливаться к объективным условиям рынка, переструктурироваться, распадаться и так же быстро создаваться на новом месте либо с новыми задачами. Элементы системы должны быть заменяемы по функциям в зависимости от смены задач, каждый элемент системы должен иметь возможность существовать автономно некоторое время либо вовсе самостоятельно, как малое предприятие, то есть должен быть носителем некоего интеллектуально и финансового капитала.

«Сегодня вызовы глобализации заставляют корпорации всё более активно заниматься улучшением корпоративного управления. Важным звеном этого процесса является консолидация активов. Это позволяет преодолевать кризисы, осуществлять экспансию на новые рынки» [1, с. 106]

При «обеднении жилы», изменении условий рынка, корпорация отвечает только одним способом – консолидацией активов. Да, это несомненное преимущество – возможность использовать «ресурсный буфер» в трудные времена, но вместе с тем это и неоптимальное использование этого самого ресурса! Потерянная прибыль от средств, в иных условиях направленных не на выживание малоэффективной неповоротливой структуры, а на развитие и внедрение нововведений, приспособление к новым вызовам рыночной среды. Будет ли выходом сделать ставку на кластеры? Можно предполагать, что кластер, сохраняя преимущество корпорации в виде способности объединять активы, может и переструктурироваться, включая в себя новые объекты, или исключая избыточные, расширяться либо сокращаться, изменяться по количественному и качественному составу или структуре управления. Распадаться вовсе, или вновь соединяться уже на новом месте или с новыми функциями и целями своего существования.

Сравнивая особенности управления кластером и корпорацией можно заметить еще одну деталь: не только и не столько глобальная конкуренция является основополагающим признаком информационного общества, основным конкурентным преимуществом в новых условиях становится именно разработка, внедрение и распространение новых технологий. Получение сверхприбылей возможно, но в изменившихся условиях информационного общества с глобальной конкуренцией - только на удовлетворении быстро возникающего и быстро спадающего спроса на новые материалы, технику, технологии. Копрорация по своим органическим признакам - бюрократизации структуры, не может достаточно быстро менять процессы и технологии управления, производства, организации продвижения товаров, приспосабливаясь к динамичному рынку. Кластерные образования, являясь по сути «пучком» мелких независимых носителей ресурса вынуждены как сотрудничать, так и конкурировать внутри своей среды – следствием этого является развитие и укрепление общей способности к быстрому изменению и конкуренции. Высокая степень внедрения высокотехнологичных производств среди кластерных компаний подтверждается статистическими исследованиями:

инновационная активность кластерных компаний выше - около 60%, в то время как вне кластеров - около 40-45% [7].

Действительно, считается, что кластеры обладают большей способностью к нововведениям вследствие следующих причин:

- фирмы - участники кластера способны более адекватно и быстрее реагировать на потребности покупателей;
- участникам кластера облегчается доступ к новым технологиям, используемым на различных направлениях хозяйственной деятельности;
- в инновационный процесс включаются поставщики и потребители, а также предприятия других отраслей;
- в результате межфирменной кооперации уменьшаются издержки на НИОКР;
- фирмы в кластере находятся под интенсивным конкурентным давлением, которое усугубляется постоянным сравнением собственной хозяйственной деятельности с работой аналогичных компаний [2].

Кластеры информационного общества рядом качественных характеристик отличаются от традиционных промышленных кластеров общества индустриального. Во-первых: модернизированные кластерные цепи представляют собой систему взаимосвязей не только между организациями, их поставщиками, клиентами, но и крупными исследовательскими центрами. Последние, в свою очередь, выступают носителями и разработчиками того интеллектуального ресурса и новаций, которые в дальнейшем будут представлять собой основу промышленного конкурентного преимущества, основу того бысро сменяемого товара, который предполагается производить, удовлетворяя динамично меняющиеся запросы современного общества.

Во-вторых: Способность кластерной сети уходить от жёсткоцентрализованной бюрократизированной системы управления с множеством излишних затратных функций, характерной для корпораций, позволяет повышать активность организаций-контрагентов сети, облегчая потоки внутренних инвестиций: возрастает активность новаторов (носителей инновационных идей), и восприимчивость фирм, цель которых – реализовывать эти новаци. Такая гибкая сетевая структура обеспечивает эффективную трансформацию изобретений в инновации, а инноваций в конкурентные преимущества [3, с. 1].

III. Согласно общепризнанному определению М. Портера, кластер - это «группа географически соседствующих взаимосвязанных компаний и связанных с ними организаций, действующих в определенной сфере и характеризующихся общностью деятельности и взаимодополняющих друг друга» [4]. Первостепенной становится задача обеспечения чёткости взаимодействия относительно независимых компаний, каждая из которых выполняет собственную функцию, что ранее было невозможным. Сегодня контроль качества продукции кластерного союза независимых организаций обеспечивается за счёт повсеместного внедрения инструментов общемировой системы менеджмента качества и через стандартизацию операций. В то же время новый уровень логистических связей в информационном обществе позволяет организациям внутри кластерной цепи взаимодействовать на совершенно ином уровне, вытесняя за рамки своих интересов такие традиционно затратные области, часто отягощающие управление в корпорациях, как реализация требований корпоративной культуры, единообразных подходов к управлению человеческим ресурсом, социальное его обеспечение, профессиональное переобучение и т.д. Группа относительно независимых компаний, связанных общей целью и деятельностью, успешно может решать эти задачи самостоятельно, не привлекая большого финансового ресурса и отчасти опираясь на уже сейчас существующую систему государственных и региональных льгот и гарантий. За счет мобильности кластера обеспечивается профессиональная мобильность персонала в плане переобучения и трудовой миграции, которая на территории нашей страны исторически была затруднена в течении более чем семидесяти лет и только теперь эти процессы постепенно начинают приходить в норму.

IV. Основой укрепления конкурентных позиций России на мировом рынке в самом ближайшем будующем станет не укрепление отдельных компаний, а укрепление кластерных союзов, что на самом деле часто является самоорганизующимся процессом (имеется в виду экономический процесс самоукрепления бизнес-сетей) с привлечением минимальной поддержки со стороны государства. Кластерная политика государства не может быть осуществлена централизованно, а должна производиться так же - через сеть различных общественных и частных агентов, координация действий которых происходит в рамках общих стратегических целей.

В некоторых случаях корпорация, как хозяйствующий субъект, обладая огромным накопленным ресурсом, может противопоставлять себя государству монополизируя отдельные сферы и сегменты деятельности, что может блокировать и без того слабую в конкуренцию на внутреннем рынке и стать серьёзным препятствием для достижения стратегических целей развития страны в некоторых областях экономики. Кластер же, являясь временным, созданным для достижения определённой цели объединением мелких компаний, со стороны обеспечения человеческим ресурсом зависит от стабильной социальной структуры государства и не может себя ему противопроставлять. Кроме того компании в кластере для обеспечения совмествного выживания вынуждены использовать не только технологии сотрудничества, но и технологии добросовестной конкутенции, что несомненно оздоравливает региональную экономику.

После того как подобная кластерная структура достигает оптимума своего функционирования, часть её экономических преимуществ неизбежно распространяется и на экономику того региона, где функционирует данная структура: привлекаются специалисты, происходит общее оздоровление регионального рынка труда, происходит рост благосостояния населения, технологии внедряются в других областях экономики региона, и т.д. Дополнительный рост, обусловленный деятельностью кластерной структуры, создает прибыль, первичное и вторичное расходование которой происходит в других секторах экономики. Заметный толчёк получает и развитие малого и среднего бизнеса, организации которого могут становиться элементами данной кластерной структуры. Для малого предприятия вхождение в кластер может стать тем конкурентным преимуществом, которое позволит объединить активы с другими предприятиями, что неизбежно повысит их общую финансовую устойчивость, может благоприятно отражаться на международной репутации и росте популярности торговой марки и общего бренда. Всё это в совокупности, конечно, привлекает в регион дополнительные ресурсы, стимулирует привлечение в регион иностранных и отечественных инвестиций, стимулирует экономику региона и ускоряет решение социальных проблем, становясь основой для развивития смежных территорий.

V. Мировой опыт применения кластерного подхода к стимулированию экономики показывает его общую эффективность, например:

- В США насчитывается около 300 кластеров: более 240 региональных кластеров плюс еще около 50 кластеров, а доля ВВП, производимого в них, превысила 60% [4].
- Китай: К 2002 г. в Китае было 53 особые зоны, в которых находилось 28388 фирм с 3,49 млн. сотрудников и уровнем продаж на 1 трлн.юаней. Сегодня в Китае сегодня существует более 60 особых зон-кластеров, в которых находится около 30 тыс. фирм с численностью сотрудников 3,5 млн. чел. и уровнем продаж на сумму примерно 200 млрд. долл. в год.
- Европа: в Европе существует более 150 регионов и микрорегионов, которые стремятся стать конкурентоспособными центрами и местами формирования кластеров и развития биотехнологий с целью получения прибыли от них В ЕС насчитывается свыше 2 тыс. кластеров, в которых занято 38% его рабочей силы [6].

Германия, Великобритания, Австралия, Канада целенаправленно стимулируют развитие инновационных территориальных кластеров. Вовлекаются в разработку рекомендаций по проведению национальной кластерной политики и ведущие международные организации, в том числе ОЭСР, Всемирный банк, Азиатский банк развития, Европейская комиссия.

Распоряжением Правительства РФ от 08.12.2011 N 2227-р «Об утверждении Стратегии инновационного развития Российской Федерации на период до 2020 года» предусмотрено формирование сети инновационных территориальных кластеров. Экономическое развитие регионов сегодня зависит от системы государственных мер, политических и экономических механизмов поддержки кластеров и кластерных инициатив в регионах, детальной разработки кластерной стратегии, развития институтов, стимулирующих формирование кластеров [5].

Заключение. На неоднородно развивающемя экономическом пространстве России серьёзные трудности испытывают предприятия малого и реднего бизнеса, региональные компании. В настоящее время для России становится жиненно важным оживление экономико-хозяйственных связей между регионами, укрепление секторов экономики, сокращение разрыва качества жизни населения регионов и центра, развитие и полное использование всех типов ресурсов на местах. Реализация и поддержка новых кластерных инициатив на базе конкурентоспособных предприятий регионов позволит стимулировать высокотехнологичные производства и тем самым укрепить общую конкурентоспособность страны на мировом рынке. Основу конкурентоспособности экономической системы России возможно заложить только при комплексном подходе: использовании теорий кластерного механизма и современных концепций инновационного развития.

Список литературы

1. Инновационное развитие – основа модернизации экономики Росии Националльный доклад.- М.: ИМЭМО РАН, ГУ-ВШЭ, 2008-168с.
2. Колошин А., Разгуляев К., Тимофеев Ю., Русинов В. Анализ зарубежного опыта повышения отраслевой, региональной конкурентоспособности на основе развития кластеров . – URL: http://politanaliz.ru/articles_695.html (дата обращения: 16.03.2013).
3. Клейнер Г.Б., Качалов Р.М., Нагрудная Н.Б. Синтез стратегии кластера на основе системно-интеграционной теории //Наука — Образование — Инновации. 2008. №7 с.
4. Портер Майкл Э. Конкуренция. — М: Изд. дом «Вильямс», 2005.
5. Распоряжение Правительства РФ от 08.12.2011 N 2227-р «Об утверждении Стратегии инновационного развития Российской Федерации на период до 2020 года»
6. A string of competence clusters in life sciences and biotechnology // ScanBalt Competence Region Mapping Report 2006 (Greifswald/Copenhagen/Goeteborg)
7. European Commission. Innovation Clusters in Europe — A Statistical Analysis and Overview of Current Policy Support (2006). Luxembourg: Office for Official Publications of the European Communities

Турчанинова Т.В.
к.э.н., доцент, доцент кафедры экономики и финансов НОУ ВПО «МАЭУ»
tatyana_0401@mail.ru
Храпов В.Е.
д.э.н., доцент, профессор кафедры экономики и финансов НОУ ВПО «МАЭУ»

ВЕКТОР РАЗВИТИЯ РОССИЙСКИХ СУДОРЕМОНТНЫХ ПРЕДПРИЯТИЙ РЫБНОЙ ПРОМЫШЛЕННОСТИ

Россия является ведущей морской державой исходя из ее пространственных и геофизических особенностей, места и роли в глобальных и региональных международных отношениях. Рыбное хозяйство России является градообразующей отраслью и одним из источников занятости населения во многих приморских регионах страны, в том числе в Мурманской, Архангельской, Магаданской, Камчатской, Сахалинской и Калининградской областях, в Приморском крае, Республике Карелия, Чукотском и Корякском автономных округах. По данным ВНИИ экономики, информации и автоматизированных систем управления рыбного хозяйства основным видом деятельности рыбохозяйственного комплекса РФ является добыча и обработка биоресурсов, она составляет 78,3% от всех видов деятельности. Поэтому основное внимание Федерального агентства по рыболовству уделяется этому направлению. Но для повышения эффективности рыбной отрасли Росрыболовству необходимо уделять внимание и всем остальным видам деятельности: рыбоводству, приемке, транспортировке, машиностроению, судостроению и судоремонту, производству орудий лова и сетевязанию, подготовке кадров, научно-исследовательским и проектно-конструкторским работам. Решая в настоящее время лишь одну проблему, теряется все остальное и в дальнейшем будет сложнее заниматься всем остальным, утерянным. Опыт развития рыбной отрасли подтверждает это, именно поэтому подход к рыбной отрасли должен быть комплексным и особенно это важно для прибрежных районов нашей необъятной России.

Рассматривая ситуацию в рыбном хозяйстве страны, можно установить, что основным условием успешного и устойчивого развития рыбохозяйственного комплекса является комплексное системное решение многих проблем не только на отраслевом, но и на государственном уровнях.

Характеризуя сегодняшнее состояние рыбной отрасли, многие эксперты сходятся во мнении, что флот наш морально и физически устарел, так как он проектировался в 70^x - 80^x годах прошлого столетия. Износ флота составляет 70% и поэтому судовладельцы несут серьезные затраты на его эксплуатацию. Проводимая модернизация флота сопряжена со многими проблемами и не приносит желаемого результата. В рыбных портах разрушена прежняя инфраструктура, многие порты находятся под банкротством, многие перепрофилированы на другую продукцию, но что интересно, у государства нет ясной картины, что нужно делать с портами дальше, поэтому и принимаются противоречивые решения: то приватизировать, то не нужно.

Государство просто обязано определиться с дальнейшей судьбой своей собственности. Рыбоперерабатывающие предприятия не загружены в связи с отсутствием доступного сырья, многие из них вышли из строя и перепрофилированы, как например, некогда флагман отечественной рыбопереработки Мурманский рыбокомбинат. В настоящее время по официальным данным российские рыбаки вылавливают свыше 3 миллионов тонн рыбы в год и одна из основных проблем, стоящих перед рыбодобытчиками, по их мнению, является отсутствие оборотных средств. Поэтому многие из них берут кредиты за рубежом и отдают их рыбой, услугами, которые оказываются на зарубежных предприятиях. И получается, что наш флот работает для экономики других стран таких, как Норвегия, Дания, Китай, Корея, Япония. И эти страны заинтересованы, чтобы все оставалось так на долгие времена.

Современные промышленные предприятия России до сих пор не сумели оценить всех преимуществ инновационного развития. Лишь 5% промышленных предприятий в нашей стране, по оценкам экспертов, являются инновационно-активными, а в Советском Союзе таких предприятий было 60 – 70%. Для малых предприятий данный показатель еще меньше – 1%. При этом в развитых странах рыночной экономики малые предприятия являются основой высокотехнологического производства, чего нельзя сказать о России. В Германии ежегодно обновляются 73% предприятий с использованием инноваций, в России лишь 10% предприятий используют инновации.

В настоящее время состояние промышленности России требует кардинальных инновационных изменений, и эти изменения должны быть направлены на производство. Производство может называться инновационным только тогда, когда в его основе лежат гибкость, изменчивость и адаптивность технологических систем, возможность переналаживаемости оборудования и переформирования производственных мощностей.

Должно быть совершенно ясно, что этого достичь непросто и не каждому предприятию под силу гибкость и изменчивость технологий сочетать с возможностью организации и управления производством по горизонтали на основе параллельного функционирования различных стадий инновационного процесса. Рассматривая большинство технологических процессов в судоремонте, мы установили, что они имеют дискретный характер, и это дает возможность судоремонтным предприятиям через рыночные связи между ними организовать совместные работы по ремонту судна, по разработке новшеств для производства, по сбыту готовой продукции и так далее.

Судоремонтные предприятия свое организационное и техническое развитие всегда связывали с разделением труда при ремонте судна по направлениям (корпусное, слесарное, доковое, механическое, электрическое и так далее) с последующей их кооперацией. И этот подход был продиктован используемой технологией судоремонта, в которой преобладает ручной труд. Технология ремонта судна предусматривает дробление трудового процесса на определенные (элементарные) операции и закрепление их за конкретными работниками. Работники специализируются на этом виде деятельности, производительность труда растет, исчезают ненужные движения, трудовой процесс принимает в конечном итоге рациональную форму. Принцип разделения труда в научном плане впервые сформулировал А. Смит и этот принцип стал краеугольным камнем экономической теории и практики управления. Современная концепция менеджмента, которая долгие годы доказывала свою эффективность, базируется именно на разделении труда.

В последнее время многие малые судоремонтные предприятия заинтересованы в организации совместных работ по ремонту судна, так как технические возможности у всех разные. Например, не все судоремонтные предприятия имеют судоподъемные сооружения, плавучие краны, причальную стенку для размещения судна на время ремонта. Есть еще много причин, по которым малые предприятия не могут выполнить весь комплекс ремонтных работ на судне. Поэтому взаимодействие малых судоремонтных предприятий неизбежно и подвержено их эволюционному развитию.

Такой принцип организации взаимодействия между отдельными судоремонтными предприятиями должен быть основан на гибком распределении материальных, информационных, финансовых потоков, готовой продукции и услуг, а также опыте и знаниях работников. Но самое главное, судоремонтные предприятия должны понимать выгоду от совместного инновационного развития. Интеграция по вертикали может быть организована как в рамках единого судоремонтного предприятия через внутриорганизованный рынок, так и на базе постоянных контактов между родственными предприятиями. Интеграция ориентирована на активизацию производственной деятельности. На смешанной основе можно сформировать новые организационные структуры постоянного и временного типа.

В основу взаимодействия этих организационных структур необходимо заложить разработанные механизмы координации и консолидации деятельности всех судоремонтных предприятий, в результате которых эффективность работы каждого возрастет.

Павлова А.Н.
к.э.н., старший преподаватель кафедры экономики и финансов
ФГБОУ ВПО «Российская академия народного хозяйства и государственной службы при Президенте Российской Федерации»
Северодвинский филиал
Назарочкина О.В.
ФГБОУ ВПО Институт судостроения и морской арктической техники (Севмашвтуз) филиал Северного Арктического Федерального Университета в г. Северодвинске
старший преподаватель кафедры информационных систем и технологий

ПЕРСПЕКТИВЫ ПРОГНОЗИРОВАНИЕ ПОТОКОВ В СИСТЕМЕ НЕПРЕРЫВНОГО ОБРАЗОВАНИЯ ДОПОЛНИТЕЛЬНОГО ОБРАЗОВАНИЯ ДЛЯ ВЗРОСЛЫХ

На сегодняшний день в России осознается большая значимость непрерывного образования для развития общества. Система непрерывного образования – это процесс образования людей в течение всей жизни [4]. Она гораздо шире системы общего и профессионального образования, дошкольного, школьного и университетского [6]. В своем вертикальном измерении непрерывное образование будем понимать как единство восьми специфических по своим задачам и преемственно связанным ступеням образовательной лестницы (рисунок 1).

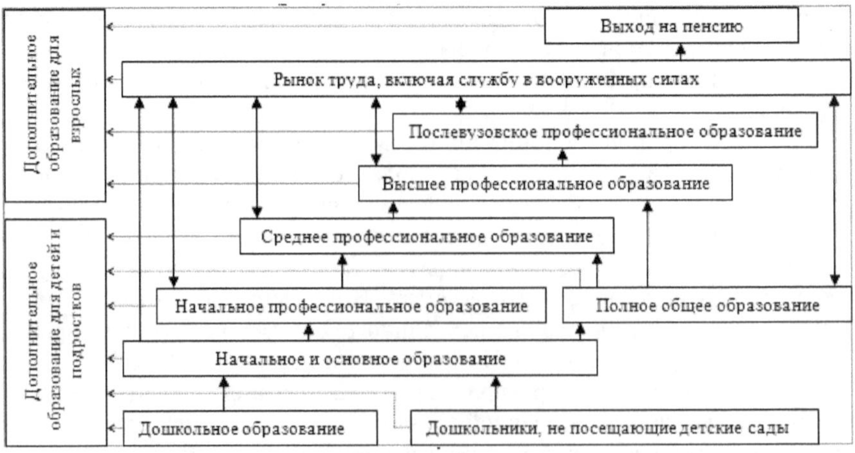

Рисунок 1

Таким образом, непрерывное образование - это пожизненный стадиальный процесс, обеспечивающий поступательное обогащение творческого потенциала личности и ее духовного мира.

Концепция непрерывного образования, в отличие от традиционной образовательной парадигмы, не признает какой-либо окончательности и завершенности в развитии личностного, в том числе профессионального потенциала человека. Поэтому оно рассматривает систематическую образовательную деятельность как естественную составную часть образа жизни человека на всех стадиях жизненного цикла.

В данной работе, остановимся на проблеме прогнозирования потоков дополнительного образования для взрослых (ДОВ). В силу гибкости и необходимости живо реагировать на изменения в социально-экономической ситуации именно ДОВ раньше, чем другие подсистемы образования столкнулось с требованиями рынка. В сфере дополнительного образования новые требования к подготовке пришли в несоответствие с сохранившимся на протяжении длительного времени узкофункциональным отношением к последипломному образованию, его жестко нормированному характеру и профессионально-квалифицированной направленности.

Поскольку, ДОВ является гарантом повышения компетенции людей, умением самостоятельно улучшать экономические, социальные, политические и культурные условия жизни, государство и общество должны прогнозировать запросы людей, предвидеть их развитие на несколько шагов вперед, с тем, чтобы по разным каналам и сферам предлагать образование, разное по содержанию и формам его организации. Вместе с тем на практике мы сталкивается с явной недооценкой прогнозирования этой подсистемы непрерывного образования. Объектом проектирования и прогнозирования, как правило, оказываются лишь школьное и дополнительное образование для детей. Даже в планах социально-экономического развития городов прогноз в области образования взрослых ограничен проблемами занятости и переквалификации безработных.

Вершиловский С.Г. [3] выделяет институциональный прогноз, комплексный прогноз и личностно-ориентированный прогноз развития ДОВ. А поскольку прогноз всегда носит вероятностный и многокритериальный характер, он выдвигает несколько сценариев будущего, стимулируя инициативу, творчество, инновации со стороны субъектов образовательной деятельности.

Шугаль Н.Б. [7] разработал карту потоков, позволяющую проиллюстрировать направления движения обучающихся в системе непрерывного образования. Карта отражает переход лиц с одной ступени образования на более высокую ступень, выход из образовательных учреждений на рынок труда, а также потоки возвращающихся в систему образования спустя некоторое время. В исследуемой карте, оценены потоки между образовательными программами, а не между образовательными учреждениями. Однако потоки обучающихся по программам дополнительного образования, ввиду неполноты собранных входящих данных, не рассматривались. Дело в том, что оценки потоков обучающихся получены на основе данных государственной статистики за 2008 год и безусловно, на тот период, являются достоверными и корректно отражают контингент Российской системы непрерывного образования и его движение, за исключением потока дополнительного образования.

На сегодняшний день, важно отметить, что коллегия Минобразования и Госкомитета России вынесла решение о модернизации отечественной образовательной статистики [5]. Исследования по совершенствованию информационно-статистического обеспечения сферы образования получили свое развитие в реализации мероприятий Федеральной целевой программы (ФЦП) «Развитие государственной статистики России в 2007 – 2011гг» по развитию статистики образования, культуры и непрерывного образования.

На рисунке 2 представлена схема статистического наблюдения в сфере образования, реализуемая ФЦП.

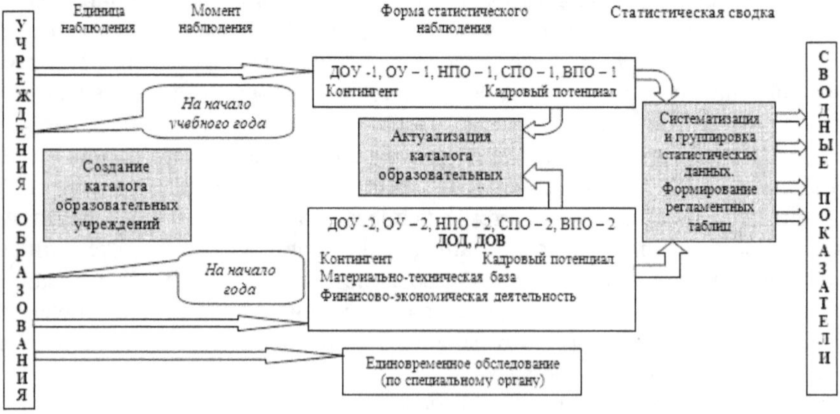

Рисунок 2

Одним из важнейших и инновационных, на наш взгляд, мероприятий ФЦП, была разработка инструментария статистического наблюдения за участием населения в ДОВ. По программе специального модуля обследуется население в возрасте от 25 до 64 лет, которое даст информацию о прохождении обучения взрослых на разных уровнях формального образования и (или) по разным видам дополнительного образования; о количестве образовательных программ, областях знаний, связи обучения с профессиональной деятельностью; организации обучения, его финансирования и продолжительности [2]. Заполнение разработанной и утвержденной приказом Росстата №305 от 06.09.2010[1] года формы №1 кадры «Сведения о дополнительном профессиональном

[1]base.consultant.ru

образовании работников в организациях», станет прорывом в обследовании населения по изучению проблематики участия населения в непрерывном образовании. Важно отметить, что Архангельская область включена в число семи регионов, где было проведено предварительное обследование.

Внедрение этого инструмента в статистическую практику обеспечит достоверной информацией потребности в получении показателей участия населения в непрерывном образовании на сегодняшний день и прогнозирования этих показателей в будущем. К примеру, данные мониторинга экономики образования 2010 [3] (таблица №1) могут быть использованы в качестве экзогенных и эндогенных лаговых переменных для построения потоков ДОВ.

Таблица №1

Основные формы дополнительного обучения/переподготовки новых работников по отдельным категориям персонала

	Функциональные специалисты	Линейные специалисты	Служащие	Квалиф. рабочие
не требуется доп. обучение	62	54	62	45
на курсах повышения квалификации вне предприятия	16	16	11	12
на семинарах, курсах, организованных опытными работниками на предприятии	9	15	10	7
в том числе с доп.оплатой работников	7	9	5	3
в том числе без оплаты	2	6	5	3
прикрепление новичка к опытному работнику	11	11	15	29
в том числе с доп.оплатой	2	3	4	14
в том числе без доп.оплаты	9	8	11	15
новичок "доучивался" самостоятельно	2	4	2	4

Прогноз потоков желающих получить дополнительное образование, позволит работникам сферы управления образованием лучше ориентироваться в социально-экономической ситуации, принимать решения более уверенно и точно, уменьшать вероятность ошибок и просчетов, экономить материальные средства.

Список литературы

1. Вершловский С.Г.«Система образования взрослых как объект прогнозирования» Человек и образование №1(22) за 2010. С. 17

2. Забатурина И.Ю., Ковалева Н.В, Кузнецова В.И., Озерова О.К. Развитие статистики образования в Российской федерации. Вопросы статистики №12 за 2010г. С.5

3. Мониторинг экономики образования http: // education-monitoring.hse.ru

4. Национальная доктрина образования в РФ http: // base.consultant.ru

5. Решение коллегии Минобразования и Госкомитета России «О развитии статистики образования в Российской Федерации» http: // base.consultant.ru

6. Современные макроэкономические проблемы России: учебное пособие / кол.авторов; под ред. С.С.Носовой. – М.: КНОРУС, 2010. – 488с.

7. Шугаль Н.Б.Потоки обучающихся в российской системе образования http: // ecsocman.edu.ru›data/2011/07/19…Shugal

Мамий Е.А.
канд. экон. наук, доцент кафедры экономического анализа, статистики и финансов,
Андреев В.Е.
бакалавр 2 курса экономического факультета
Кубанский государственный университет

ФИНАНСОВАЯ САНАЦИЯ КОРПОРАЦИИ: СУЩНОСТЬ И ЭТАПЫПРОВЕДЕНИЯ

Эффективное решение проблем банкротства и санации предприятий является обязательным условием оздоровления отечественной финансовой системы. Важнейшими причинами появления кризисных явлений на предприятии и возникновения угрозы его банкротства, как правило, становятся низкий уровень финансового менеджмента, ошибки при выборе экономической и финансовой стратегии, недостаточное внимание к внешним факторам риска. Все эти факторы способны ввести предприятие в кризисное состояние, результатом которого является невозможность погашения своих текущих обязательств, резкое снижение рентабельности и, даже убыточность деятельности и, в итоге, потеря бизнеса. Выведение предприятия из кризисного состояния, возобновление платежеспособности и повышение рентабельности его деятельности, вызывает необходимость проведения комплекса специальных мероприятий по финансовому оздоровлению, санации предприятия.

Исследованием данного вопроса в своих научных работах занимались: Бджола В.Д., Сытник Л.С. и многие другие экономисты и аналитики. В работах данных экономистов изложены основные понятия и подходы к организации процедуры финансовой санации. Бджола В.Д. достаточно четко характеризует понятие термина «санация». В свою очередь, Сытник Л.С. в своих работах объясняет цель финансовой санации и предлагает ряд мероприятий необходимых для ее осуществления.

Происхождение термина «санация» берет свое начало от латинского "sanatio" то есть оздоровление или лечение [3,197].Финансово-кредитный словарь разъясняет это понятие как совокупность мер, проводимых для предотвращения банкротств различного рода монополий [2,53]. Отсюда следует, что санация является одной из процедур, предусмотренных законодательством, направленная на финансовое и экономическое оздоровление предприятий, предотвращения их банкротства.

Сегодня, в соответствие с международной практикой и мнением большинства иностранных и отечественных специалистов, под понятием санации как экономической категории подразумевается: система последовательных, мероприятий организационно-правового, финансово-экономического, социального, производственно-технического характера, нацеленных на преодоление финансово-экономического кризиса в организации и восстановление или достижение ее конкурентоспособности и прибыльности в долгосрочной перспективе [1,76]. Мероприятия финансово-экономического характера занимают главенствующую роль в процессе санации. Целью финансовой санации является оптимизация финансовых потоков предприятия.

Финансовую санацию предприятий в странах с развитой рыночной экономикой осуществляют по классической модели, согласно которой процесс финансового оздоровления предприятия состоит из таких этапов как:

– выявление (идентификация) финансового кризиса;

– анализ причин, вида и глубины финансового кризиса, диагностика финансового состояния предприятия на основе результатов санационного аудита;

– принятие решения относительно ликвидации (добровольной или принудительной) либо санации предприятия;

– определение целей и тактики проведения санации (определение возможной сферы деятельности, нового ассортимента продукции, перечня потребителей, обоснование основных стоимостных показателей деятельности предприятия и тому подобное);

– формирование стратегии осуществления санации относительно вариантов развития фирмы и оптимизации политики капиталовложений;

– разработка программы санации - перечня основных этапов и мероприятий, которые предусмотрено осуществить в ходе финансового оздоровление предприятия;

– разработка проекта санации, который содержит технико-экономическое обоснование необходимости санации, расчет объемов финансовых ресурсов, требующихся для достижения стратегических целей, график и методы мобилизации финансового капитала (сокращение расходов, дополнительное привлечение капитала и тому подобное), сроки освоения инвестиций и их окупаемость, ожидаемые результаты реализации проекта;

– реализация, координация и надзор за качеством реализации запланированных мероприятий (санационный контроллинг).

Финансовая санация может быть направлена как на реструктуризацию активов, так и реструктуризацию пассивов предприятия. Финансирование санационных мероприятий может осуществляться из таких источников, как:

– собственные средства предприятия (самофинансирование);

– финансовые средства владельцев;

– средства кредиторов;

– средства персонала субъекта предпринимательства;

– путем получения государственной финансовой поддержки.

Собственными источниками финансирования санации предприятия являются средства, полученные в результате таких мероприятий как:

– реструктуризация его активов (продажа отдельных объектов основных средств, лишних материальных запасов, пакетов ценных бумаг, индексация балансовой стоимости имущества; использование возвратного лизинга; сдача в лизинг основных средств; уменьшение части низколиквидных оборотных активов; продажа отдельных структурных подразделений предприятия; рефинансирование дебиторской задолженности путем перевода ее в другие формы через факторинг, учет векселей, форфейтинг и тому подобное);

– уменьшение операционных, финансовых и инвестиционных расходов предприятия (экономия материальных расходов, сокращение расходов на оплату труда персонала, применение неполного рабочего дня, неоплачиваемых отпусков, высвобождения персонала, сокращение непроизводственных расходов и тому подобное);

– увеличение выручки от реализации продукции, достигнутой посредством активизации маркетинговых исследований рынка сбыта, рекламирования товаров, использование гибкой системы скидок и тому подобное.

Санация с привлечением средств владельцев осуществляется за счёт увеличения размеров уставного капитала предприятия с помощью дополнительных взносов и реинвестирования прибыли, а также предоставления предприятию от его владельцев ссуд, целевых взносов на безвозвратной основе.

В условиях экономической нестабильности на грани банкротства находится большое количество предприятий, которые не в состоянии своевременно выполнять все свои внутренние и внешние обязательства.

Необходимым условием оздоровления отечественной финансовой системы является санация субъектов хозяйственной деятельности. Только в этом случае можно будет восстановить прибыльность и платежеспособность большинства налогоплательщиков, а это пойдёт на пользу всей финансовой системе государства. Вместе с тем оздоровление экономики в большей мере зависит от своевременной реализации возможности ликвидации (реорганизации) неэффективных производственных структур, которые требуют постоянную финансовую поддержку у бюджета государства, при этом, не пополняя его.

Литература:

1. Бандурин В. В., Ларицкий В. Е. Проблемы управления несостоятельными предприятиями в условиях переходной экономики. - М.: Наука и экономика, 1999.

2. Гаретовский Н. Финансово-кредитный словарь Том 3. Издательство: Финансы и статистика 1988.

3. Крум Э.В. Антикризисное управление предприятием: учебно-методический комплекс / Государственный институт управления и социальных технологий БГУ, Кафедра управления финансами и недвижимостью. Минск: ГИУСТ БГУ, 2009.

Бабаева Р.Ф.
аспирантка кафедры банковского дела СПбГЭУ

МОДЕЛИ ПОСТРОЕНИЯ СИСТЕМЫ ВНУТРЕННЕГО КОНТРОЛЯ В КРЕДИТНОЙ ОРГАНИЗАЦИИ

За последние десятилетия банковский бизнес стал более сложным, более эффективным и одновременно рискованным. В связи с этим для руководства на первый план выходит задача построения процесса управления таким образом, чтобы предупредить реализацию нежелательных событий, ведущих к возникновению рисков.

Суть внутреннего контроля заключается в том, что это непрерывный процесс, присущий всем уровням деятельности банка. Она является важнейшим инструментом в управлении кредитной организации, поскольку позволяет минимизировать потери, сохранять активы, придерживаться управленческой политики, обеспечивать постоянный мониторинг финансовой и бухгалтерской отчетности и, в целом, гарантировать эффективное функционирование.

На настоящий момент внутренний контроль уже не рассматривается менеджерами лишь со стороны контрольно - ревизионных функций, все чаще он воспринимается как важный прогнозно - аналитический инструмент, то есть происходит смещение акцентов с мониторинга правильности совершения банковских операции на оценку рисков. Возникает необходимость разработки новых подходов к построению систем внутреннего контроля.

На настоящий момент в банковском секторе приняты две основных концепции построения внутреннего контроля в кредитной организации: традиционная и риск – ориентированная [5].

Суть традиционной модели сводится к мониторингу соответствия деятельности банка нормативным требованиям и внутренним правилам. В основном контрольные функции возлагаются на Службу внутреннего контроля, которая осуществляет следующие этапы мониторинга: организация проведения проверок, составление программы проведения проверок, проведение самой проверки и как результат составление акта или отчета, где изложены все выявленные недостатки и нарушения, а также предложены рекомендации. При таком подходе участие во внутреннем контроле руководства банка носит формальный характер и, как правило, сводится к тому, что руководитель Службы внутреннего контроля информирует о наиболее серьезных нарушениях.

Традиционный подход помогает кредитной организации предотвратить риски предъявления штрафных санкций за несоблюдение нормативных требований. Важным преимуществом является также, что он позволяет снизить уровень ассиметричности информации между головным офисом и внутренних структурных подразделений по средствам выездных проверок. Даже принимая во внимание все преимущества традиционной модели, она не отвечает главным требованиям современной экономики - модель не предупреждает риски, а обнаруживает их по факту реализации, что недопустимо в нынешней жесткой конкурентной среде. Также при традиционном подходе не учитывается компексный подход к анализу решения проблем, игнорируются бизнес интересы, что непосредственно влияет и на доходность.

Предупреждение рисков до момента их совершения является важнейшим компонентом успешного бизнеса в условиях современной бизнес - среды. Небольшая внутренняя ошибка способна вызвать не только серьезные финансовые потери, но и потерю деловой репутации, а также лицензии.

Риск - ориентированный подход в России постепенно приобретает популярность. Суть в том, что Служба внутреннего контроля перманентно отслеживает приемлемость величины риска на всех уровнях системы контроля. В банке разрабатывается методология оценки рисков (методика оценки рисков, карты рисков, унифицированные походы к оценке уровня рисков), позволяющая благодаря подробному описанию бизнес процессов выявить значительную часть рисков. После того как слабые точки определены, они под пристальным вниманием. Сами проверки проводятся, как правило, путем заполнения шаблонной карты рисков. По результату заполнения, все отклонения от нормальных значений должны быть проанализированы и выявлены первопричины подобного факта. Мониторинг рисков проводится постоянно, исполняющие подразделения самостоятельно отслеживают положение дел и при малейшем отклонении от установленной банком нормы должны сообщать руководителю Службы внутреннего контроля в форме отчета. Деятельность Службы при риск - ориентированном подходе сводится к определению ключевых рисков, их классификации, предположение вероятности их наступления, объем убытков при их реализации, а также разработка предложений по работе с рисками и как по улучшении качества деятельность банка.

Риск - ориентированная модель построения системы внутреннего контроля направлена на мониторинг всех факторов, являющихся потенциальными угрозами, способствует правильной расстановке приоритетов и формированию планов банка, приводя к минимизации числа потенциальных угроз. Однако данная концепция не идеальна, поскольку трудно учитывать сложившиеся в бизнес- среде взаимосвязи и предсказывать поведение участников, а также трудность состоит в разработке стандартных схем и карт по учету рисков и в необходимости их постоянной модернизации и доработке.

В последнее время в экономических кругах все чаще появляется информация о третьем и совершенно новом подходе к построению внутреннего контроля, который для России еще совсем не свойственен. Речь идет о стратегически - ориентированной модели. Суть заключается в мониторинге возможных вариантов развития бизнеса, и как результат после тщательного анализа выбирается лучший. [3,24] В остальном же он схож с риск - ориентированным подходом, предполагающим мониторинг рисков и оценку процессов контроля.

Выбор принципа построения системы внутреннего контроля является прерогативой руководства банка. После тщательного анализа обеих концепций выбирается собственный путь развития системы внутреннего контроля, исходя из предшествующего опыта менеджеров и целей, обозначенных в стратегии развития кредитной организации. Унифицированного подхода нет.

В России по факту используют смежную модель - традиционную с элементами риск – ориентированной. Со стороны регулятора отсутствует четкая система стандартов и процедур внутреннего контроля. Можно предположить, что причиной ухудшения состояния одних кредитных организаций и отзыва лицензий у других стало недостаточное внимание к этому вопросу. Зачастую на практике построение системы внутреннего контроля носило формальный характер, и ограничивалось финансовыми возможностями и производственной необходимостью.

Литература:

1. О банках и банковской деятельности: Федеральный закон от 2 декабря 1990 г.,№ 395-1;
2. Положение об организации внутреннего контроля в кредитных организациях и банковских группах: Утв. Банком России от 16 декабря 2003 г. № 242-П;
3. Внутренний аудит. Опыт и практика Евросистемы. – Европейский центральный банк. – 2010;
4. Кабашкин В.А., Мышов В.А. Повышение роли внутреннего аудита и контроля в условиях рыночной экономики// Международный бухгалтерский учет. – 2011. - №13.
5. Лытов С. Плюс на минус// Банковское обозрение. – 2011. - №9.
6. Морозова Т.Ю., Тарада А.С. Совершенствование системы управлении в банках: регулирование и саморегулирование// Управление в кредитной организации. – 2011. -№1.
7. Юденков Ю.Н. Риск – ориентированный надзор и внутренний контроль//Банковские услуги. – 2012. - №5.

Мартьянова А.В.
преподаватель кафедры информационного права
ФГБОУ ВПО УРГЮА

О НЕКОТОРЫХ ОСОБЕННОСТЯХ МЕХАНИЗМА ЗАЩИТЫ АВТОРСКИХ ПРАВ В СЕТИ ИНТЕРНЕТ

Проблемы защиты авторского права и взаимодействия в сети Интернет тесно связаны между собой. В последнее время все быстрее растет интерес людей к общению в социальных сетях, нередко это сопровождается «выкладыванием» на всеобщее обозрение своих личных данных, а также результатов своего и чужого творчества, интеллектуальной деятельности. На последнем вопросе хотелось бы остановиться подробнее. Практика решения проблем нарушения авторского права в сети Интернет только начинает формироваться. Зачастую обыватели вовсе не видят в этом проблемы: кто-то помещает информацию в сеть, а они этим практически беспрепятственно пользуются.

Для защиты авторского права в Российской Федерации были приняты и действуют часть четвертая Гражданского кодекса РФ [3], ФЗ РФ «Об информации, информационных технологиях и защите информации» [8], изданы Указы Президента РФ «О государственной политике в области охраны авторского права и смежных прав» [11] и «О мерах по реализации прав авторов произведений, исполнителей и производителей фонограмм на вознаграждение за воспроизведение в личных целях аудиовизуального произведения или звукозаписи произведения» [12].

Согласно ст. 1228 Гражданского кодекса РФ, автором результата интеллектуальной деятельности признается гражданин, творческим трудом которого создан такой результат [3]. Однако люди часто пытаются воспользоваться чужими результатами такой интеллектуальной деятельности, не учитывая права авторов, а также извлечь прибыль от результатов в нарушение авторских прав. Таких нарушителей называют «пиратами», от английского неологизма «piracy»-нарушение прав интеллектуальной собственности. Компьютерное пиратство – актуальная проблема на сегодняшний день. Так, в 2010 году ущерб от пиратства в России составил около 3 миллиардов долларов [16].

Актуальной проблемой является сбор доказательств факта нарушения прав автора в Сети. Вопрос состоит в том, что нарушитель в любой момент может прекратить неправомерное использование произведения, а также в кратчайшие сроки устранить все свидетельства о том, что оно вообще было совершено. Исходя из этого, возникает целесообразная необходимость сбора доказательств так и тогда, чтобы это не узнал нарушитель. Доказательствами могут быть, например, показания свидетелей, скопированная Web-страница с незаконно размещенным произведением, ее распечатка, заверенная у нотариуса.

Нерешенным является и вопрос ответственного за правонарушение. В законодательстве нет четкого ответа на него. Вина Провайдера (Информационного посредника) может быть признана только в том случае, если Провайдер не принял соответствующих мер после обращения к нему с письменным заявлением [13]. То есть если удалить произведение с одного адреса, это не будет препятствовать его повторному размещению на сайте. При этом в гражданском законодательстве не существует определенного процесса уведомления правообладателя, не указано, сколько должно быть уведомлений, после которых администрация сайта должна установить определённые фильтры для пресечения попыток поместить на сайт контрафактную информацию.

Прежде чем скопировать информацию с Web-сайта, нужно обратить внимание на сообщение об авторском праве, размещаемом на самой странице. В этом сообщении должно быть указано, какие действия можно совершать с данным материалом. Если такое сообщение об авторском праве отсутствует, нужно получить специальное разрешение. В таком случае можно отослать запрос на адрес электронной почты разработчика интересующей Интернет-страницы. Но возможен и отказ в разрешении, в частности если речь идет об информации, касающейся собственности. Британские специалисты утверждают, что запрашивание подобных разрешений должно практиковаться даже в школах. [15, 72]

На некоторых сайтах сегодня используются специальные технологии для контроля за операциями, производимыми пользователями. Так, на сайте может быть возможность распечатывать страницы, но деактивированы команды «вырезать», «вставить», «сохранить как».

Создание гипертекстовых ссылок предполагает возможность перехода с одной Интернет-страницы на другую. Таким образом, это позволяет кому-либо сделать копию с материала, к которому подсоединена первоначальная страница. Язык HTML представляет собой возможность добавить изображение с другого сайта к собственной Интернет-странице таким образом, что оно будет казаться пользователю частью вашей странички. Копированием в полном смысле этого слова такие действия назвать нельзя, но де-факто такая операция напоминает кражу. [14, 97]

Законодательство в сфере информационных отношений насчитывает множество нормативно-правовых актов. Конституция Российской Федерации, как основной нормативно-правовой акт, не регулирует отношения в области производства и применения новых информационных технологий, но создает предпосылки для такого регулирования, закрепляя права граждан (ст. 29 ч.4; ст. 24 ч.1 и другие) и обязанности государства (по обеспечению возможности ознакомления гражданина с документами и материалами, непосредственно затрагивающими его права и свободы - ст. 24 ч. 2) [5].

Гражданский кодекс Российской Федерации регулирует общие вопросы правового режима функционирования информационных сетей, определяя систему правоотношений в данной области. Так, в статье 128 части первой Гражданского кодекса РФ среди прочих видов объектов гражданских прав указаны следующие: «...информация; результаты интеллектуальной деятельности, в том числе исключительные права на них (интеллектуальная собственность); нематериальные блага» [2]. Интернет-сайт, как объект авторского права, предоставляет информацию, которая и является объектом гражданского права. Термин «информация» как правовая категория первоначально был представлен в Федеральном законе «Об информации, информатизации и защите информации» от 20.02 1995 №24-ФЗ (утратил силу с 9 августа 2006 года на основании Федерального закона от 27 июля 2006 года N 149-ФЗ). Статья 2 данного закона дает понятие информации - это «сведения о лицах, предметах, фактах, событиях, явлениях и процессах независимо от формы их представления» [7]. В Российском законодательстве термин «Интернет» сегодня встречается довольно часто,например: в Налоговом кодексе РФ (подп. 25 п.1 ст. 264) [6], Арбитражном процессуальном кодексе РФ (подп. 9 п.1 ст.247) [1] и Кодексе РФ об административных правонарушениях (ст. 5.5) [4], а также в десяти федеральных законах. Но нигде термин не расшифровывается.

Российская судебная практика по делам о защите права интеллектуальной собственности в сети Интернет сопровождается проблемами и противоречиями, среди которых: юридическая сложность самого института "интеллектуальная собственность", отсутствие отдельного правового регулирования сети Интернет, несоответствие и несовершенство нормативной базы в области охраны авторских прав, отсутствие специальной квалификации судей по делам о защите права интеллектуальной собственности в сети Интернет. Согласно ст. 103 Основ законодательства о нотариате [10], действия нотариуса сводятся лишь к работе с вещественными доказательствами и носят состоявшийся характер. Однако в арбитражном законодательстве Российской Федерации содержатся общие принципы обеспечения доказательств. В таком случае перечень средств доказывания является открытым.

Однако некоторые особенности сети существенно осложняют защиту авторских прав. Так, каждый пользователь является потенциальным нарушителем законодательства из-за легкости копирования информации, в том числе и частей Интернет-сайта. Очевидная простота действия и часто безнаказанность за него создают предпосылки для роста правонарушений в этой сфере и сложности при рассмотрении и решении дел. Поэтому необходимым можно назвать рост правовой культуры граждан и совершенствование законодательной базы, особенно в сфере сбора и предоставления доказательств о нарушениях.

Литература

1. Арбитражный процессуальный кодекс РФ//СПС «КонсультантПлюс»
2. Гражданский кодекс РФ (часть первая)//СПС «КонсультантПлюс»
3. Гражданский кодекс РФ (часть четвертая)//СПС «КонсультантПлюс»
4. Кодекс об административных правонарушениях РФ//СПС «КонсультантПлюс»
5. Конституция РФ//СПС «КонсультантПлюс»
6. Налоговый кодекс РФ//СПС «КонсультантПлюс»
7. Федеральный закон «Об информации, информатизации и защите информации» от 20.02 1995 №24-ФЗ//СПС «КонсультантПлюс»
8. Федеральный закон «Об информации, информационных технологиях и защите информации» от 27.07.2006 №149-ФЗ //СПС «КонсультантПлюс»
9. Федеральный закон «Об электронной подписи» от 06.04.2011 №63-ФЗ //СПС «КонсультантПлюс»
10. Основы законодательства о нотариате от 11.02.1993 №4462-1 //СПС «КонсультантПлюс»
11. Указ Президента РФ от 7.10.1993 №1607 «О государственной политике в области охраны авторского права и смежных прав» //СПС «КонсультантПлюс»
12. Указ Президента РФ 05.12.1998 №1471 «О мерах по реализации прав авторов произведений, исполнителей и производителей фонограмм на вознаграждение за воспроизведение в личных целях аудиовизуального произведения или звукозаписи произведения»//СПС «КонсультантПлюс»
13. Решение Арбитражного суда города Санкт-Петербург и Ленинградской области от 03 февраля 2012 г. по делу № А56-57884/2010//СПС «КонсультантПлюс»
14. Арнольд П. Луцкер. Авторское право. – М., 2008. – С. 97
15. Шершеневич Г.Ф. Учебник русского гражданского права. – М., 2007. – С. 72
16. Официальный сайт Министерства внутренних дел Российской Федерации: [Электронный ресурс] Режим доступа: http://www.mvd.ru/

Zaytseva-Savkovich E.V.
Ph.D., Associate Professor of the constitutional
and international law department, GUU
fikh@list.ru

TO THE QUESTION OF TERRITORIAL ASPECTS OF THE ORGANIZATION OF LEGISLATIVE POWER IN THE MODERN STATE

Since any public authority in a state has a well-defined scope of the operation, namely the territory which is subject to its power functions, it is of interest to consider the question of the nature of the territorial component in the organization of power. Public administration, obviously, is not in essence a speculative construction, a literal superstructure over a territorial community. Unique features of different territories determine the structure and methods of exercising public authority. Therefore perhaps the extraterritorial power structures do not always correlate to the management objectives and are rarely undeniably successful. As a subject of research in this paper, we propose to apply to the legislature, which, in any case, is a "calling card" of the approach of a state to the organization of public power.

Legislative power is understood, for example, as the ability and capacity of the population to directly or through representative bodies regulate the most important issues of public life through the adoption of regulations of higher force. The legislative power has the property of rule, which necessarily results from the very essence of its activity - creating laws for all territorial units and all members of society, prescribing rules of conduct coupled with the possibility of enforcement [1,106-111]. National level of such activity is obvious. Moving it to a different territorial level with narrowing of the field of activity to the regional interests involves special status of territorial units (state, political autonomy), which requires coordination and resolution of important issues for the area at the law level. These interests should not go to the national level as otherwise, regional lawmaking is deprived of independence and sense.

An obvious harmonization of multi-level interests are flexible concepts - model national laws as basis for specific legislation by the territories. However, practice shows the complexity of this kind of legislation - framework acts almost always gravitate away from the concept of general principles toward specific legal regulation of the subject of the bill. A similar picture can be seen in the Russian Federation in the analysis of various federal laws entitled "On general principles ..." [2]. A well-known example - the mandatory provisions on the election of at least half of the legislative (representative) body of the subject of the Russian Federation under the proportional representation system, which are clearly specific legal regulation and not a principle. Despite the lack of a legislative definition for this type of legislation as a "framework" or "model", the legal system of the Russian Federation in fact has such laws, and the obvious technical and legal (and practical) costs of their content does not lead to the rejection of this form of regulation. While, for example, Germany, by contrast, has taken the model laws out of the constitutional and legal framework. [3]

In general, the territorial aspect of the organization of legislative power in foreign countries, in our view, is shown in the following:

1. Division (non-division) of sovereignty as a fundamental concept of government;
2. Methods of forming representative (legislative) bodies;
3. The legislative process in the representative (legislative) bodies of different territorial levels and directly by citizens participating in referendums;
4. Control functions of the representative (legislative) bodies of different territorial levels.

The territorial distribution of power is always linked to the issue of creating subnational legislative and judicial branches. Whether it is functional or institutional separation depends not so clearly on the shape of the territorial structure of the state. Rather, the concept of territorial structure can be derived through the distribution of powers between the central and regional levels.

Of course, the distribution of powers is not the same as the distribution of power. The institutional aspect - bodies (chambers, branches) - presupposes the unity of national sovereignty, while the distribution of power is not related to it directly. Whether the territorial division of powers is separation of power itself depends on the conceptual approach to divisibility / indivisibility of sovereignty. If the peoples (here as a state, which is a more legitimate category in our opinion) sovereignty cannot be divided, subject to fragmentation and dispersal of authority is the system of units of the state, not power. In this case, the territorial separation of power does not take place (Germany, Canada).

If the sovereignty of the people is divisible, part of it can be transferred to territorial units then, it is quite correct to speak of a vertical reading of the separation of power (USA, Mexico, Switzerland).

Legislative power, despite the existence of referendum laws, delegated legislation and regulatory authorities, is primarily carried by parliaments. This may be the only national body (Romania, Poland, Croatia, Colombia...) or the national and sub-national territorial units of the state (the United States, Ukraine, United Kingdom...). Sometimes the local level can be added on the basis of the constitutional reference to the adoption of law by local representative bodies (Article 30 of the Constitution of Brazil, 1988, Article 175 of the Venezuelan Constitution, 1999).

As is known, the unity of the institutional and territorial aspects in the establishment of the parliament is most evident in the approaches to the formation of the upper house of bicameral parliaments. [4] In terms of territorial groups (in this case as the institutionalization of the territorial aspect), these approaches can be grouped as follows:

1. Equality of territorial units, regardless of the size of the population;
2. Provision of places to territorial units in accordance to the size of their population;
3. Multi-step formation through local subdivisions;
4. Extraterritorial (corporate, national and linguistic, etc.) approach [5].

With any method of formation of the upper house, we are dealing with the restriction of the will (sovereignty) of the national majority by the territorial interests, up to changes to the constitution by means of regional authorities (their representatives). The broader territorial representation in the upper house [6] and the greater the volume of its powers, the greater is the above limitation of state (national) sovereignty (bringing to life the concept of divisibility of sovereignty of the people in the national government). However, as noted by Brunetta Baldi, limiting potential of the upper chamber in terms of approach to territorial representation is difficult to assess in isolation from other important institutional components such as the type of parliamentary system, the party system, the methods of distribution of powers between the different territorial levels of government and so forth [7,10].

In general terms, a downward trend can be indicated in parliamental legislative activity proper as a result of limiting the national will by territorial interests. In the example of the U.S., we can see that serious lawmaking, involving ambiguous moral and constitutional issues, is increasingly left to the judiciary. The U.S. Supreme Court is the body that actually issued the laws on abortion, obscenity, school prayer, the death penalty, and other acts relating to the welfare and morals of society. The court has also made statements about the most important constitutional issues that define the basis of government, for example the standard representation of "one person - one vote". [8]

Thus, a pronounced territorial dimension to the organization of the government may restrict the public authorities in their institutional prerogatives. The actual distribution of powers between the branches of government can meaningfully (not formally) be far from that stated in the Basic Law. Congress may become more and more of an administrative authority, the court - legislative, and the head of state and government - the judiciary (in terms of the interpretation of legislation, for example).

The First-past-the-post system helps elect those who are closely tied to the territories they represent and also leads to a weak (compared to the area's influence) party system (and this is also important).

Perhaps this is a unique scenario of one country, but the U.S. is a successful export model of government not in the least due to its apparent simplicity and democracy. As is well known, the U.S. experience was adopted by South and Latin American countries, as well as those countries where the U.S. democracy was "introduced" (Iraq, Afghanistan).

Finally, we propose turning to the content of modern constitutional reform at the birthplace of parliamentarism. Great Britain, where the control function of the

Parliament has historically been its main function, follows the path of regional autonomy and the separation of the judiciary from the legislative (the Lord Chancellor, the Judicial Committee of the House of Lords, etc.), including in order to resolve possible conflicts between regions and the Kingdom by the judiciary.

All these examples show us the validity of current trends of legislative (representative) bodies, the territorial aspect of which enhances control powers of Parliament and takes away the its functions of lawmaking. An extension of this trend leads to a concentration of national interests in the judicial branch, experiencing the least impact from territorial interests.

References and notes.

1. Чиркин В.Е. Законодательная власть. М., 2008.

2. Федеральный закон от 06.10.1999 №184-ФЗ (ред. от 21.04.2011) «Об общих принципах организации законодательных (представительных) и исполнительных органов государственной власти субъектов Российской Федерации» // СЗ РФ, 1999, № 42, ст. 5005.; Федеральный закон от 06.10.2003 № 131-ФЗ «Об общих принципах организации местного самоуправления в Российской Федерации» // СЗ РФ, 2003, № 40, ст. 3822. etc.

3. Corresponding Article 75 of the Basic Law of Germany in 1949 abolished the 52 th amendment from 28.08.2006, see The Basic Law (Grundgesetz): The Constitution of the Federal Republic of Germany (May 23rd, 1949), Second Edition 2008 / by Axel Tschentscher. - Norderstedt: Books on Demand GmbH, 2008

4. However, the existence of a single chamber parliament is not an obstacle to direct territorial representation. For example, 3 deputies are elected from each federal level unit in unit the unicameral National Assembly of Venezuela (Article 186 of the Venezuelan Constitution, 1999)

5. For example, all the seats in the Senate of Belgium (after excluding royal heir seats) are not distributed to regions, but the three linguistic communities: 41 for the Dutch language group, 29 of the French language group and one senator from the German-speaking Community (Article 67 of the Belgian Constitution in 1994).

6. This is especially true of the upper chambers, formed according to the above principle of equal representation of territorial units, regardless of the size of population, which makes it possible for small territorial entities to be represented, thereby undermining the principle of the equality of citizens and limiting the abilities of the national (lower) chamber.

7. Baldi, Brunetta. Beyond the Federal-Unitary Dichotomy.Working Paper. Institute of Governmental Studies. Univeristy of California, Berkely. 1999

8. Charles Kesler What Separation of Powers Means for Constitutional Government // http://www.heritage.org/research/reports/2007/12/what-separation-of-powers-means-for-constitutional-government. (as visited on 02/02/2013).

www.ingramcontent.com/pod-product-compliance
Lightning Source LLC
Chambersburg PA
CBHW051452170526
45166CB00001B/210
* 9 7 8 1 4 8 4 1 7 8 3 3 1 *